21世纪高等院校规划教材

高等数学（下册）
（第二版）

主　编　何春江

副主编　牛　莉　郭照庄　江志超

中国水利水电出版社

www.waterpub.com.cn

·北京·

内 容 提 要

　　本套书是依据教育部最新的《工科类本科数学基础课程教学基本要求》，结合应用型高等院校工科类各专业学生对学习高等数学的需要编写的。

　　本套书分上、下两册，内容覆盖工科类本科各专业对高等数学的需求。上册（第1～7章）内容包括函数、极限与连续，导数与微分，微分中值定理与导数的应用，不定积分，定积分，定积分的应用，常微分方程；下册（第8～12章）内容包括空间解析几何与向量代数、多元函数微分学及其应用、重积分、曲线积分与曲面积分、级数。

　　本套书强调理论联系实际，结构简练、合理，每章都给出学习目标、学习重点，还安排了大量的例题和习题；书末还附有积分表与习题参考答案。

　　本套书适合高等院校工科类本科各专业的学生使用，也适合高校教师和科技工作者使用。

图书在版编目（ＣＩＰ）数据

　　高等数学. 下册 / 何春江主编. -- 2版. -- 北京：
中国水利水电出版社，2018.6
　　21世纪高等院校规划教材
　　ISBN 978-7-5170-6484-8

　　Ⅰ．①高… Ⅱ．①何… Ⅲ．①高等数学－高等学校－
教材 Ⅳ．①O13

　　中国版本图书馆CIP数据核字(2018)第114799号

策划编辑：杨庆川　责任编辑：张玉玲　加工编辑：王玉梅　封面设计：李　佳

书　　名	21世纪高等院校规划教材 **高等数学（下册）（第二版）** GAODENG SHUXUE
作　　者	主　编　何春江 副主编　牛　莉　郭照庄　江志超
出版发行	中国水利水电出版社 （北京市海淀区玉渊潭南路1号D座　100038） 网址：www.waterpub.com.cn E-mail：mchannel@263.net（万水） 　　　　sales@waterpub.com.cn 电话：（010）68367658（营销中心）、82562819（万水）
经　　售	全国各地新华书店和相关出版物销售网点
排　　版	北京万水电子信息有限公司
印　　刷	三河航远印刷有限公司
规　　格	170mm×227mm　16开本　15印张　303千字
版　　次	2015年9月第1版　2015年9月第1次印刷 2018年6月第2版　2018年6月第1次印刷
印　　数	0001—3000册
定　　价	29.80元

第二版前言

本书在第一版基础上，根据多年的教学改革实践和高校教师提出的一些建议进行修订。修订工作主要包括以下 3 方面内容：

1. 仔细校对并订正了第一版中的印刷错误。

2. 对第一版教材中的某些疏漏予以补充完善。

3. 调整了原书中的部分习题，使之与书中内容搭配更加合理。

负责本书编写工作的有何春江、牛莉、郭照庄、江志超等，仍由何春江担任主编，由牛莉、郭照庄、江志超担任副主编，张翠莲编写附录 1；何春江编写第 8 章；郭照庄编写第 9 章；江志超编写第 10 章；牛莉编写第 11 章、第 12 章。曾大有、岳雅璠、毕雅军、孙月芳、邓凤茹、张京轩、赵艳、毕晓华、张静、陈博海、聂铭伟、戴江涛、霍东升等也参加了本书的编写工作。

在修订过程中，我们认真考虑了读者的建议，在此对提出建议的读者表示衷心感谢。新版中若存在问题，恳请广大专家、同行和读者继续批评指正。

编　者

2018 年 3 月

第一版前言

我国高等教育正在快速发展,教材建设也要与之适应,特别是教育部关于"高等教育面向21世纪内容与课程改革"计划的实施,对教材建设提出了新的要求。本书的编写目的就是为了适应高等教育的快速发展,满足教学改革和课程建设的需求,体现工科类教育教学的特点。

本套书是编者依据教育部颁布的《工科类本科数学基础课程教学基本要求》,根据多年的教学实践,按照新形势下教材改革的精神编写的。全书贯彻"掌握概念、强化应用"的教学原则,精心选择了教材的内容,从实际应用的需要(实例)出发,加强数学思想和数学概念与工程实际的结合,淡化了深奥的数学理论,强化了几何说明,每章都有学习目标、小结、复习题、自测题等,便于学生总结学习内容和学习方法,巩固所学知识。

本套书分上、下两册出版,内容覆盖工科类本科各专业对高等数学的需求。上册(第1~7章)内容包括函数、极限与连续,导数与微分,微分中值定理与导数的应用,不定积分,定积分,定积分的应用,常微分方程;下册(第8~12章)内容包括空间解析几何与向量代数、多元函数微分学及其应用、重积分、曲线积分与曲面积分、级数。书后附有积分表与习题参考答案。

本套书可作为高等院校工科类本科高等数学的教材。本书若讲授全部内容,参考学时为160学时;若只讲授基本内容,参考学时为130学时,打*号的为相关专业选用的内容。

根据我国高等教育从精英教育向大众化教育转变以及现代化教育技术手段在教学中广泛应用的现状,我们对这套教材进行了立体化设计,除了提供电子教案,将尽快推出与教材配套的典型例题分析与习题解答。希望能更好地满足高校教师课堂教学和学生自主学习及考研的需要,对教和学起到良好的作用。

本书由何春江主编,牛莉、张钦礼担任副主编。各章编写分工为:张翠莲编写附录1;何春江编写第8章;张钦礼编写第9章、第10章;牛莉编写第11章、第12章。本书框架结构、编写大纲及最终审稿定稿由何春江完成。参加本书编写及大纲讨论工作的还有郭照庄、曾大有、岳雅璠、毕雅军、邓凤茹、张京轩、赵艳、毕晓华、江志超、张静、孙月芳、陈博海、聂铭伟、戴江涛、霍东升等。

在本书的编写过程中,编者参考了很多相关的书籍和资料,采用了一些相关内容,汲取了很多同仁的宝贵经验,在此谨表谢意。

由于时间仓促及作者水平所限,书中错误和不足之处在所难免,恳请广大读者批评指正,我们将不胜感激。

编 者
2015 年 7 月

目　　录

第二版前言

第一版前言

第8章　空间解析几何与向量代数 1

  本章学习目标 1

  8.1　空间直角坐标系与向量的概念 1

    8.1.1　空间直角坐标系 1

    8.1.2　向量的概念及其线性运算 4

    8.1.3　向量的坐标表示 6

    习题 8.1 9

  8.2　向量的数量积与向量积 9

    8.2.1　向量的数量积 9

    8.2.2　向量的向量积 11

    习题 8.2 13

  8.3　平面及其方程 13

    8.3.1　平面的点法式方程 13

    8.3.2　平面的一般式方程 15

    8.3.3　平面的截距式方程 17

    8.3.4　平面与平面的位置关系 18

    习题 8.3 19

  8.4　空间直线及其方程 19

    8.4.1　直线的一般式方程 19

    8.4.2　直线的点向式方程与参数方程 19

    8.4.3　平面、直线的位置关系 21

    8.4.4　综合举例 23

    习题 8.4 24

  8.5　曲面及其方程 25

    8.5.1　曲面方程的概念 25

    8.5.2　球面 25

    8.5.3　柱面 26

    8.5.4　旋转曲面及其方程 28

    8.5.5　几种常见的二次曲面 29

    习题 8.5 34

8.6 空间曲线 …………………………………………………………………………… 35

    8.6.1 空间曲线的一般方程 ………………………………………………… 35

    8.6.2 空间曲线的参数方程 ………………………………………………… 36

    8.6.3 空间曲线在坐标面上的投影 ……………………………………… 37

    习题 8.6 ………………………………………………………………………… 38

本章小结 ………………………………………………………………………………… 38

复习题 8 ………………………………………………………………………………… 38

自测题 8 ………………………………………………………………………………… 40

第 9 章　多元函数微分学及其应用 ……………………………………………… 41

本章学习目标 …………………………………………………………………………… 41

9.1 多元函数的概念、极限及连续 ……………………………………………… 41

    9.1.1 平面点集及区域 …………………………………………………… 41

    9.1.2 多元函数的概念 …………………………………………………… 42

    9.1.3 多元函数的极限 …………………………………………………… 44

    9.1.4 多元函数的连续 …………………………………………………… 45

    习题 9.1 ………………………………………………………………………… 47

9.2 偏导数 ……………………………………………………………………………… 47

    9.2.1 偏导数的概念及其计算方法 ……………………………………… 48

    9.2.2 高阶偏导数 ………………………………………………………… 50

    习题 9.2 ………………………………………………………………………… 52

9.3 全微分 ……………………………………………………………………………… 52

    习题 9.3 ………………………………………………………………………… 54

9.4 多元复合函数求导法则 ………………………………………………………… 54

    习题 9.4 ………………………………………………………………………… 58

9.5 隐函数的求导公式 ……………………………………………………………… 58

    9.5.1 一元隐函数的求导公式 …………………………………………… 58

    9.5.2 二元隐函数的求导公式 …………………………………………… 59

    习题 9.5 ………………………………………………………………………… 59

9.6 多元函数微分学在几何上的应用 …………………………………………… 60

    9.6.1 空间曲线的切线与法平面 ………………………………………… 60

    9.6.2 曲面的切平面与法线 ……………………………………………… 63

    习题 9.6 ………………………………………………………………………… 65

9.7 多元函数的极值与最值 ………………………………………………………… 65

    9.7.1 多元函数的极值 …………………………………………………… 65

    9.7.2 多元函数的最值 …………………………………………………… 67

    9.7.3 条件极值、拉格朗日乘数法 ……………………………………… 69

    习题 9.7 ………………………………………………………………………… 71

本章小结 ··· 72

复习题 9 ··· 72

自测题 9 ··· 73

第 10 章　重积分 ·· 74

　本章学习目标 ··· 74

　10.1　二重积分的概念与性质 ·· 74

　　10.1.1　二重积分的概念 ·· 74

　　10.1.2　二重积分的性质 ·· 78

　　习题 10.1 ··· 79

　10.2　二重积分的计算 ·· 80

　　10.2.1　直角坐标系下二重积分的计算 ································ 80

　　10.2.2　二重积分在极坐标系下的计算 ································ 86

　　习题 10.2 ··· 89

　10.3　三重积分 ·· 91

　　10.3.1　引例 ·· 91

　　10.3.2　三重积分的概念 ·· 91

　　10.3.3　三重积分的计算 ·· 92

　　习题 10.3 ··· 98

　10.4　重积分的应用 ·· 99

　　10.4.1　立体的体积 ··· 99

　　10.4.2　曲面的面积 ··· 101

　　10.4.3　质心 ·· 102

　　10.4.4　转动惯量 ··· 103

　　习题 10.4 ··· 104

　本章小结 ·· 104

　复习题 10 ·· 105

　自测题 10 ·· 105

第 11 章　曲线积分与曲面积分 ·· 107

　本章学习目标 ··· 107

　11.1　对弧长的曲线积分 ·· 107

　　11.1.1　对弧长的曲线积分的概念与性质 ······························ 107

　　11.1.2　对弧长的曲线积分的计算法 ·································· 109

　　习题 11.1 ··· 112

　11.2　对坐标的曲线积分 ·· 113

　　11.2.1　对坐标的曲线积分的概念与性质 ······························ 113

　　11.2.2　对坐标的曲线积分的计算法 ·································· 116

　　11.2.3　两类曲线积分之间的联系 ···································· 119

习题 11.2 ·· 120

11.3　格林公式及其应用 ·· 121

　　11.3.1　格林公式 ·· 121

　　11.3.2　平面曲线积分与路径无关的定义与条件 ··············· 127

　　习题 11.3 ·· 133

*11.4　对面积的曲面积分 ·· 135

　　11.4.1　对面积的曲面积分的概念与性质 ························· 135

　　11.4.2　对面积的曲面积分的计算法 ································· 136

　　习题 11.4 ·· 139

*11.5　对坐标的曲面积分 ·· 139

　　11.5.1　对坐标的曲面积分的概念与性质 ························· 139

　　11.5.2　对坐标的曲面积分的计算法 ································· 144

　　11.5.3　两类曲面积分之间的联系 ··································· 146

　　习题 11.5 ·· 148

*11.6　高斯公式 ··· 148

　　11.6.1　高斯公式 ·· 148

　　11.6.2　沿任意闭曲面的曲面积分为零的条件 ··············· 150

　　习题 11.6 ·· 151

*11.7　斯托克斯公式 ·· 152

　　11.7.1　斯托克斯公式 ··· 152

　　11.7.2　空间曲线积分与路径无关的条件 ························· 154

　　习题 11.7 ·· 155

本章小结 ·· 156

复习题 11 ··· 157

自测题 11 ··· 158

第 12 章　级数 ··· 160

本章学习目标 ··· 160

12.1　常数项级数的概念与性质 ··· 160

　　12.1.1　常数项级数的概念 ·· 160

　　12.1.2　常数项级数的性质 ·· 162

　　习题 12.1 ·· 164

12.2　常数项级数的敛散性 ·· 165

　　12.2.1　正项级数及其审敛法 ·· 165

　　12.2.2　交错级数及其审敛法 ·· 170

　　12.2.3　绝对收敛与条件收敛 ·· 170

　　习题 12.2 ·· 172

12.3　幂级数 ··· 173

12.3.1　函数项级数的概念 ⋯⋯⋯⋯⋯⋯⋯⋯⋯⋯⋯⋯⋯⋯⋯⋯⋯⋯⋯⋯ 173

12.3.2　幂级数及其收敛性 ⋯⋯⋯⋯⋯⋯⋯⋯⋯⋯⋯⋯⋯⋯⋯⋯⋯⋯⋯ 174

12.3.3　幂级数的运算 ⋯⋯⋯⋯⋯⋯⋯⋯⋯⋯⋯⋯⋯⋯⋯⋯⋯⋯⋯⋯⋯ 177

习题 12.3 ⋯⋯⋯⋯⋯⋯⋯⋯⋯⋯⋯⋯⋯⋯⋯⋯⋯⋯⋯⋯⋯⋯⋯⋯⋯⋯⋯ 179

12.4　函数展开成幂级数 ⋯⋯⋯⋯⋯⋯⋯⋯⋯⋯⋯⋯⋯⋯⋯⋯⋯⋯⋯⋯⋯ 180

12.4.1　泰勒级数 ⋯⋯⋯⋯⋯⋯⋯⋯⋯⋯⋯⋯⋯⋯⋯⋯⋯⋯⋯⋯⋯⋯⋯ 180

12.4.2　函数展开成幂级数 ⋯⋯⋯⋯⋯⋯⋯⋯⋯⋯⋯⋯⋯⋯⋯⋯⋯⋯⋯ 182

习题 12.4 ⋯⋯⋯⋯⋯⋯⋯⋯⋯⋯⋯⋯⋯⋯⋯⋯⋯⋯⋯⋯⋯⋯⋯⋯⋯⋯⋯ 186

*12.5　傅里叶级数 ⋯⋯⋯⋯⋯⋯⋯⋯⋯⋯⋯⋯⋯⋯⋯⋯⋯⋯⋯⋯⋯⋯⋯⋯ 186

12.5.1　三角级数 ⋯⋯⋯⋯⋯⋯⋯⋯⋯⋯⋯⋯⋯⋯⋯⋯⋯⋯⋯⋯⋯⋯⋯ 187

12.5.2　函数展开成傅里叶级数 ⋯⋯⋯⋯⋯⋯⋯⋯⋯⋯⋯⋯⋯⋯⋯⋯⋯ 187

12.5.3　正弦级数与余弦级数 ⋯⋯⋯⋯⋯⋯⋯⋯⋯⋯⋯⋯⋯⋯⋯⋯⋯⋯ 192

12.5.4　周期为 $2l$ 的周期函数展开成傅里叶级数 ⋯⋯⋯⋯⋯⋯⋯⋯⋯ 197

习题 12.5 ⋯⋯⋯⋯⋯⋯⋯⋯⋯⋯⋯⋯⋯⋯⋯⋯⋯⋯⋯⋯⋯⋯⋯⋯⋯⋯⋯ 199

本章小结 ⋯⋯⋯⋯⋯⋯⋯⋯⋯⋯⋯⋯⋯⋯⋯⋯⋯⋯⋯⋯⋯⋯⋯⋯⋯⋯⋯⋯ 200

复习题 12 ⋯⋯⋯⋯⋯⋯⋯⋯⋯⋯⋯⋯⋯⋯⋯⋯⋯⋯⋯⋯⋯⋯⋯⋯⋯⋯⋯⋯ 202

自测题 12 ⋯⋯⋯⋯⋯⋯⋯⋯⋯⋯⋯⋯⋯⋯⋯⋯⋯⋯⋯⋯⋯⋯⋯⋯⋯⋯⋯⋯ 204

附录 1　积分表 ⋯⋯⋯⋯⋯⋯⋯⋯⋯⋯⋯⋯⋯⋯⋯⋯⋯⋯⋯⋯⋯⋯⋯⋯⋯⋯ 207

附录 2　习题参考答案 ⋯⋯⋯⋯⋯⋯⋯⋯⋯⋯⋯⋯⋯⋯⋯⋯⋯⋯⋯⋯⋯⋯ 215

参考文献 ⋯⋯⋯⋯⋯⋯⋯⋯⋯⋯⋯⋯⋯⋯⋯⋯⋯⋯⋯⋯⋯⋯⋯⋯⋯⋯⋯⋯ 230

第8章　空间解析几何与向量代数

本章学习目标

- 了解空间直角坐标系、空间点的直角坐标
- 掌握向量的概念和运算，了解向量的模和方向余弦的坐标表示
- 掌握平面方程与空间直线方程及其求法，了解它们之间的位置关系
- 了解常用的二次曲面的标准方程及其图形，了解以坐标轴为旋转轴的旋转曲面及母线平行于坐标轴的柱面方程
- 了解空间曲线的参数方程和一般方程及在坐标面上的投影

8.1　空间直角坐标系与向量的概念

8.1.1　空间直角坐标系

1. 空间直角坐标系的概念

在空间任取一点 O，过 O 点作三条两两互相垂直且具有相同长度单位的数轴，分别称为 x 轴（横轴）、y 轴（纵轴）、z 轴（竖轴），统称为坐标轴；点 O 称为坐标原点；任意两条坐标轴所确定的平面称为坐标面，即 xOy，yOz 和 zOx 坐标面.

在画空间直角坐标系时，习惯上常把 x 轴、y 轴置于水平面上，而 z 轴置于铅垂线上，各坐标轴正向及顺序符合右手法则，即用右手握住 z 轴，且拇指指向 z 轴的正向，则其余四指从 x 轴正向以 $90°$ 转向 y 轴正向（如图 8.1 所示）.

三个坐标平面将整个空间分成 8 个部分，称为 8 个卦限. 它们的顺序规定如图 8.2 所示.

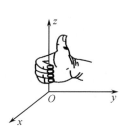

图 8.1

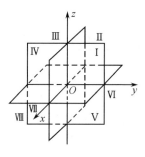

图 8.2

建立了空间直角坐标系，我们来建立空间的点和三元有序数组之间的对应关系.

设 M 为空间一个定点，过点 M 分别作 x 轴、y 轴、z 轴的垂线，垂足依次为 P,Q,R（如图 8.3 所示），这三点在 x 轴、y 轴、z 轴上的坐标依次为 x,y,z. 则空间的一点 M 就唯一地确定了一个有序数组 (x,y,z). 反之，设给定一个有序数组 (x,y,z)，依次在 x 轴、y 轴、z 轴上取坐标为 x,y,z 的点 P,Q,R，过 P,Q,R 三点，分别作平面垂直于所在坐标轴，这三个平面的交点就是有序数组 (x,y,z) 所确定的唯一的一点 M. 这样，空间一点就与一组有序数组 (x,y,z) 之间建立了一一对应关系. 有序数组 x,y,z 分别称为点 M 的横坐标、纵坐标和竖坐标，记为 $M(x,y,z)$.

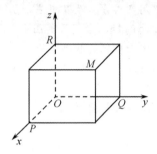

图 8.3

显然，原点 O 的坐标为 $(0,0,0)$，坐标轴上的点至少有两个坐标为 0，例如，若点 M 在 x 轴上，则 $y=0,z=0$；若在 y 轴上，则 $x=0,z=0$；若在 z 轴上，则 $x=0,y=0$. 坐标面上的点至少有一个坐标为 0. 例如，若 M 在 xOy 面上，则 $z=0$；在 yOz 面上，则 $x=0$；在 zOx 面上，则 $y=0$.

在各卦限中点的坐标情况如下（坐标面是卦限的界面，不算在卦限内）：

卦限	点的坐标 (x,y,z)	卦限	点的坐标 (x,y,z)
I	$x>0,\ y>0,\ z>0$	V	$x>0,\ y>0,\ z<0$
II	$x<0,\ y>0,\ z>0$	VI	$x<0,\ y>0,\ z<0$
III	$x<0,\ y<0,\ z>0$	VII	$x<0,\ y<0,\ z<0$
IV	$x>0,\ y<0,\ z>0$	VIII	$x>0,\ y<0,\ z<0$

2. 空间两点间的距离

设空间两点 $M_1(x_1,y_1,z_1)$ 和 $M_2(x_2,y_2,z_2)$，求它们之间的距离 $d=|M_1M_2|$. 过点 M_1,M_2 各作三个分别垂直于三条坐标轴的平面，这六个平面围成一个以 M_1M_2 为对角线的长方体（如图 8.4 所示）. 显然

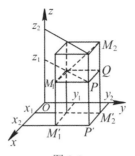

图 8.4

$$d^2 = \left| M_1 M_2 \right|^2 = \left| M_1 Q \right|^2 + \left| Q M_2 \right|^2 \text{,}\quad (\triangle M_1 Q M_2 \text{ 是直角三角形})$$

$$= \left| M_1 P \right|^2 + \left| P Q \right|^2 + \left| Q M_2 \right|^2 \text{,}\quad (\triangle M_1 P Q \text{ 是直角三角形})$$

$$= \left| M_1' P' \right|^2 + \left| P' M_2' \right|^2 + \left| Q M_2 \right|^2$$

$$= (x_2 - x_1)^2 + (y_2 - y_1)^2 + (z_2 - z_1)^2 \text{.}$$

所以

$$d = \sqrt{(x_2 - x_1)^2 + (y_2 - y_1)^2 + (z_2 - z_1)^2} \text{.} \tag{8.1.1}$$

特殊地，点 $M(x, y, z)$ 到原点 $O(0,0,0)$ 的距离为

$$d = \left| OM \right| = \sqrt{x^2 + y^2 + z^2} \text{.} \tag{8.1.2}$$

例 1 已知两点 $A(3, 2, 5)$ 与 $B(-1, -3, 6)$，在 x 轴上求一点 M，使 $\left| AM \right| = \left| BM \right|$．

解 因为 M 在 x 轴上，所以设 M 点的坐标为 $(x, 0, 0)$．由公式（8.1.1）得

$$\left| AM \right| = \sqrt{(x-3)^2 + (0-2)^2 + (0-5)^2} = \sqrt{x^2 - 6x + 38} \text{,}$$

$$\left| BM \right| = \sqrt{(x+1)^2 + (0+3)^2 + (0-6)^2} = \sqrt{x^2 + 2x + 46} \text{.}$$

由题设 $\left| AM \right| = \left| BM \right|$，于是得

$$\sqrt{x^2 - 6x + 38} = \sqrt{x^2 + 2x + 46} \text{,}$$

解得 $x = -1$．所求点为 $M(-1, 0, 0)$．

例 2 证明以 $A(10, -1, 6)$，$B(4, 1, 9)$，$C(2, 4, 3)$ 三点为顶点的三角形是等腰三角形．

证 因为

$$\left| AB \right| = \sqrt{(4-10)^2 + (1+1)^2 + (9-6)^2} = 7 \text{,}$$

$$\left| AC \right| = \sqrt{(2-10)^2 + (4+1)^2 + (3-6)^2} = 7\sqrt{2} \text{,}$$

$$\left| BC \right| = \sqrt{(2-4)^2 + (4-1)^2 + (3-9)^2} = 7 \text{,}$$

所以三角形 ABC 为等腰三角形．

8.1.2　向量的概念及其线性运算

1. 向量的概念

在现实生活中遇到过两种量：一种是只有大小的量，称为数量（或标量），例如，时间、温度、质量、体重等；另一种是既有大小又有方向的量称为向量（或矢量），例如，力、位移、速度、加速度等．向量一般用黑体小写字母 a,b,c 表示，在几何上，向量用有向线段表示，起点为 A，终点为 B 的向量记为 $\overrightarrow{AB}$（如图 8.5 所示）．

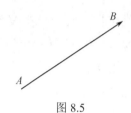

图 8.5

向量的大小（有向线段的长度）称为向量的模，记作 $|a|$（或 $|\overrightarrow{AB}|$）；模为 1 的向量称为单位向量；与 a 同向的单位向量称为向量 a 的单位向量，记为 a°；模为 0 的向量称为零向量，记为 $\mathbf{0}$，其方向任意．

在数学上一般只关心向量的大小和方向，不关心其位置．若两个向量 a 和 b 的模相等，方向相同，则称这两个向量相等，记作 $a = b$．

即经平行移动后，两向量完全重合．这种允许平行移动的向量称为自由向量．本书所讨论的向量均为自由向量．

2. 向量的线性运算

（1）向量的加法．

定义 1　将向量 a 与 b 的起点相连，并以 a 和 b 为邻边作平行四边形，则从起点到对角顶点的向量称为向量 a 与 b 的和向量，记为 $a+b$（如图 8.6 所示），称为向量加法的平行四边形法则．

若将向量 b 的起点平移至与 a 的终点重合，从向量 a 的起点至向量 b 的终点的向量也是 a 与 b 的和向量（如图 8.7 所示），称为向量加法的三角形法则．此法则也适用于两向量平行的情形（平行四边形法则失效），并便于推广到有限个向量的加法．

图 8.6　　　　　　　　　　　图 8.7

例如，求四个向量 a,b,c,d 的和，从图 8.8 中可以看出，只需把这四个向量首尾相连，则从第一个向量的起点到最后一个向量的终点的向量就是这四个向量的和向量，这种加法又称为多边形加法或折线法.

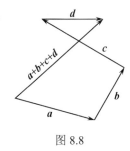

图 8.8

（2）数与向量的乘积（数乘向量）.

定义 2 设 a 是一个非零向量，λ 是一个非零实数，则 a 与 λ 的乘积仍是一个向量，记作 λa ，且

1）$|\lambda a| = |\lambda||a|$ ；

2）λa 的方向：

$$
\begin{cases}
\text{当} \lambda > 0 \text{时，与} a \text{同向,} \\
\text{当} \lambda < 0 \text{时，与} a \text{反向.}
\end{cases}
$$

如果 $\lambda = 0$ 或 $a = 0$ ，规定 $\lambda a = 0$.

如果存在一个常数 λ ，使得 $a = \lambda b$ （或 $b = \lambda a$ ），则称向量 a 和 b 平行（或共线），记作 $a /\!/ b$.

特别地，当 $\lambda = -1$ 时，$-a$ 与 a 大小相等，方向相反，称 $-a$ 为 a 的负向量.

a 和 $-b$ 的和称为 a 和 b 的差，记作 $a - b = a + (-b)$ （如图 8.9 所示）.

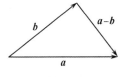

图 8.9

向量的加法和数乘运算统称为向量的线性运算.

向量的线性运算满足下列运算规律：

（1）$a + b = b + a$ ；

（2）$(a + b) + c = a + (b + c)$ ；

（3）$a + 0 = a$ ；

（4）$a + (-a) = 0$ ；

（5）$\lambda(\mu a) = \mu(\lambda a) = (\lambda \mu)a$ ；

（6）$\lambda(\boldsymbol{a}+\boldsymbol{b}) = \lambda\boldsymbol{a} + \lambda\boldsymbol{b}$;

（7）$(\lambda+\mu)\boldsymbol{a} = \lambda\boldsymbol{a} + \mu\boldsymbol{a}$;

（8）$1 \cdot \boldsymbol{a} = \boldsymbol{a}$.

8.1.3 向量的坐标表示

1. 向径及其坐标表示

在空间直角坐标系中，起点在原点 O，终点为 P 的向量 $\overrightarrow{OP}$，称为点 P 的向径. 记为 $\boldsymbol{a}$ 或 $\overrightarrow{OP}$ （如图 8.10 所示）.

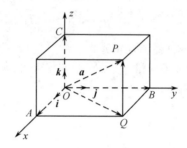

图 8.10

沿 x 轴、y 轴、z 轴正向分别取单位向量，分别记为 $\boldsymbol{i}, \boldsymbol{j}, \boldsymbol{k}$，称为基本单位向量.

设向量 $\boldsymbol{a}$ 的起点在坐标原点 O，终点为 $P(x,y,z)$. 过 $\boldsymbol{a}$ 的终点 $P(x,y,z)$ 分别作垂直于三条坐标轴的平面，设垂足依次为 A,B,C （如图 8.10 所示），则点 A 在 x 轴上的坐标为 x，根据数与向量的乘法，有 $\overrightarrow{OA} = x\boldsymbol{i}$，同理 $\overrightarrow{OB} = y\boldsymbol{j}$，$\overrightarrow{OC} = z\boldsymbol{k}$，于是，由向量的加法，有

$$\boldsymbol{a} = \overrightarrow{OP} = \overrightarrow{OQ} + \overrightarrow{QP}$$
$$= \overrightarrow{OA} + \overrightarrow{OB} + \overrightarrow{OC} = x\boldsymbol{i} + y\boldsymbol{j} + z\boldsymbol{k} .$$

称上式为向量 $\boldsymbol{a}$ 的坐标表示式，记作 $\boldsymbol{a} = \{x,y,z\}$. 其中 x,y,z 称为向量 $\boldsymbol{a}$ 的坐标.

2. 向量 $\overrightarrow{M_1M_2}$ 的坐标表示式

设两点 $M_1(x_1,y_1,z_1)$ 和 $M_2(x_2,y_2,z_2)$，由图 8.11 可知，以 M_1 为起点，M_2 为终点的向量

$$\overrightarrow{M_1M_2} = \overrightarrow{OM_2} - \overrightarrow{OM_1}$$
$$= (x_2\boldsymbol{i} + y_2\boldsymbol{j} + z_2\boldsymbol{k}) - (x_1\boldsymbol{i} + y_1\boldsymbol{j} + z_1\boldsymbol{k})$$
$$= (x_2 - x_1)\boldsymbol{i} + (y_2 - y_1)\boldsymbol{j} + (z_2 - z_1)\boldsymbol{k} .$$

称上式为向量 $\overrightarrow{M_1M_2}$ 的坐标表示式.

数组 $(x_2 - x_1, y_2 - y_1, z_2 - z_1)$ 称为向量 $\overrightarrow{M_1M_2}$ 的坐标，记为

$$\boldsymbol{a} = \overrightarrow{M_1M_2} = \{x_2 - x_1, y_2 - y_1, z_2 - z_1\} = \{a_x, a_y, a_z\} .$$

或称 a_x, a_y, a_z 分别为向量 $\boldsymbol{a}$ 在 x,y,z 轴上的投影.

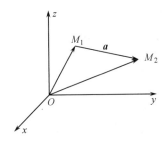

图 8.11

3. 向量的模与方向余弦的坐标表示式

若非零向量 a（即向量 $\overrightarrow{OA}$）与三个坐标轴正向间的夹角分别为 α,β,γ，且

$$0 \leqslant \alpha,\beta,\gamma \leqslant \pi,$$

则称 α,β 和 γ 为向量 a 的方向角（如图 8.12 所示），并称方向角的余弦 $\cos\alpha,\cos\beta$ 与 $\cos\gamma$ 为向量 a 的方向余弦.

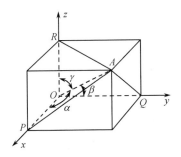

图 8.12

因为 $\triangle OPA$，$\triangle OQA$，$\triangle ORA$ 都是直角三角形，所以

$$\cos\alpha = \frac{a_x}{|a|} = \frac{a_x}{\sqrt{a_x^2 + a_y^2 + a_z^2}},$$

$$\cos\beta = \frac{a_y}{|a|} = \frac{a_y}{\sqrt{a_x^2 + a_y^2 + a_z^2}},$$

$$\cos\gamma = \frac{a_z}{|a|} = \frac{a_z}{\sqrt{a_x^2 + a_y^2 + a_z^2}},$$

显然

$$\cos^2\alpha + \cos^2\beta + \cos^2\gamma = 1.$$

$$a^\circ = \frac{a}{|a|} = \left\{ \frac{a_x}{|a|}, \frac{a_y}{|a|}, \frac{a_z}{|a|} \right\} = \{\cos\alpha, \cos\beta, \cos\gamma\},$$

即非零向量 a 的方向余弦是 a 的单位向量 a° 的坐标.

4. 向量线性运算的坐标表示

设 $\boldsymbol{a} = a_x\boldsymbol{i} + a_y\boldsymbol{j} + a_z\boldsymbol{k} = \{a_x, a_y, a_z\}$，$\boldsymbol{b} = b_x\boldsymbol{i} + b_y\boldsymbol{j} + b_z\boldsymbol{k} = \{b_x, b_y, b_z\}$，则

（1）$\boldsymbol{a} \pm \boldsymbol{b} = (a_x\boldsymbol{i} + a_y\boldsymbol{j} + a_z\boldsymbol{k}) \pm (b_x\boldsymbol{i} + b_y\boldsymbol{j} + b_z\boldsymbol{k})$

$$= (a_x \pm b_x)\boldsymbol{i} + (a_y \pm b_y)\boldsymbol{j} + (a_z \pm b_z)\boldsymbol{k}$$

$$= \{a_x \pm b_x, a_y \pm b_y, a_z \pm b_z\} ;$$

（2）$\lambda\boldsymbol{a} = \lambda(a_x\boldsymbol{i} + a_y\boldsymbol{j} + a_z\boldsymbol{k}) = (\lambda a_x)\boldsymbol{i} + (\lambda a_y)\boldsymbol{j} + (\lambda a_z)\boldsymbol{k}$ （λ 为实数）

$$= \{\lambda a_x, \lambda a_y, \lambda a_z\} .$$

例 1 已知 $M_1(2, 2, \sqrt{2})$ 和 $M_2(1, 3, 0)$，求 $\overrightarrow{M_1M_2}$ 的模、方向余弦、方向角和单位向量.

解 $\overrightarrow{M_1M_2} = \{1-2, 3-2, 0-\sqrt{2}\} = \{-1, 1, -\sqrt{2}\}$，

模 $|\overrightarrow{M_1M_2}| = \sqrt{(-1)^2 + 1^2 + (-\sqrt{2})^2} = 2$，

方向余弦 $\cos\alpha = -\dfrac{1}{2}$，$\cos\beta = \dfrac{1}{2}$，$\cos\gamma = -\dfrac{\sqrt{2}}{2}$，

方向角 $\alpha = \dfrac{2\pi}{3}$，$\beta = \dfrac{\pi}{3}$，$\gamma = \dfrac{3\pi}{4}$，

向量 $\overrightarrow{M_1M_2}$ 的单位向量 $\overrightarrow{M_1M_2^\circ} = \left\{-\dfrac{1}{2}, \dfrac{1}{2}, -\dfrac{\sqrt{2}}{2}\right\}$.

例 2 设向量 $\boldsymbol{a}$ 的两个方向余弦为 $\cos\alpha = \dfrac{1}{3}$，$\cos\beta = \dfrac{2}{3}$，又 $|\boldsymbol{a}| = 6$，求向量 $\boldsymbol{a}$ 的坐标.

解 由 $\cos^2\alpha + \cos^2\beta + \cos^2\gamma = 1$ 得

$$\cos\gamma = \pm\sqrt{1 - \cos^2\alpha - \cos^2\beta} = \pm\sqrt{1 - \left(\frac{1}{3}\right)^2 - \left(\frac{2}{3}\right)^2} = \pm\frac{2}{3} .$$

所以

$$a_x = |\boldsymbol{a}|\cos\alpha = 6 \cdot \frac{1}{3} = 2 ,$$

$$a_y = |\boldsymbol{a}|\cos\beta = 6 \cdot \frac{2}{3} = 4 ,$$

$$a_z = |\boldsymbol{a}|\cos\gamma = 6 \cdot \left(\pm\frac{2}{3}\right) = \pm 4 ,$$

即

$$\boldsymbol{a} = \{2, 4, 4\} \text{ 或 } \boldsymbol{a} = \{2, 4, -4\} .$$

习题 8.1

1．在 x 轴上求一点 M，使它到 $A(1,-1,-2)$ 和 $B(2,1,-1)$ 的距离相等.

2．求点 $M(-1,2,3)$ 到各坐标面以及各坐标轴的距离.

3．已知向量 $\boldsymbol{a}=\{2,-1,m\}$ 且 $|\boldsymbol{a}|=3$，求 $\boldsymbol{a}$.

4．已知点 $A(1,-1,-2)$，$B(2,0,3)$，$C(0,1,-1)$，（1）求 $\overrightarrow{AB}+2\overrightarrow{BC}-3\overrightarrow{CA}$；（2）求向量 $\overrightarrow{AB}$ 的模、方向余弦及单位向量.

5．一向量与 x 轴和 y 轴组成等角，与 z 轴组成的角是它们的两倍，试求该向量的方向角.

6．用向量方法证明三角形两腰中点的连线平行于第三边，并等于第三边的一半.

8.2 向量的数量积与向量积

8.2.1 向量的数量积

1. 两向量的数量积

若一物体在常力 $\boldsymbol{F}$（大小与方向均不变）的作用下，由点 A 沿直线移动到点 B，位移向量 $\boldsymbol{s}=\overrightarrow{AB}$（如图 8.13 所示），则力 $\boldsymbol{F}$ 所作的功为

$$W=\left|\boldsymbol{F}\right|\left|\boldsymbol{s}\right|\cos(\overset{\wedge}{\boldsymbol{F},\boldsymbol{s}}).$$

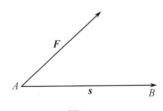

图 8.13

像这样由两个向量决定一个数量的运算，在其他领域中也会遇到.

定义 1 两向量 $\boldsymbol{a}$ 和 $\boldsymbol{b}$ 的模及其夹角余弦的乘积，称为向量的数量积，记为 $\boldsymbol{a}\cdot\boldsymbol{b}$，即

$$\boldsymbol{a}\cdot\boldsymbol{b}=\left|\boldsymbol{a}\right|\left|\boldsymbol{b}\right|\cos(\overset{\wedge}{\boldsymbol{a},\boldsymbol{b}}).$$

由数量积的定义，上述作功问题可表示为

$$W=\boldsymbol{F}\cdot\boldsymbol{s}.$$

数量积满足如下运算规律：

（1）交换律：$\boldsymbol{a}\cdot\boldsymbol{b}=\boldsymbol{b}\cdot\boldsymbol{a}$；

（2）结合律：$(\lambda\boldsymbol{a})\cdot\boldsymbol{b}=\lambda(\boldsymbol{a}\cdot\boldsymbol{b})=\boldsymbol{a}\cdot(\lambda\boldsymbol{b})$　（其中 λ 为常数）；

（3）分配律：$a \cdot (b+c) = a \cdot b + a \cdot c$.

由数量积的定义可知：

1）$a \cdot a = |a||a|\cos(\overset{\wedge}{a,a}) = |a|^2$，所以，
$$i \cdot i = j \cdot j = k \cdot k = 1;$$

2）设 a，b 为两个非零向量，由定义 1，有 $a \perp b \Leftrightarrow a \cdot b = 0$.

由此结论可得：$i \cdot j = j \cdot k = k \cdot i = 0$.

2. 数量积的坐标表示式

设　$a = \{a_x, a_y, a_z\} = a_x i + a_y j + a_z k$，

　　$b = \{b_x, b_y, b_z\} = b_x i + b_y j + b_z k$，

则　$a \cdot b = (a_x i + a_y j + a_z k) \cdot (b_x i + b_y j + b_z k)$

$\quad = a_x b_x i \cdot i + a_x b_y i \cdot j + a_x b_z i \cdot k + a_y b_x j \cdot i + a_y b_y j \cdot j$

$\quad\quad + a_y b_z j \cdot k + a_z b_x k \cdot i + a_z b_y k \cdot j + a_z b_z k \cdot k$

$\quad = a_x b_x + a_y b_y + a_z b_z$，　　　　　　　　　　　　　　　　（8.2.1）

即两向量的数量积等于它们对应坐标的乘积之和.

3. 两非零向量夹角余弦的坐标表示式

设 $a = a_x i + a_y j + a_z k$，$b = b_x i + b_y j + b_z k$ 均为非零向量，由两向量的数量积定义可知

$$\cos(\overset{\wedge}{a,b}) = \frac{a \cdot b}{|a||b|} = \frac{a_x b_x + a_y b_y + a_z b_z}{\sqrt{a_x^2 + a_y^2 + a_z^2}\sqrt{b_x^2 + b_y^2 + b_z^2}}.$$

例1　已知 $a = i + j$，$b = i + k$，求 $a \cdot b$，$\cos(\overset{\wedge}{a,b})$.

解　$a \cdot b = \{1,1,0\} \cdot \{1,0,1\} = 1$，

$$\cos(\overset{\wedge}{a,b}) = \frac{a \cdot b}{|a||b|} = \frac{1}{\sqrt{1^2+1^2+0^2}\sqrt{1^2+0^2+1^2}} = \frac{1}{2}.$$

例2　设力 $F = 2i - 3j + 4k$ 作用在一质点上，质点由 $A(1,2,-1)$ 沿直线移动到 $B(3,1,2)$. 求：（1）力 F 所作的功；（2）力 F 与位移 $\overrightarrow{AB}$ 的夹角（力的单位为 N，位移的单位为 m）.

解　因为 $\overrightarrow{AB} = \{2,-1,3\}$，$F = \{2,-3,4\}$，所以，力 F 所作的功

$$W = F \cdot \overrightarrow{AB} = 2 \cdot 2 + (-3) \cdot (-1) + 4 \cdot 3 = 19 \text{（J）},$$

又因为

$$\cos(\overset{\wedge}{F,\overrightarrow{AB}}) = \frac{F \cdot \overrightarrow{AB}}{|F||\overrightarrow{AB}|} = \frac{19}{\sqrt{2^2+(-3)^2+4^2}\sqrt{2^2+(-1)^2+3^2}} \approx 0.9492,$$

所以　$(\overset{\wedge}{F,\overrightarrow{AB}}) \approx 19°27'$.

例 3 求在 xOy 坐标面上与向量 $\boldsymbol{a} = -4\boldsymbol{i} + 3\boldsymbol{j} + 7\boldsymbol{k}$ 垂直的单位向量.

解 设所求向量为 $\boldsymbol{b} = \{x, y, z\}$，因为它在 xOy 坐标面上，所以 $z = 0$，又因为 $\boldsymbol{b}$ 是单位向量且与 $\boldsymbol{a}$ 垂直，所以 $|\boldsymbol{b}| = 1$，$\boldsymbol{a} \cdot \boldsymbol{b} = 0$.

即

$$\begin{cases} z = 0, \\ x^2 + y^2 + z^2 = 1, \\ -4x + 3y + 7z = 0, \end{cases}$$

解之得 $x = \pm\dfrac{3}{5}$，$y = \pm\dfrac{4}{5}$，$z = 0$，

故所求向量 $\boldsymbol{b} = \dfrac{3}{5}\boldsymbol{i} + \dfrac{4}{5}\boldsymbol{j}$，或 $\boldsymbol{b} = -\dfrac{3}{5}\boldsymbol{i} - \dfrac{4}{5}\boldsymbol{j}$.

8.2.2 向量的向量积

1. 向量积的概念

前面讨论了两向量的一种乘法运算——数量积，运算结果是一个数. 在实际问题中，还会遇到两向量的另外一种乘法运算——向量积，运算的结果是一个新的向量.

定义 2 两向量 $\boldsymbol{a}$，$\boldsymbol{b}$ 的向量积定义为

$$|\boldsymbol{a}||\boldsymbol{b}|\sin\overset{\wedge}{(\boldsymbol{a},\boldsymbol{b})}\,\boldsymbol{n}^\circ,$$

记作 $\boldsymbol{a} \times \boldsymbol{b}$；其中 $\boldsymbol{n}^\circ$ 是同时垂直于 $\boldsymbol{a}$ 和 $\boldsymbol{b}$ 的单位向量，其方向按从 $\boldsymbol{a}$ 以不超过 π 的夹角转到 $\boldsymbol{b}$ 的右手规则确定（如图 8.14 所示）.

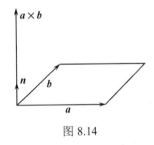

图 8.14

由向量积的定义可知，$\boldsymbol{a} \times \boldsymbol{b}$ 的模等于以 $\boldsymbol{a}$ 和 $\boldsymbol{b}$ 为邻边的平行四边形的面积.

向量积满足下列运算规律：

（1）反交换律：$\boldsymbol{a} \times \boldsymbol{b} = -\boldsymbol{b} \times \boldsymbol{a}$；

（2）结合律：$(\lambda\boldsymbol{a}) \times \boldsymbol{b} = \lambda(\boldsymbol{a} \times \boldsymbol{b}) = \boldsymbol{a} \times (\lambda\boldsymbol{b})$ （其中 λ 为常数）；

（3）分配律：$\boldsymbol{a} \times (\boldsymbol{b} + \boldsymbol{c}) = \boldsymbol{a} \times \boldsymbol{b} + \boldsymbol{a} \times \boldsymbol{c}$；

$(\boldsymbol{a} + \boldsymbol{b}) \times \boldsymbol{c} = \boldsymbol{a} \times \boldsymbol{c} + \boldsymbol{b} \times \boldsymbol{c}$.

由向量积的定义可知：

1）两个非零向量 $\boldsymbol{a}, \boldsymbol{b}$ 相互平行的充分必要条件是 $\boldsymbol{a} \times \boldsymbol{b} = \boldsymbol{0}$. 这是因为当 $|\boldsymbol{a}| \neq 0$，$|\boldsymbol{b}| \neq 0$ 时，$|\boldsymbol{a}||\boldsymbol{b}|\sin\overset{\wedge}{(\boldsymbol{a},\boldsymbol{b})} = 0$ 等价于 $\overset{\wedge}{(\boldsymbol{a},\boldsymbol{b})} = 0$ 或 π.

由此可知：

$$\boldsymbol{i} \times \boldsymbol{i} = \boldsymbol{j} \times \boldsymbol{j} = \boldsymbol{k} \times \boldsymbol{k} = \boldsymbol{0}.$$

2）$i \times j = k$, $\quad$ $j \times k = i$, $\quad$ $k \times i = j$,

$\quad$ $j \times i = -k$, $\quad$ $k \times j = -i$, $\quad$ $i \times k = -j$.

2. 向量积的坐标表示式

设 $\quad a = \{a_x, a_y, a_z\} = a_x i + a_y j + a_z k$,

$\qquad b = \{b_x, b_y, b_z\} = b_x i + b_y j + b_z k$,

则 $\quad a \times b = (a_x i + a_y j + a_z k) \times (b_x i + b_y j + b_z k)$

$\qquad = a_x b_x i \times i + a_x b_y i \times j + a_x b_z i \times k + a_y b_x j \times i + a_y b_y j \times j$

$\qquad \quad + a_y b_z j \times k + a_z b_x k \times i + a_z b_y k \times j + a_z b_z k \times k$

$\qquad = (a_y b_z - a_z b_y) i - (a_x b_z - a_z b_x) j + (a_x b_y - a_y b_x) k$.

为了便于记忆，将 $a \times b$ 用行列式表示为

$$a \times b = \begin{vmatrix} i & j & k \\ a_x & a_y & a_z \\ b_x & b_y & b_z \end{vmatrix}. \qquad (8.2.2)$$

对于两个非零向量 a 和 b，由定义 2 和（8.2.2）式可得

$$a // b \Leftrightarrow a \times b = 0 \Leftrightarrow \frac{a_x}{b_x} = \frac{a_y}{b_y} = \frac{a_z}{b_z}. \qquad (8.2.3)$$

注：若（8.2.3）式中某一分式中分母为零，约定其分子也为零.

例4 设 $a = \{1, 0, -2\}$，$b = \{1, 2, 3\}$，求 $a \times b$.

解 由公式（8.2.2）有

$$a \times b = \begin{vmatrix} i & j & k \\ 1 & 0 & -2 \\ 1 & 2 & 3 \end{vmatrix} = \begin{vmatrix} 0 & -2 \\ 2 & 3 \end{vmatrix} i - \begin{vmatrix} 1 & -2 \\ 1 & 3 \end{vmatrix} j + \begin{vmatrix} 1 & 0 \\ 1 & 2 \end{vmatrix} k$$

$$= 4i - 5j + 2k.$$

例5 求垂直于 $a = \{1, -1, 2\}$ 和 $b = \{2, -2, 2\}$ 的单位向量.

解 因为 $a \times b$ 同时垂直 a 和 b，所以

$$a \times b = \begin{vmatrix} i & j & k \\ 1 & -1 & 2 \\ 2 & -2 & 2 \end{vmatrix} = 2i + 2j,$$

$$|a \times b| = 2\sqrt{2},$$

所求的单位向量有两个，分别为

$$\pm(a \times b)^\circ = \pm \frac{1}{2\sqrt{2}} \{2, 2, 0\} = \pm \frac{\sqrt{2}}{2} \{1, 1, 0\}.$$

例6 已知三角形 ABC 的顶点是 $A(1, 2, 3)$，$B(3, 4, 5)$，$C(2, 4, 7)$，求三角形的面积.

解 根据向量积的定义，可知三角形 ABC 的面积

$$S_{\triangle ABC} = \frac{1}{2}\left|\overrightarrow{AB}\right|\left|\overrightarrow{AC}\right|\sin\;(\overset{\wedge}{\overrightarrow{AC},\overrightarrow{AB}})$$

$$= \frac{1}{2}\left|\overrightarrow{AB}\times\overrightarrow{AC}\right|.$$

由于 $\overrightarrow{AB}=(2,2,2)$，$\overrightarrow{AC}=(1,2,4)$，因此

$$\overrightarrow{AB}\times\overrightarrow{AC}=\begin{vmatrix} \boldsymbol{i} & \boldsymbol{j} & \boldsymbol{k} \\ 2 & 2 & 2 \\ 1 & 2 & 4 \end{vmatrix}=4\boldsymbol{i}-6\boldsymbol{j}+2\boldsymbol{k},$$

于是

$$S_{\triangle ABC}=\frac{1}{2}\left|4\boldsymbol{i}-6\boldsymbol{j}+2\boldsymbol{k}\right|$$

$$=\frac{1}{2}\sqrt{4^2+(-6)^2+2^2}=\sqrt{14}.$$

习题 8.2

1．已知 $\boldsymbol{a}=\{4,-2,4\}$，$\boldsymbol{b}=\{6,-3,2\}$，求（1）$\boldsymbol{a}\cdot\boldsymbol{b}$；（2）$\boldsymbol{a}\times\boldsymbol{b}$；（3）$(2\boldsymbol{a}-3\boldsymbol{b})\cdot(\boldsymbol{a}+\boldsymbol{b})$；
（4）$\left|\boldsymbol{a}-\boldsymbol{b}\right|^2$；（5）$\boldsymbol{a}$ 与 $\boldsymbol{b}$ 的夹角的余弦.

2．判断下列各组向量是否平行或垂直.
（1）$\boldsymbol{a}=2\boldsymbol{i}+\boldsymbol{j}-3\boldsymbol{k}$，$\boldsymbol{b}=4\boldsymbol{i}+2\boldsymbol{j}-6\boldsymbol{k}$；
（2）$\boldsymbol{a}=\{2,0,-3\}$，$\boldsymbol{b}=\{3,1,2\}$；
（3）$\boldsymbol{a}=\{2,0,-3\}$，$\boldsymbol{b}=\{-2,0,3\}$.

3．已知 $\boldsymbol{a},\boldsymbol{b},\boldsymbol{c}$ 为单位向量，且满足 $\boldsymbol{a}+\boldsymbol{b}+\boldsymbol{c}=0$，计算 $\boldsymbol{a}\cdot\boldsymbol{b}+\boldsymbol{b}\cdot\boldsymbol{c}+\boldsymbol{c}\cdot\boldsymbol{a}$.

4．已知 $\boldsymbol{a}=\{2,4,-1\}$，$\boldsymbol{b}=\{0,-2,2\}$，求同时垂直于 $\boldsymbol{a}$ 与 $\boldsymbol{b}$ 的单位向量.

5．求以 $A(1,2,3)$，$B(3,2,1)$，$C(-1,-2,0)$ 为顶点的三角形的面积.

6．设 $\boldsymbol{F}=2\boldsymbol{i}-3\boldsymbol{j}+\boldsymbol{k}$，使一质点沿直线从点 $M_1(0,1,-1)$ 移动到点 $M_2(2,1,-1)$，求力 $\boldsymbol{F}$
所作的功.

8.3 平面及其方程

8.3.1 平面的点法式方程

与平面垂直的非零向量称为该平面的法向量，记为 $\boldsymbol{n}=\{A,B,C\}$. 显然，平面的法向量有无穷多个.

已知平面 $\prod$ 过点 $M_0(x_0,y_0,z_0)$，它的一个法向量为 $\boldsymbol{n}=\{A,B,C\}$，求平面 $\prod$（如图 8.15 所示）的方程.

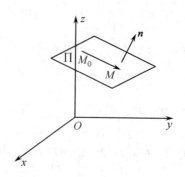

图 8.15

设点 $M(x,y,z)$ 是空间上任意一点，则点 M 在平面 $\prod$ 上的充要条件是
$$\overrightarrow{M_0M} \perp \boldsymbol{n} \Leftrightarrow \overrightarrow{M_0M} \cdot \boldsymbol{n} = 0.$$

因为 $\overrightarrow{M_0M} = \{x-x_0, y-y_0, z-z_0\}$，$\boldsymbol{n} = \{A,B,C\}$，所以有
$$A(x-x_0) + B(y-y_0) + C(z-z_0) = 0, \qquad (8.3.1)$$
则方程（8.3.1）称为平面 $\prod$ 的点法式方程.

例 1 求过点 $(2,1,1)$ 且垂直于向量 $\boldsymbol{i}+2\boldsymbol{j}+3\boldsymbol{k}$ 的平面方程.

解 取 $\boldsymbol{n} = \{1,2,3\}$，由公式（8.3.1）即得平面方程为
$$(x-2) + 2(y-1) + 3(z-1) = 0,$$
即 $x+2y+3z-7 = 0$.

例 2 求过点 $M_1(1,2,-1)$ 和 $M_2(2,3,1)$ 且和平面 $x-y+z+1 = 0$ 垂直的平面方程.

解 因为 $\overrightarrow{M_1M_2} = \{1,1,2\}$ 在该平面上，已知平面的法向量 $\boldsymbol{n}_1 = \{1,-1,1\}$，所求平面的法向量 $\boldsymbol{n}$ 与向量 $\overrightarrow{M_1M_2}$ 和 $\boldsymbol{n}_1$ 都垂直，故
$$\boldsymbol{n} = \overrightarrow{M_1M_2} \times \boldsymbol{n}_1 = \begin{vmatrix} \boldsymbol{i} & \boldsymbol{j} & \boldsymbol{k} \\ 1 & 1 & 2 \\ 1 & -1 & 1 \end{vmatrix} = 3\boldsymbol{i} + \boldsymbol{j} - 2\boldsymbol{k},$$

由公式（8.3.1）得该平面的方程为
$$3(x-1) + (y-2) - 2(z+1) = 0,$$
即 $3x+y-2z-7 = 0$.

例 3 求过点 $M_1(1,1,1), M_2(-1,5,2)$ 和 $M_3(2,-2,1)$ 三点的平面方程.

解 所求平面的法向量 $\boldsymbol{n}$ 与向量 $\overrightarrow{M_1M_2}$ 和 $\overrightarrow{M_1M_3}$ 都垂直，而
$$\overrightarrow{M_1M_2} = \{-2,4,1\}, \quad \overrightarrow{M_1M_3} = \{1,-3,0\},$$
故 $\boldsymbol{n} = \overrightarrow{M_1M_2} \times \overrightarrow{M_1M_3} = \begin{vmatrix} \boldsymbol{i} & \boldsymbol{j} & \boldsymbol{k} \\ -2 & 4 & 1 \\ 1 & -3 & 0 \end{vmatrix} = \{3,1,2\}$，

由公式（8.3.1）得该平面方程为 $3(x-1) + (y-1) + 2(z-1) = 0$，

即　$3x + y + 2z - 6 = 0$．

8.3.2　平面的一般式方程

将公式（8.3.1）展开，得
$$Ax + By + Cz + (-Ax_0 - By_0 - Cz_0) = 0 .$$

这是 x, y, z 的一次方程，所以平面可用 x, y, z 的一次方程来表示．反之，任意的 x, y, z 的一次方程
$$Ax + By + Cz + D = 0 \qquad\qquad (8.3.2)$$
是否都表示平面呢（式中 A, B, C 不全为零）？方程（8.3.2）是一个含有三个未知数的方程，所以有无穷多组解，设 x_0, y_0, z_0 是其中一组解，则有
$$Ax_0 + By_0 + Cz_0 + D = 0 . \qquad\qquad (8.3.3)$$
方程（8.3.2）减方程（8.3.3），得
$$A(x - x_0) + B(y - y_0) + C(z - z_0) = 0 .$$

这就是方程（8.3.1），它表示过点 (x_0, y_0, z_0)，且以 $\boldsymbol{n} = \{A, B, C\}$ 为法向量的平面．由此可知 x, y, z 的一次方程（8.3.2）都表示平面，x, y, z 前的系数 A, B, C 为平面法向量的坐标．方程（8.3.2）称为平面的一般式方程．

下面讨论方程（8.3.2）的一些特殊情况：

（1）当 $D = 0$ 时，方程（8.3.2）变成为 $Ax + By + Cz = 0$，显然，平面通过原点（如图 8.16 所示）；

（2）当 $A = 0$ 时，方程（8.3.2）成为 $By + Cz + D = 0$，法向量 $\boldsymbol{n} = \{0, B, C\}$，与 $\boldsymbol{i} = \{1, 0, 0\}$ 垂直，所以该平面平行于 x 轴（如图 8.17 所示）；

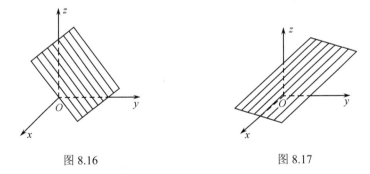

图 8.16　　　　　　　　　　图 8.17

（3）当 $A = D = 0$ 时，方程（8.3.2）成为 $By + Cz = 0$，它所表示的平面通过 x 轴（如图 8.18 所示）．

同理，方程 $Ax + Cz + D = 0$，$Ax + By + D = 0$，分别表示平行于 y 轴和 z 轴的平面；$Ax + Cz = 0$，$Ax + By = 0$ 分别表示通过 y 轴和 z 轴的平面．

（4）当 $A = B = 0$ 时，方程（8.3.2）成为 $Cz + D = 0$，法向量 $\boldsymbol{n} = \{0, 0, C\}$ 与 $\boldsymbol{k} = \{0, 0, 1\}$ 平行，所以该平面平行于 xOy 坐标面（如图 8.19 所示），当 $A = B = D = 0$ 时，方程为 $z = 0$，它表示 xOy 坐标面.

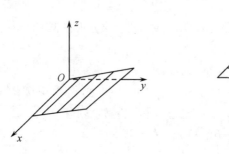

图 8.18   图 8.19

同理，方程 $Ax + D = 0$ 和 $By + D = 0$ 分别表示平行 yOz 坐标面和 zOx 坐标面的平面；方程 $x = 0$ 和 $y = 0$ 分别表示 yOz 坐标面和 zOx 坐标面.

例 4 求通过 x 轴和点 $(4, -3, -1)$ 的平面方程.

解 因平面通过 x 轴，由以上讨论，可设其方程为 $By + Cz = 0$，又点 $(4, -3, -1)$ 在平面上，因此 $-3B - C = 0$，即 $C = -3B$，代入原方程并化简，得所求平面方程为 $y - 3z = 0$.

例 5 一平面经过 $P(1, 1, 1)$，$Q(-2, 1, 2)$，$R(-3, 3, 1)$ 三点，求此平面的方程.

解 设所求平面方程为

$$Ax + By + Cz + D = 0 ,$$

又因 P, Q, R 三点都在平面上，所以有

$$\begin{cases} A + B + C + D = 0, \\ -2A + B + 2C + D = 0, \\ -3A + 3B + C + D = 0, \end{cases}$$

后两个方程分别减去第一个方程，得

$$\begin{cases} -3A + C = 0, \\ -4A + 2B = 0, \end{cases}$$

所以 $C = 3A$，$B = 2A$.

代入第一个方程得

$$A + 2A + 3A + D = 0 ,$$

即 $D = -6A$.

因为 A, B, C 不能同时为零，所以 $A \neq 0$，于是有

$$Ax + 2Ay + 3Az - 6A = 0 ,$$

即得所求平面方程为

$$x + 2y + 3z - 6 = 0.$$

8.3.3 平面的截距式方程

设一平面过三点 $P(a,0,0)$, $Q(0,b,0)$, $R(0,0,c)$（如图 8.20 所示），求此平面方程.

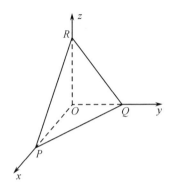

图 8.20

设平面方程为 $Ax + By + Cz + D = 0$，因为 P,Q,R 三点在该平面上，所以有

$$\begin{cases} Aa + D = 0, \\ Bb + D = 0, \\ Cc + D = 0. \end{cases}$$

解此方程组得

$$A = -\frac{D}{a}, \quad B = -\frac{D}{b}, \quad C = -\frac{D}{c}.$$

代入所设方程（因平面不过原点，所以 $D \neq 0$）得

$$-\frac{D}{a}x - \frac{D}{b}y - \frac{D}{c}z + D = 0,$$

即得所求平面方程为

$$\frac{x}{a} + \frac{y}{b} + \frac{z}{c} = 1. \tag{8.3.4}$$

方程中的 a,b,c 分别称为平面在 x 轴、y 轴、z 轴上的截距，方程（8.3.4）称为平面的截距式方程.

例 6　将平面方程 $3x - 4y + z - 5 = 0$ 化为截距式方程.

解　由 $3x - 4y + z - 5 = 0$，得 $3x - 4y + z = 5$.

方程两边同除以 5，得平面的截距式方程为

$$\frac{x}{\frac{5}{3}} + \frac{y}{-\frac{5}{4}} + \frac{z}{5} = 1.$$

其中 $a = \dfrac{5}{3}$, $b = -\dfrac{5}{4}$, $c = 5$.

8.3.4 平面与平面的位置关系

两平面法向量的夹角，称为两平面的夹角（取锐角）（如图 8.21 所示）.

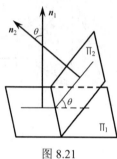

图 8.21

设两平面 Π_1, Π_2 的方程分别为

$$A_1 x + B_1 y + C_1 z + D_1 = 0, \quad A_2 x + B_2 y + C_2 z + D_2 = 0,$$

它们的法向量分别为

$$\boldsymbol{n}_1 = \{A_1, B_1, C_1\}, \quad \boldsymbol{n}_2 = \{A_2, B_2, C_2\},$$

因此 Π_1 与 Π_2 的夹角的余弦为

$$\cos\theta = \frac{|\boldsymbol{n}_1 \cdot \boldsymbol{n}_2|}{|\boldsymbol{n}_1||\boldsymbol{n}_2|} = \frac{|A_1 A_2 + B_1 B_2 + C_1 C_2|}{\sqrt{A_1^2 + B_1^2 + C_1^2}\sqrt{A_2^2 + B_2^2 + C_2^2}}. \tag{8.3.5}$$

特别地，

$$\Pi_1 /\!/ \Pi_2 \Leftrightarrow \boldsymbol{n}_1 /\!/ \boldsymbol{n}_2 \Leftrightarrow \frac{A_1}{A_2} = \frac{B_1}{B_2} = \frac{C_1}{C_2};$$

$$\Pi_1 \perp \Pi_2 \Leftrightarrow \boldsymbol{n}_1 \perp \boldsymbol{n}_2 \Leftrightarrow A_1 A_2 + B_1 B_2 + C_1 C_2 = 0.$$

例 7 求两平面 $x - y + 2z - 6 = 0$, $2x + y + z - 5 = 0$ 的夹角.

解 因两平面的法向量分别为 $\boldsymbol{n}_1 = \{1, -1, 2\}$, $\boldsymbol{n}_2 = \{2, 1, 1\}$, 则两平面的夹角 θ 的余弦为

$$\cos\theta = \frac{|1 \times 2 + (-1) \times 1 + 2 \times 1|}{\sqrt{1^2 + (-1)^2 + 2^2}\sqrt{2^2 + 1^2 + 1^2}} = \frac{1}{2},$$

所以两平面的夹角 $\theta = \dfrac{\pi}{3}$.

习题 8.3

1. 指出下列各平面的特殊位置，并画出各平面.

（1）$x = 0$； （2）$3y = 1$；

（3）$2x + 3y - 6 = 0$； （4）$x - \sqrt{3}y = 0$；

（5）$6x + 5y - z = 0$.

2. 求过点 $(3,0,-1)$ 且与平面 $3x - 7y + 5z - 6 = 0$ 平行的平面方程.

3. 求过三点 $(1,-1,2)$，$(-2,-2,2)$，$(1,1,-1)$ 的平面方程.

4. 一平面过点 $(1,0,-1)$ 且平行于向量 $\boldsymbol{a} = 2\boldsymbol{i} + \boldsymbol{j} + \boldsymbol{k}$ 和 $\boldsymbol{b} = \boldsymbol{i} - \boldsymbol{j}$，试求该平面方程.

5. 求点 $(1,2,1)$ 到平面 $x + 2y + 2z - 10 = 0$ 的距离.

6. 求过点 $(1,1,1)$ 与 $(2,2,2)$ 且与平面 $x + y - z = 0$ 垂直的平面方程.

7. 求过点 $(5,1,7)$ 与 $(4,0,-2)$ 且平行于 z 轴的平面方程.

8. 求平面 $2x - y + z - 7 = 0$ 和平面 $x + y + 2z - 11 = 0$ 的夹角.

8.4　空间直线及其方程

8.4.1　直线的一般式方程

空间直线可看作两个平面的交线，设平面 Π_1, Π_2 的方程分别为

$$\Pi_1: \quad A_1x + B_1y + C_1z + D_1 = 0,$$
$$\Pi_2: \quad A_2x + B_2y + C_2z + D_2 = 0,$$

则两个平面 Π_1, Π_2 的交线 l 的方程为

$$\begin{cases} A_1x + B_1y + C_1z + D_1 = 0, \\ A_2x + B_2y + C_2z + D_2 = 0. \end{cases} \tag{8.4.1}$$

方程（8.4.1）称为直线的一般式方程.

8.4.2　直线的点向式方程与参数方程

与直线平行的非零向量称为该直线的方向向量，记为 $\boldsymbol{s} = \{m,n,p\}$，显然，直线的方向向量有无穷多个.

已知直线 l 过点 $M_0(x_0, y_0, z_0)$，它的一个方向向量为 $\boldsymbol{s} = \{m,n,p\}$，求直线 l 的方程（如图 8.22 所示）.

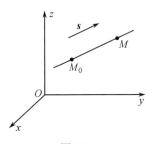

图 8.22

设点 $M(x, y, z)$ 为空间上任意一点，则点 M 在直线 l 上的充要条件是 $\overrightarrow{M_0M} \parallel \boldsymbol{s}$.

因为 $\overrightarrow{M_0M} = \{x - x_0, y - y_0, z - z_0\}$，$\boldsymbol{s} = \{m,n,p\}$，所以由两向量平行的充要条件可知

$$\frac{x-x_0}{m}=\frac{y-y_0}{n}=\frac{z-z_0}{p}. \tag{8.4.2}$$

方程组（8.4.2）称为直线的点向式方程（或称标准方程）.

注：当 m,n,p 中有一个或两个为零时，就理解为相应的分子也为零.

在直线方程（8.4.2）中，记其比值为 t，则有

$$\begin{cases} x=x_0+mt, \\ y=y_0+nt, \\ z=z_0+pt. \end{cases} \tag{8.4.3}$$

式（8.4.3）称为直线 l 的参数方程，t 为参数.

例 1 求过点 $M_1(x_1,y_1,z_1)$，$M_2(x_2,y_2,z_2)$ 的直线方程.

解 取 $\overrightarrow{M_1M_2}$ 作为直线的方向向量，即 $s=\overrightarrow{M_1M_2}=\{x_2-x_1,y_2-y_1,z_2-z_1\}$，故所求直线的方程为

$$\frac{x-x_1}{x_2-x_1}=\frac{y-y_1}{y_2-y_1}=\frac{z-z_1}{z_2-z_1}.$$

上式也称为直线的两点式方程.

例 2 求过点 $(1,-3,2)$ 且平行于两平面 $3x-y+5z+2=0$ 及 $x+2y-3z+4=0$ 的直线方程.

解 因为所求直线平行于两平面.故直线的方向向量 s 垂直于两平面的法向量 $n_1=\{3,-1,5\}$ 及 $n_2=\{1,2,-3\}$，所以取

$$s=n_1\times n_2=\begin{vmatrix} i & j & k \\ 3 & -1 & 5 \\ 1 & 2 & -3 \end{vmatrix}=-7i+14j+7k，$$

因此，所求直线方程为

$$\frac{x-1}{-7}=\frac{y+3}{14}=\frac{z-2}{7},$$

即

$$\frac{x-1}{-1}=\frac{y+3}{2}=\frac{z-2}{1}.$$

例 3 求过点 $M(1,1,1)$ 且与直线 $l:\begin{cases} x-2y+z=0, \\ 2x+2y+3z-6=0 \end{cases}$ 平行的直线方程.

解 两平面 $x-2y+z=0$，$2x+2y+3z-6=0$ 的法向量分别为 $n_1=\{1,-2,1\}$，$n_2=\{2,2,3\}$.

因为两平面的交线 l 的方向向量 s 与法向量 n_1,n_2 都垂直，所以

$$s=n_1\times n_2=\begin{vmatrix} i & j & k \\ 1 & -2 & 1 \\ 2 & 2 & 3 \end{vmatrix}=-8i-j+6k，$$

因此，所求直线的方程为 $\dfrac{x-1}{-8} = \dfrac{y-1}{-1} = \dfrac{z-1}{6}$.

例 4 将直线方程 $\begin{cases} x+y+z+2=0, \\ 2x-y+3z+4=0 \end{cases}$ 化为点向式方程及参数方程.

解 先求直线上的一点 $M_0(x_0, y_0, z_0)$，不妨令 $z=0$，代入原方程组，得

$$\begin{cases} x+y+2=0, \\ 2x-y+4=0. \end{cases}$$

解之，得 $x=-2$，$y=0$，即点 $(-2,0,0)$ 在直线上.

再求该直线的一个方向向量 $\boldsymbol{s}$，因为 $\boldsymbol{s}$ 分别垂直于平面 $x+y+z+2=0$ 及 $2x-y+3z+4=0$ 的法向量 $\boldsymbol{n}_1=\{1,1,1\}$，$\boldsymbol{n}_2=\{2,-1,3\}$，所以可取

$$\boldsymbol{s} = \boldsymbol{n}_1 \times \boldsymbol{n}_2 = \begin{vmatrix} \boldsymbol{i} & \boldsymbol{j} & \boldsymbol{k} \\ 1 & 1 & 1 \\ 2 & -1 & 3 \end{vmatrix} = 4\boldsymbol{i} - \boldsymbol{j} - 3\boldsymbol{k}.$$

所以该直线的点向式方程为

$$\frac{x+2}{4} = \frac{y}{-1} = \frac{z}{-3}.$$

令上式为 t，可得已知直线的参数方程为

$$\begin{cases} x=-2+4t, \\ y=-t, \\ z=-3t. \end{cases}$$

8.4.3 平面、直线的位置关系

1. 直线与直线的位置关系

两直线的方向向量的夹角称为两直线的夹角（取锐角）.

设两直线 l_1 和 l_2 的方程分别为

$$\frac{x-x_1}{m_1} = \frac{y-y_1}{n_1} = \frac{z-z_1}{p_1},$$

$$\frac{x-x_2}{m_2} = \frac{y-y_2}{n_2} = \frac{z-z_2}{p_2}.$$

它们的方向向量分别为

$$\boldsymbol{s}_1 = \{m_1, n_1, p_1\}, \quad \boldsymbol{s}_2 = \{m_2, n_2, p_2\},$$

因此 l_1 与 l_2 的夹角的余弦为

$$\cos\ \theta = \frac{|s_1 \cdot s_2|}{|s_1||s_2|} = \frac{|m_1m_2 + n_1n_2 + p_1p_2|}{\sqrt{m_1^2+n_1^2+p_1^2}\sqrt{m_2^2+n_2^2+p_2^2}}\ .\qquad(8.4.5)$$

$$l_1 /\!/ l_2 \Leftrightarrow s_1 /\!/ s_2 \Leftrightarrow \frac{m_1}{m_2} = \frac{n_1}{n_2} = \frac{p_1}{p_2}\ ;$$

$$l_1 \perp l_2 \Leftrightarrow s_1 \perp s_2 \Leftrightarrow m_1m_2 + n_1n_2 + p_1p_2 = 0\ .$$

例5 求直线 l_1: $\frac{x-1}{1} = \frac{y}{-4} = \frac{z+2}{1}$ 和直线 l_2: $\frac{x}{2} = \frac{y+2}{-2} = \frac{z}{-1}$ 的夹角.

解 因 l_1, l_2 的方向向量分别为 $s_1 = \{1,-4,1\}$, $s_2 = \{2,-2,-1\}$, 则两直线 l_1 与 l_2 的夹角 θ 的余弦为

$$\cos\ \theta = \frac{|1\times 2 + (-4)\times(-2) + 1\times(-1)|}{\sqrt{1^2+(-4)^2+1^2}\sqrt{2^2+(-2)^2+(-1)^2}} = \frac{1}{\sqrt{2}} = \frac{\sqrt{2}}{2}\ ,$$

所以两直线的夹角 $\theta = \frac{\pi}{4}$.

2. 直线与平面的位置关系

直线和它在平面上的投影直线的夹角称为直线与平面的夹角（取锐角）.

设直线 l 与平面 $\prod$ 的垂线的夹角为 θ, l 与 $\prod$ 的夹角为 α, 则 $\alpha = \frac{\pi}{2}-\theta$. 求直线与平面的夹角, 就转化为求直线与直线的夹角.

因为平面的法向量是平面垂线的方向向量, 所以先按公式（8.3.9）求出直线与平面垂线的夹角 θ, 那么直线 l 与平面 $\prod$ 的夹角 $\alpha = \frac{\pi}{2}-\theta$ 也就随之而得.

设 $s = \{m,n,p\}$, $n = \{A,B,C\}$ 分别是直线 l 的方向向量和平面 $\prod$ 的法向量, 由两向量夹角的余弦公式, 有

$$\sin\ \alpha = \sin\left(\frac{\pi}{2}-\theta\right) = \cos\ \theta = \frac{|s\cdot n|}{|s||n|}$$

$$= \frac{|Am+Bn+Cp|}{\sqrt{m^2+n^2+p^2}\sqrt{A^2+B^2+C^2}}\ .$$

$$l /\!/ \prod \Leftrightarrow s \perp n \Leftrightarrow Am+Bn+Cp = 0\ ;$$

$$l \perp \prod \Leftrightarrow s /\!/ n \Leftrightarrow \frac{A}{m} = \frac{B}{n} = \frac{C}{p}\ .$$

例6 已知直线 l: $\begin{cases} x+y-5=0, \\ 2x-z+8=0 \end{cases}$ 和平面 $\prod$: $2x+y+z-3=0$, 求 l 与 $\prod$ 的夹角.

解 先求出 l 的方向向量

$$s = \{1,1,0\} \times \{2,0,-1\} = \begin{vmatrix} \boldsymbol{i} & \boldsymbol{j} & \boldsymbol{k} \\ 1 & 1 & 0 \\ 2 & 0 & -1 \end{vmatrix} = -\boldsymbol{i} + \boldsymbol{j} - 2\boldsymbol{k} ,$$

l 与 $\prod$ 的垂线的夹角 θ 的余弦为

$$\cos \theta = \frac{|\boldsymbol{s} \cdot \boldsymbol{n}|}{|\boldsymbol{s}||\boldsymbol{n}|} = \frac{|(-1) \times 2 + 1 \times 1 + (-2) \times 1|}{\sqrt{(-1)^2 + 1^2 + (-2)^2}\sqrt{2^2 + 1^2 + 1^2}} = \frac{1}{2} ,$$

$$\theta = \arccos \frac{1}{2} = \frac{\pi}{3} .$$

因此，l 与 $\prod$ 的夹角 $\alpha = \frac{\pi}{2} - \frac{\pi}{3} = \frac{\pi}{6}$.

8.4.4 综合举例

例 7 求与两平面 $x - 4z = 3$ 和 $2x - y - 5z = 1$ 的交线平行且过点 $(-3,2,5)$ 的直线的方程.

解法一 因为所求直线与两平面的交线平行，所以直线的方向向量 $\boldsymbol{s}$ 一定与两平面的法向量 $\boldsymbol{n}_1$, $\boldsymbol{n}_2$ 垂直，所以可以取

$$s = \boldsymbol{n}_1 \times \boldsymbol{n}_2 = \{1,0,-4\} \times \{2,-1,-5\} = \begin{vmatrix} \boldsymbol{i} & \boldsymbol{j} & \boldsymbol{k} \\ 1 & 0 & -4 \\ 2 & -1 & -5 \end{vmatrix} = -4\boldsymbol{i} - 3\boldsymbol{j} - \boldsymbol{k} ,$$

因此所求直线的方程为

$$\frac{x+3}{4} = \frac{y-2}{3} = \frac{z-5}{1} .$$

解法二 过点 $(-3,2,5)$ 且与平面 $x - 4z = 3$ 平行的平面的方程为

$$x - 4z = -23 .$$

过点 $(-3,2,5)$ 且与平面 $2x - y - 5z = 1$ 平行的平面的方程为

$$2x - y - 5z = -33 .$$

因此所求直线方程为上面两个平面的交线，其方程为

$$\begin{cases} x - 4z = -23, \\ 2x - y - 5z = -33. \end{cases}$$

例 8 求直线 $\frac{x-2}{1} = \frac{y-3}{1} = \frac{z-4}{2}$ 与平面 $2x + y + z = 6$ 的交点.

解 所给直线的参数方程为

$$\begin{cases} x = 2+t, \\ y = 3+t, \\ z = 4+2t, \end{cases}$$

将其代入方程中，得

$$2(2+t)+(3+t)+(4+2t)=6 ,$$

解出 $t=-1$，代入直线的参数方程中，得到所求交点的坐标为

$$(x,y,z)=(1,2,2).$$

例9 求过点 $(2,1,3)$ 且与直线 $\dfrac{x+1}{3}=\dfrac{y-1}{2}=\dfrac{z}{-1}$ 垂直相交的直线的方程.

解 先求过点 $(2,1,3)$ 且和已知直线垂直的平面方程，直线的方向向量 s 看作是平面的法向量，这个平面方程为

$$3(x-2)+2(y-1)-(z-3)=0 .$$

再求已知直线与这个平面的交点坐标，直线的参数方程为

$$\begin{cases} x = -1+3t, \\ y = 1+2t, \\ z = -t, \end{cases}$$

将上式代入平面方程中，解得 $t=\dfrac{3}{7}$，从而所求交点坐标为 $\left(\dfrac{2}{7},\dfrac{13}{7},-\dfrac{3}{7}\right)$，则以 $(2,1,3)$ 为起点，$\left(\dfrac{2}{7},\dfrac{13}{7},-\dfrac{3}{7}\right)$ 为终点的向量为

$$\left(\dfrac{2}{7}-2,\dfrac{13}{7}-1,-\dfrac{3}{7}-3\right)=-\dfrac{6}{7}(2,-1,4) ,$$

是所求直线的一个方向向量，故所求直线方程为

$$\dfrac{x-2}{2}=\dfrac{y-1}{-1}=\dfrac{z-3}{4} .$$

习题 8.4

1. 求过点 $(1,1,1)$ 且同时平行于平面 $x+y-2z+1=0$ 和 $x+2y-z+5=0$ 的直线方程.

2. 求通过点 $(-1,2,3)$ 且平行于直线 $\dfrac{x-3}{2}=\dfrac{y-1}{3}=\dfrac{z+1}{-1}$ 的直线方程.

3. 求过点 $(2,-3,4)$ 且垂直于平面 $3x-y+2z=4$ 的直线方程.

4. 求直线 l_1：$\dfrac{x-3}{4}=\dfrac{y-2}{-12}=\dfrac{z+1}{3}$ 和直线 l_2：$\dfrac{x-1}{2}=\dfrac{y+2}{-1}=\dfrac{z}{-2}$ 的夹角.

5. 求直线 $\begin{cases} x+y+3z=0, \\ x-y-z=0 \end{cases}$ 和平面 $x-y-z+1=0$ 的夹角.

6. 试确定下列各题中直线与平面间的关系.

（1）$\dfrac{x+3}{-2}=\dfrac{y+4}{-7}=\dfrac{z}{3}$ 和 $4x-2y-2z-3=0$ ；

（2）$\dfrac{x}{3}=\dfrac{y}{-2}=\dfrac{z}{7}$ 和 $3x-2y+7z-8=0$ ；

（3）$\dfrac{x-2}{3}=\dfrac{y+2}{1}=\dfrac{z-3}{-4}$ 和 $x+y+z-3=0$ ．

8.5 曲面及其方程

8.5.1 曲面方程的概念

定义 曲面 S 和三元方程 $F(x,y,z)=0$ 满足：

（1）曲面 S 上的任意一点的坐标都满足方程 $F(x,y,z)=0$ ；

（2）不在曲面 S 上的点的坐标都不满足方程 $F(x,y,z)=0$ ．

那么称方程 $F(x,y,z)=0$ 为曲面 S 的方程，曲面 S 称为方程 $F(x,y,z)=0$ 的图形（如图 8.23 所示）．

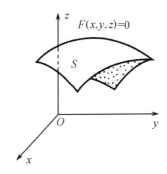

图 8.23

我们知道平面方程是关于 x,y,z 的三元一次方程，所以平面是曲面的特殊情形，本节将讨论一些常见的含 x,y,z 的二次方程所表示的曲面，称之为二次曲面．

8.5.2 球面

建立以 $M_0(x_0,y_0,z_0)$ 为球心，R 为半径的球面方程．

设 $M(x,y,z)$ 是球面上任意一点（如图 8.24 所示），则有 $\left|\overrightarrow{M_0M}\right|=R$ ，而

$$\left|\overrightarrow{M_0M}\right|=\sqrt{(x-x_0)^2+(y-y_0)^2+(z-z_0)^2}，$$

所以
$$(x-x_0)^2+(y-y_0)^2+(z-z_0)^2=R^2．$$

这就是以点 (x_0,y_0,z_0) 为球心、R 为半径的球面方程．

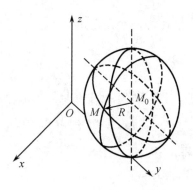

图 8.24

当 $x_0 = y_0 = z_0 = 0$ 时，得球心在原点，半径为 R 的球面方程为

$$x^2 + y^2 + z^2 = R^2.$$

例 1 方程 $2x^2 + 2y^2 + 2z^2 + 2x - 2z - 1 = 0$ 表示怎样的曲面？

解 原方程两边同除以 2 并将常数项移到等号右端，得

$$x^2 + y^2 + z^2 + x - z = \frac{1}{2}.$$

配方得

$$\left(x + \frac{1}{2}\right)^2 + y^2 + \left(z - \frac{1}{2}\right)^2 = 1,$$

所以，原方程表示球心在 $\left(-\frac{1}{2}, 0, \frac{1}{2}\right)$，半径为 1 的球面.

8.5.3 柱面

动直线 l 沿给定曲线 C 平行移动所形成的曲面，称为柱面. 动直线 l 称为柱面的母线，定曲线 C 称为柱面的准线（如图 8.25 所示）.

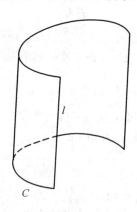

图 8.25

我们只讨论准线在坐标面内，母线平行于坐标轴的柱面．以建立在 xOy 面上的曲线 C：$f(x,y)=0$ 为准线，母线平行于 z 轴的柱面方程．

设 $M(x,y,z)$ 是柱面上的任意一点，过点 M 的母线与 xOy 面的交点 N 一定在准线 C 上（如图 8.26 所示），点 N 的坐标为 $(x,y,0)$；不论点 M 的竖坐标 z 取何值，它的横坐标 x 和纵坐标 y 都满足方程 $f(x,y)=0$，因此，所求柱面方程为

$$f(x,y)=0.$$

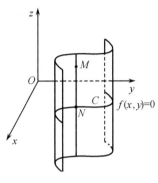

图 8.26

在平面直角坐标系中，方程 $f(x,y)=0$ 表示一条平面曲线，在空间直角坐标系中，方程 $f(x,y)=0$ 表示以 xOy 面上的曲线 C：$\begin{cases} f(x,y)=0, \\ z=0 \end{cases}$ 为准线，母线平行于 z 轴的柱面．

类似地，方程 $h(y,z)=0$ 表示以 yOz 面上的曲线 C'：$\begin{cases} h(y,z)=0, \\ x=0 \end{cases}$ 为准线，母线平行于 x 轴的柱面．

方程 $g(x,z)=0$ 表示以 xOz 面上的曲线 C''：$\begin{cases} g(x,z)=0, \\ y=0 \end{cases}$ 为准线，母线平行于 y 轴的柱面．

例 2 试说明下列方程表示什么曲面．

（1）$x^2+y^2=R^2$；（2）$\dfrac{x^2}{a^2}+\dfrac{y^2}{b^2}=1$；（3）$\dfrac{x^2}{a^2}-\dfrac{y^2}{b^2}=1$；（4）$x^2=2py\ (p>0)$．

解 （1）方程 $x^2+y^2=R^2$ 表示以 xOy 面上的圆 $x^2+y^2=R^2$ 为准线，母线平行于 z 轴的圆柱面（如图 8.27 所示）．

（2）方程 $\dfrac{x^2}{a^2}+\dfrac{y^2}{b^2}=1$ 表示以 xOy 面上的椭圆 $\dfrac{x^2}{a^2}+\dfrac{y^2}{b^2}=1$ 为准线，母线平行于 z 轴的椭圆柱面（如图 8.28 所示）．

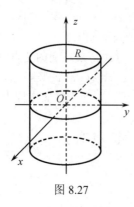

图 8.27

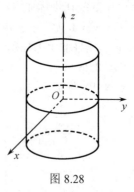

图 8.28

（3）方程 $\dfrac{x^2}{a^2} - \dfrac{y^2}{b^2} = 1$ 表示以 xOy 面上的双曲线 $\dfrac{x^2}{a^2} - \dfrac{y^2}{b^2} = 1$ 为准线，母线平行于 z 轴的双曲柱面（如图 8.29 所示）.

（4）方程 $x^2 = 2py\,(p > 0)$ 表示以 xOy 面上的抛物线 $x^2 = 2py$ 为准线，母线平行于 z 轴的抛物柱面（如图 8.30 所示）.

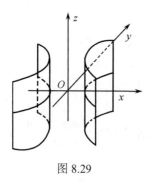

图 8.29

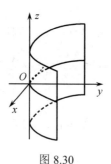

图 8.30

由于这四个方程都是二次方程，因此统称为二次柱面.

8.5.4 旋转曲面及其方程

平面曲线 C 绕同一平面上定直线 l 旋转一周所形成的曲面，称为旋转曲面. 定直线 l 称为旋转轴.

建立 yOz 面上一条曲线 C：$f(y, z) = 0$，求绕 z 轴旋转一周所形成的旋转曲面的方程（如图 8.31 所示）.

设 $M(x, y, z)$ 为旋转曲面上任一点，过点 M 作平面垂直于 z 轴，交 z 轴于点 $P(0, 0, z)$，交曲线 C 于点 $M_0(0, y_0, z_0)$，由于点 M 可以由点 M_0 绕 z 轴旋转得到，因此有

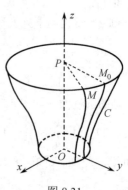

图 8.31

$$\left|\overrightarrow{PM}\right| = \left|\overrightarrow{PM_0}\right|, \quad z = z_0. \tag{8.5.1}$$

因为 $\left|\overrightarrow{PM}\right| = \sqrt{x^2 + y^2}$，$\left|\overrightarrow{PM_0}\right| = |y_0|$，所以

$$y_0 = \pm\sqrt{x^2 + y^2}. \tag{8.5.2}$$

又因为 M_0 在曲线 C 上，所以

$$f(y_0, z_0) = 0.$$

将（8.5.1）、（8.5.2）代入上式，即得旋转曲面方程为

$$f\left(\pm\sqrt{x^2 + y^2}, z\right) = 0.$$

可见，求平面曲线 $f(y, z) = 0$ 绕 z 轴旋转的旋转曲面方程，只要将 $f(y, z) = 0$ 中的 y 换成 $\pm\sqrt{x^2 + y^2}$ 而 z 保持不变，即得旋转曲面方程.

同理，曲线 $\begin{cases} f(y, z) = 0 \\ x = 0 \end{cases}$ 绕 y 轴旋转的旋转曲面方程为

$$f\left(y, \pm\sqrt{x^2 + z^2}\right) = 0.$$

例 3 将 yOz 坐标面上的直线 $z = ay$（$a \neq 0$）绕 z 轴旋转一周，试求所得旋转曲面方程.

解 因为是 yOz 坐标面上的直线 $z = ay$（$a \neq 0$）绕 z 轴旋转，故将 z 保持不变，y 换成 $\pm\sqrt{x^2 + y^2}$，则得

$$z = a\left(\pm\sqrt{x^2 + y^2}\right),$$

即所求旋转曲面方程为 $z^2 = a^2(x^2 + y^2)$.

由上式表示的曲面称为圆锥面，点 O 称为圆锥的顶点（如图 8.32 所示）.

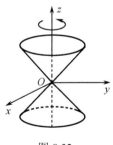

图 8.32

8.5.5 几种常见的二次曲面

在空间直角坐标系中，方程 $F(x, y, z) = 0$ 一般表示曲面；若 $F(x, y, z) = 0$ 为一次方程，则它的图形是一个平面，称为一次曲面；若 $F(x, y, z) = 0$ 为二次方程，则它的图形称为二次曲面.

再给出几个常见的二次曲面的方程，并用"截痕法"来研究这些特殊的二次曲面方程，即用坐标面和平行于各坐标面的平面去截曲面，得到一系列的交线，对这些交线进行分析、综合，从而看出曲面的形状.

1. 椭球面

方程

$$\frac{x^2}{a^2}+\frac{y^2}{b^2}+\frac{z^2}{c^2}=1 \quad (a>0,\ b>0,\ c>0) \tag{8.5.3}$$

所表示的曲面称为椭球面.

从方程（8.5.3）可知：

$$\frac{x^2}{a^2}\leqslant 1,\quad \frac{y^2}{b^2}\leqslant 1,\quad \frac{z^2}{c^2}\leqslant 1,$$

即 $|x|\leqslant a$，$|y|\leqslant b$，$|z|\leqslant c$.

这说明由方程（8.5.3）所表示的椭球面上的所有点都在由六个平面 $x=\pm a$，$y=\pm b$，$z=\pm c$ 所围成的长方体内，a,b,c 称为椭球面的半轴.

用三个坐标面分别去截椭球面，交线分别为

$$\begin{cases}\dfrac{x^2}{a^2}+\dfrac{y^2}{b^2}=1,\\ z=0;\end{cases} \quad \begin{cases}\dfrac{x^2}{a^2}+\dfrac{z^2}{c^2}=1,\\ y=0;\end{cases} \quad \begin{cases}\dfrac{y^2}{b^2}+\dfrac{z^2}{c^2}=1,\\ x=0.\end{cases}$$

显然，这些交线都是椭圆.

再用平行于 xOy 面的平面 $z=h$（$|h|<c$）截椭球面，交线为

$$\begin{cases}\dfrac{x^2}{a^2}+\dfrac{y^2}{b^2}=1-\dfrac{h^2}{c^2},\\ z=h,\end{cases}$$

是平面 $z=h$ 上的椭圆.

当 z 变化时，这些椭圆中心均在 z 轴上，当 $|h|$ 由 0 逐渐增大到 c 时，椭球截面由大到小，最后缩成一点.

用平行其他两个坐标面的平面去截椭球面，经分析所得结果类似.

综上所述，可得椭球面的形状如图 8.33 所示.

在椭球面方程（8.5.3）中，若半轴 a,b,c 有两个相等. 例如 $a=b$，则方程化为 $\dfrac{x^2+y^2}{a^2}+\dfrac{z^2}{c^2}=1$. 它是 yOz

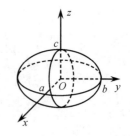

图 8.33

坐标面上的椭圆曲线 $\dfrac{y^2}{a^2}+\dfrac{z^2}{c^2}=1$ 绕 z 轴旋转而成的旋转曲面. 又若 $a=b=c=R$，则方程化为 $x^2+y^2+z^2=R^2$，它是球心在原点、半径为 R 的球面.

2. 单叶双曲面

方程

$$\frac{x^2}{a^2} + \frac{y^2}{b^2} - \frac{z^2}{c^2} = 1 \tag{8.5.4}$$

所表示的曲面称为单叶双曲面.

这个单叶双曲面关于三个坐标面、三个坐标轴以及原点均对称.

用三个坐标面截曲面, 所得截线分别为

$$\begin{cases} \dfrac{x^2}{a^2} + \dfrac{y^2}{b^2} = 1, \\ z = 0; \end{cases} \qquad \begin{cases} \dfrac{y^2}{b^2} - \dfrac{z^2}{c^2} = 1, \\ x = 0; \end{cases} \qquad \begin{cases} \dfrac{x^2}{a^2} - \dfrac{z^2}{c^2} = 1, \\ y = 0. \end{cases}$$

它们分别表示 xOy 面上的椭圆、yOz 面上以 y 轴为实轴的双曲线和 zOx 面上以 x 轴为实轴的双曲线.

用平行于 xOy 面的平面 $z = h$ 截曲面, 得

$$\frac{x^2}{a^2} + \frac{y^2}{b^2} = 1 + \frac{h^2}{c^2},$$

其截痕都是中心在 z 轴上的椭圆.

用 zOx 面和 yOz 面去截曲面, 其截痕为

$$\begin{cases} \dfrac{x^2}{a^2} - \dfrac{y^2}{c^2} = 1, \\ y = 0 \end{cases} \quad \text{和} \quad \begin{cases} \dfrac{y^2}{b^2} - \dfrac{z^2}{c^2} = 1, \\ x = 0. \end{cases}$$

它们都是双曲线.

单叶双曲面 (中心轴为 z 轴) 的图形如图 8.34 所示.

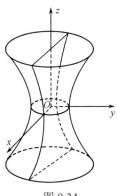

图 8.34

同理, 方程

$$\frac{x^2}{a^2} - \frac{y^2}{b^2} + \frac{z^2}{c^2} = 1 \text{ 和 } -\frac{x^2}{a^2} + \frac{y^2}{b^2} + \frac{z^2}{c^2} = 1$$

表示的曲面也都是单叶双曲面，中心轴分别为 y 轴和 x 轴.

3. 双叶双曲面

方程
$$\frac{x^2}{a^2} + \frac{y^2}{b^2} - \frac{z^2}{c^2} = -1 \tag{8.5.5}$$

所表示的曲面称为双叶双曲面.

这个双叶双曲面关于三个坐标平面、三个坐标轴以及原点也都对称.

用 yOz 和 zOx 面截曲面，所得截线分别为

$$\begin{cases} -\dfrac{y^2}{b^2} + \dfrac{z^2}{c^2} = 1, \\ x = 0 \end{cases} \quad \text{和} \quad \begin{cases} -\dfrac{x^2}{a^2} + \dfrac{z^2}{c^2} = 1, \\ y = 0. \end{cases}$$

它们都是以 z 轴为实轴，虚轴分别为 y 轴和 x 轴的双曲线.

由方程（8.5.5）知 $|z| \geqslant c > 0$，故双叶双曲面与 xOy 面不相交.

用平行于 xOy 面的平面 $z = h$ 截曲面，得 $\dfrac{x^2}{a^2} + \dfrac{y^2}{b^2} = \dfrac{h^2}{c^2} - 1$.

当 $|h| > c$ 时，其截痕是一椭圆；

当 $|h| = c$ 时，其截痕缩为一点 $(0,0,c)$ 和 $(0,0,-c)$；

当 $|h| < c$ 时，没有截痕.

双叶双曲面的形状如图 8.35 所示.

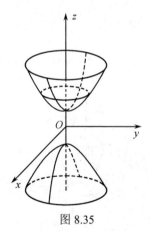

图 8.35

方程 $-\dfrac{x^2}{a^2} + \dfrac{y^2}{b^2} + \dfrac{z^2}{c^2} = -1$ 和 $\dfrac{x^2}{a^2} - \dfrac{y^2}{b^2} + \dfrac{z^2}{c^2} = -1$ 所表示的曲面也都是双叶双曲面.

4. 椭圆抛物面

方程

$$z = \frac{x^2}{a^2} + \frac{y^2}{b^2} \tag{8.5.6}$$

所表示的曲面称为椭圆抛物面.

这个椭圆抛物面过原点，且关于 yOz，zOx 面以及 z 轴均对称.

用 yOz 和 zOx 面截曲面，所得截线分别为

$$\begin{cases} z = \dfrac{y^2}{b^2}, \\ x = 0 \end{cases} \quad \text{和} \quad \begin{cases} z = \dfrac{x^2}{a^2}, \\ y = 0. \end{cases}$$

它们都是开口向上的抛物线.

用平面 $z = h$ 截曲面，得

$$\begin{cases} \dfrac{x^2}{a^2} + \dfrac{y^2}{b^2} = h, \\ z = h. \end{cases}$$

当 $h < 0$ 时，平面 $z = h$ 与这个曲面不相交，所以没有图形；

当 $h = 0$ 时，相交于一点 $(0, 0, 0)$；

当 $h > 0$ 时，所得截线为

$$\begin{cases} \dfrac{x^2}{a^2 h} + \dfrac{y^2}{b^2 h} = 1, \\ z = h. \end{cases}$$

这是平面 $z = h$ 中心在 z 轴上的椭圆. 当 h 由 0 逐渐增大趋于 $+\infty$ 时，椭圆的两个半轴 $a\sqrt{h}$ 和 $b\sqrt{h}$ 也随之由 0 逐渐增大趋于 $+\infty$.

椭圆抛物面的形状如图 8.36 所示.

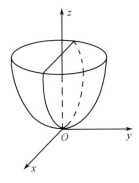

图 8.36

5. 双曲抛物面

方程
$$z = \frac{x^2}{a^2} - \frac{y^2}{b^2} \tag{8.5.7}$$

所表示的曲面称为双曲抛物面.

这个双曲抛物面过原点，且关于 yOz 和 zOx 面以及 z 轴均对称.

用三个坐标面截曲面，所得截线分别为

$$\begin{cases} \dfrac{x^2}{a^2}-\dfrac{y^2}{b^2}=0, \\ z=0; \end{cases} \quad \begin{cases} z=\dfrac{x^2}{a^2}, \\ y=0; \end{cases} \quad \begin{cases} z=-\dfrac{y^2}{b^2}, \\ x=0. \end{cases}$$

它们分别表示两条相交直线、开口向上的抛物线和开口向下的抛物线.

用平行于 xOy 面的平面 $z=h$（$h\neq0$）截曲面，所得截线为

$$\begin{cases} \dfrac{x^2}{a^2}-\dfrac{y^2}{b^2}=h, \\ z=h. \end{cases}$$

它是在平面 $z=h$ 上的双曲线.

当 $h<0$ 时，双曲线的实轴平行于 y 轴；

当 $h>0$ 时，双曲线的实轴平行于 x 轴.

用平行于 yOz 和 zOx 面的平面 $x=h$ 和 $y=h$ 截曲面，所得截线分别为

$$\begin{cases} z=-\dfrac{y^2}{b^2}+\dfrac{h^2}{a^2}, \\ x=h \end{cases} \text{和} \begin{cases} z=\dfrac{x^2}{a^2}-\dfrac{h^2}{b^2}, \\ y=h. \end{cases}$$

它们分别表示开口向下、开口向上的两族抛物线.

双曲抛物面的形状如图 8.37 所示. 由于它形如马鞍，故又称马鞍面，坐标原点称为它的鞍点.

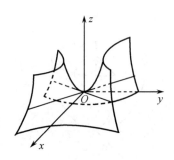

图 8.37

习题 8.5

1. 建立以点 $(1,3,-2)$ 为中心，且通过坐标原点的球面方程.

2. 求下列旋转曲面方程.

（1）曲线 $\begin{cases} \dfrac{x^2}{3} + \dfrac{z^2}{4} = 1, \\ y = 0 \end{cases}$ 绕 x 轴及 z 轴旋转；

（2）曲线 $\begin{cases} x^2 - y^2 = 1, \\ z = 0 \end{cases}$ 绕 x 轴及 y 轴旋转.

3．指出下列方程所表示的曲面.

（1）$x^2 + y^2 + 4z^2 - 1 = 0$；

（2）$x^2 + y^2 - z^2 - 1 = 0$；

（3）$x^2 - y^2 - z^2 - 1 = 0$；

（4）$x^2 + y^2 - z = 0$；

（5）$x^2 - y^2 - z = 0$．

8.6　空间曲线

8.6.1　空间曲线的一般方程

空间曲线 Γ 可以看成是两个曲面的交线，设曲面 S_1 和 S_2 的方程分别为 $F_1(x, y, z) = 0$ 和 $F_2(x, y, z) = 0$，则其交线 Γ 的方程为

$$\begin{cases} F_1(x, y, z) = 0, \\ F_2(x, y, z) = 0. \end{cases} \tag{8.6.1}$$

方程（8.6.1）称为空间曲线的一般方程.

例 1　下列方程组表示什么曲线？

$$（1）\begin{cases} x^2 + y^2 + z^2 = 25, \\ z = 3; \end{cases} \qquad （2）\begin{cases} z = \sqrt{a^2 - x^2 - y^2}, \\ \left(x - \dfrac{a}{2}\right)^2 + y^2 = \left(\dfrac{a}{2}\right)^2. \end{cases}$$

解　（1）$x^2 + y^2 + z^2 = 25$ 是球心在原点，半径为 5 的球面. $z = 3$ 是平行于 xOy 面的平面，它们的交线是在平面 $z = 3$ 上的圆（如图 8.38 所示）.

（2）方程 $z = \sqrt{a^2 - x^2 - y^2}$ 表示球心在坐标原点 O，半径为 a 的上半球面；方程 $\left(x - \dfrac{a}{2}\right)^2 + y^2 = \left(\dfrac{a}{2}\right)^2$ 表示母线平行于 z 轴的圆柱面，方程组表示上半球面与圆柱面的交线（如图 8.39 所示）.

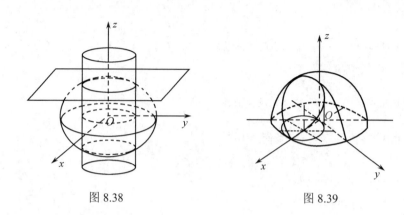

图 8.38   图 8.39

8.6.2　空间曲线的参数方程

空间曲线 Γ 上动点 M 的坐标 x, y, z 分别表示为参数 t 的函数：

$$\begin{cases} x = x(t), \\ y = y(t), \\ z = z(t). \end{cases} \qquad (8.6.2)$$

方程组（8.6.2）称为曲线 Γ 的参数方程，t 为参数.

例2　设空间一动点 M 在圆柱面 $x^2 + y^2 = a^2$ 上以角速度 ω 绕 z 轴旋转，同时又以线速度 v 沿平行于 z 轴的正方向上升（其中 ω，v 都是常数），则动点 M 的轨迹叫作螺旋线，试求其参数方程.

解　取时间 t 为参数，设 $t = 0$ 时，动点在 $M_0(a, 0, 0)$ 处，经过时间 t，动点由 M_0 运动到 $M(x, y, z)$（如图 8.40 所示）.

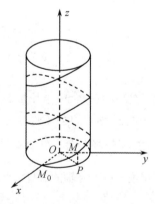

图 8.40

过 M 作 xOy 面的垂线，垂足为 $P(x, y, 0)$，则从 M_0 到 M 所转过的角 $\theta = \omega t$，上升的高度 $PM = vt$，则动点的运动方程即螺旋线的参数方程为

$$\begin{cases} x = a\cos\omega t, \\ y = a\sin\omega t, \\ z = vt. \end{cases}$$

如果令 $\theta = \omega t$，以 θ 为参数，则螺旋线的参数方程为

$$\begin{cases} x = a\cos\theta, \\ y = a\sin\theta, \\ z = b\theta, \end{cases}$$

其中 $b = \dfrac{v}{\omega}$.

这种螺旋线在机床上经常见到，当 θ 由 θ_0 增加到 $\theta_0 + 2\pi$ 时，螺旋线上升一圈，这时 z 的增量 $\Delta z = 2b\pi$，这个高度在工程上称为螺距.

8.6.3 空间曲线在坐标面上的投影

设空间曲线 Γ 的一般方程为

$$\begin{cases} F_1(x, y, z) = 0, \\ F_2(x, y, z) = 0. \end{cases} \tag{8.6.3}$$

消去 z，得 $H(x, y) = 0$.

满足曲线 Γ 的方程一定满足方程 $H(x, y) = 0$，而 $H(x, y) = 0$ 表示一个以曲线 Γ 为准线、母线平行于 z 轴的柱面，称为曲线 Γ 关于 xOy 面的投影柱面.

它与 xOy 面的交线就是空间曲线在 xOy 面上的投影曲线，简称投影，其方程为

$$\begin{cases} H(x, y) = 0, \\ z = 0. \end{cases}$$

同理，从（8.6.3）中分别消去 x 和 y，得到 $R(y, z) = 0$ 和 $G(x, z) = 0$，则曲线 Γ 在 yOz 和 zOx 面上的投影曲线方程分别为

$$\begin{cases} R(y, z) = 0, \\ x = 0 \end{cases} \quad \text{和} \quad \begin{cases} G(x, z) = 0, \\ y = 0. \end{cases}$$

例 3 求曲线

$$\Gamma: \begin{cases} x^2 + y^2 + z^2 = a^2, \\ x^2 + y^2 = z^2, \end{cases}$$

在 xOy 面上的投影曲线方程.

解 从曲线 Γ 的方程中消去 z，得

$$2(x^2 + y^2) = a^2,$$

即

$$x^2 + y^2 = \frac{a^2}{2}.$$

这是曲线 Γ 关于 xOy 面的投影柱面——圆柱面方程.

曲线 Γ 在 xOy 面上的投影曲线为圆曲线，方程为

$$\begin{cases} x^2 + y^2 = \dfrac{a^2}{2}, \\ z = 0. \end{cases}$$

习题 8.6

1. 分别求出母线平行于 x 轴及 y 轴且通过曲线 $\begin{cases} 2x^2 + y^2 + z^2 = 16, \\ x^2 + z^2 - y^2 = 0 \end{cases}$ 的柱面方程.

2. 求球面 $x^2 + y^2 + z^2 = 9$ 与平面 $x + z = 1$ 的交线在 xOy 面上的投影方程.

3. 曲面 $x^2 + y^2 + 4z^2 = 1$ 与 $x^2 = y^2 + z^2$ 的交线在 yOz 面上的投影方程.

4. 求曲面 $x^2 + y^2 + z^2 = 1$ 与 $x^2 + (y-1)^2 + (z-1)^2 = 1$ 的交线在 zOx 面上的投影方程.

本章小结

1. 注意空间特殊点的坐标的特征，如坐标轴和坐标面上的点以及对称点的坐标.

2. 我们所研究的向量都为自由向量，故在空间经平移后完全重合的向量是相等的.

3. 平面的一般式方程 $Ax + By + Cz + D = 0$ 中，某些系数为零时平面的特征，如 $B = 0$ ，表示平行于 y 轴的平面等.

4. 平面的点法式方程中法向量 $\boldsymbol{n} = \{A, B, C\}$ 的求法的各种形式和方法的掌握.

5. 直线的一般式方程形式不是唯一的，注意两直线间的关系.

6. 直线的点向式方程中直线的方向向量 $\boldsymbol{s} = \{m, n, p\}$ 的求法的各种形式和方法的掌握.

7. 掌握平面与平面、平面与直线、直线与直线的位置关系的判断.

8. 注意常见的二次曲面的特征，特别是柱面、旋转曲面方程的特征.

9. 注意投影曲线 $\begin{cases} F(x, y) = 0, \\ z = 0 \end{cases}$ 与投影柱面 $F(x, y) = 0$ 的区别.

复习题 8

1. 求平行于向量 $\boldsymbol{a} = 6\boldsymbol{i} + 7\boldsymbol{j} - 6\boldsymbol{k}$ 的单位向量.

2．求与向量 $a = 2i - j + k$ 及 $b = i + 2j - k$ 垂直的单位向量．

3．求过点 $M(1, -2, 3)$ 和两平面 $3x + 2y + z - 4 = 0$ 及 $x - 5z - 6 = 0$ 皆垂直的平面方程．

4．一平面通过点 $(2, 1, 0)$ 且与各坐标轴的截距相等，求此平面方程．

5．求平面 $2x - y + z - 7 = 0$ 和平面 $x + y + 2z - 11 = 0$ 的夹角．

6．求过点 $A(1, 1, 2)$ 且平行于平面 $x + y + 3z = 0$ 和平面 $x - y - z = 0$ 的直线方程．

7．求直线 $\begin{cases} 2x - 3y + z - 5 = 0, \\ 3x + y - 2z - 4 = 0 \end{cases}$ 的点向式及参数方程．

8．求平面 $x + y - 9 = 0$ 与直线 $\begin{cases} 10x + 2y - 2z = 27, \\ x + y - z = 0 \end{cases}$ 间的夹角．

9．证明直线 $\begin{cases} 3x + z = 4, \\ y + 2z = 9 \end{cases}$ 与直线 $\begin{cases} 6x - y = 7, \\ 3y + 6z = 1 \end{cases}$ 互相平行．

10．证明直线 $\begin{cases} x + 2y = 1, \\ 2y - z = 1 \end{cases}$ 与直线 $\begin{cases} x - y = 1, \\ x - 2z = 3 \end{cases}$ 互相垂直．

11．求下列直线与平面的交点．

（1） $\dfrac{x-1}{1} = \dfrac{y+1}{-2} = \dfrac{z}{6}$, $2x + 3y + z - 1 = 0$;

（2） $\dfrac{x+2}{-2} = \dfrac{y-1}{3} = \dfrac{z-3}{-2}$, $x + 2y - 2z + 6 = 0$.

12．试确定下列各题中直线与平面间的关系．

（1） $\dfrac{x+3}{-2} = \dfrac{y+4}{-7} = \dfrac{z}{3}$ 和 $4x - 2y - 2z - 3 = 0$;

（2） $\dfrac{x}{3} = \dfrac{y}{-2} = \dfrac{z}{7}$ 和 $3x - 2y + 7z - 8 = 0$;

（3） $\dfrac{x-2}{3} = \dfrac{y+2}{1} = \dfrac{z-3}{-4}$ 和 $x + y + z - 3 = 0$.

13．求下列各曲线在 xOy 平面上投影曲线的方程．

（1） $2x^2 + y^2 + z^2 = 16$, $x^2 + z^2 - y^2 = 0$;

（2） $x^2 + y^2 - z = 0$, $z = x + 1$;

（3） $x^2 + z^2 + y^2 = 1$, $(x-1)^2 + y^2 + (z-1)^2 = 1$;

（4） $z^2 = x^2 + y^2$, $z^2 = 2y$.

14．分别写出曲面 $\dfrac{x^2}{9} - \dfrac{y^2}{25} + \dfrac{z^2}{4} = 1$ 在下列各平面上的截痕的方程，并指出这些截痕是什么曲线．

（1） $x = 2$;　　　　　　　　　　（2） $y = 0$;

（3） $y = 5$;　　　　　　　　　　（4） $z = 2$;

（5） $z = 1$.

自测题 8

1. 填空题.

（1）若两向量 $\boldsymbol{a} = \{\lambda, -3, 2\}$ 和 $\boldsymbol{b} = \{1, 2, -\lambda\}$ 互相垂直，则 $\lambda = $ _____；

（2）平行于向量 $\boldsymbol{a} = 6\boldsymbol{i} + 2\boldsymbol{j} - 3\boldsymbol{k}$ 的单位向量是 _____；

（3）已知向量 $\boldsymbol{a} = \{2, 1, -1\}$，若向量 $\boldsymbol{b}$ 与 $\boldsymbol{a}$ 平行，且 $\boldsymbol{b} \cdot \boldsymbol{a} = 3$，则 $\boldsymbol{b} = $ _____；

（4）过点 $(1, 2, 1)$ 与向量 $\boldsymbol{s}_1 = \boldsymbol{i} - 2\boldsymbol{j} - 3\boldsymbol{k}$ 及 $\boldsymbol{s}_2 = -\boldsymbol{j} - \boldsymbol{k}$ 平行的平面方程是 _____；

（5）过点 $(0, 2, 4)$ 且与平面 $x + 2z = 1$ 及 $y - 3z = 2$ 都平行的直线是 _____.

2. 单选题.

（1）下列等式中，正确的等式是（　　）.

　　A. $\boldsymbol{i} + \boldsymbol{j} = \boldsymbol{k}$　　　B. $\boldsymbol{i} \cdot \boldsymbol{j} = \boldsymbol{k}$　　　C. $\boldsymbol{i} \cdot \boldsymbol{i} = \boldsymbol{j} \cdot \boldsymbol{j}$　　　D. $\boldsymbol{i} \times \boldsymbol{i} = \boldsymbol{i} \cdot \boldsymbol{i}$

（2）已知 $|\boldsymbol{a}| = 2$，$|\boldsymbol{b}| = \sqrt{2}$，且 $\boldsymbol{a} \cdot \boldsymbol{b} = 2$，则 $|\boldsymbol{a} \times \boldsymbol{b}| = $（　　）.

　　A. 2　　　　　B. $2\sqrt{2}$　　　　　C. $\dfrac{\sqrt{2}}{2}$　　　　　D. 1

（3）若三个向量 $\boldsymbol{a}$，$\boldsymbol{b}$ 和 $\boldsymbol{c}$ 满足条件 $\boldsymbol{a} + \boldsymbol{b} + \boldsymbol{c} = \boldsymbol{0}$，且 $|\boldsymbol{a}| = 3$，$|\boldsymbol{b}| = 1$，$|\boldsymbol{c}| = 4$，则 $\boldsymbol{a} \cdot \boldsymbol{b} + \boldsymbol{b} \cdot \boldsymbol{c} + \boldsymbol{c} \cdot \boldsymbol{a} = $（　　）.

　　A. 19　　　　　B. 26　　　　　C. 13　　　　　D. -13

（4）直线 $\dfrac{x+3}{-2} = \dfrac{y+4}{-7} = \dfrac{z}{3}$ 与平面 $4x - 2y - 2z = 3$ 的关系是（　　）.

　　A. 平行，但直线不在平面上　　　　　B. 直线在平面上

　　C. 垂直相交　　　　　　　　　　　　D. 相交但不垂直

（5）母线平行于 x 轴且通过曲线 $\begin{cases} 2x^2 + y^2 + z^2 = 16, \\ x^2 - y^2 + z^2 = 0 \end{cases}$ 的柱面方程是（　　）.

　　A. 椭圆柱面 $3x^2 + 2z^2 = 16$　　　　　B. 椭圆柱面 $x^2 + 2y^2 = 16$

　　C. 双曲柱面 $3y^2 - z^2 = 16$　　　　　D. 抛物柱面 $3y^2 - z = 16$

3. 计算题.

（1）求过点 $(1, 1, -2)$ 且与直线 $\begin{cases} x - 2y + z - 3 = 0, \\ 3x - 2z + 1 = 0 \end{cases}$ 平行的直线方程；

（2）将直线的一般方程 $\begin{cases} x - 2y + z - 3 = 0, \\ 3x - 2z + 1 = 0 \end{cases}$ 化成点向式方程和参数方程；

（3）yOz 面上的曲线 $y^2 = z$ 分别绕 y 轴和 z 轴旋转一周，求所得旋转曲面的方程；

（4）求通过点 $A(3, 0, 0)$ 和点 $B(0, 0, 1)$ 且与 xOy 面夹角成 $\dfrac{\pi}{3}$ 的平面的方程.

（5）设一平面垂直于平面 $z = 0$，并通过点 $(1, -1, 1)$ 到直线 $\begin{cases} y - z + 1 = 0, \\ x = 0 \end{cases}$ 的垂线，求此平面的方程.

第 9 章　多元函数微分学及其应用

本章学习目标

- 理解二元函数的概念
- 理解二元函数的极限、连续、偏导数和全微分的概念
- 掌握多元复合函数及隐函数的一阶偏导数的求法
- 掌握二元函数极值的求法
- 了解多元函数微分学在几何上的应用及条件极值

9.1　多元函数的概念、极限及连续

9.1.1　平面点集及区域

建立数轴后，数轴上的点和实数 x 一一对应；建立平面直角坐标系后，平面上的点和二元有序数组 (x, y) 一一对应.

坐标平面上具有某种性质 P 的点的集合叫平面点集，记作

$$E = \left\{ (x, y) \middle| (x, y) \text{ 具有性质 } P \right\}.$$

例如，平面上以原点为圆心，以 r 为半径的圆内所有点构成的集合可表示为

$$C = \left\{ (x, y) \middle| x^2 + y^2 < r^2 \right\}.$$

若以 P 表示 (x, y)，则平面点集 C 又可表示为

$$C = \left\{ P \middle| |OP| < r \right\}.$$

所有二元有序数组 (x, y) 的全体构成的集合用 $\mathbf{R}^2$ 表示，即

$$\mathbf{R}^2 = \left\{ (x, y) \middle| x \in \mathbf{R}, y \in \mathbf{R} \right\}.$$

实数集 $\mathbf{R}$ 中定义了 x_0 的 δ 邻域的概念，下面将邻域的概念推广到 $\mathbf{R}^2$ 中.

设 $P_0(x_0, y_0)$ 是 xOy 平面上一点，δ 是一正数，则所有满足下式的点 $P(x, y)$ 构成的平面点集叫点 P_0 的 δ 邻域，记作 $U(P_0, \delta)$.

$$U(P_0, \delta) = \left\{ P \middle| |PP_0| < \delta \right\} = \left\{ (x, y) \middle| \sqrt{(x - x_0)^2 + (y - y_0)^2} < \delta \right\}.$$

其去心邻域表示为 $U^\circ(P_0, \delta)$，即

$$U^\circ(P_0,\delta) = \left\{ P \mid 0 < |PP_0| < \delta \right\} = \left\{ (x,y) \mid 0 < \sqrt{(x-x_0)^2 + (y-y_0)^2} < \delta \right\}.$$

如不需要强调邻域半径 δ，则可简记为 $U(P_0)$ 或 $U^\circ(P_0)$.

利用邻域的概念可将平面上的点分为以下几类.

（1）内点：若存在点 P 的某个邻域 $U(P)$，使得 $U(P) \subset$ 平面点集 E，则称 P 为 E 的内点. E 的内点一定属于 E.

（2）外点：若存在点 P 的某个邻域 $U(P)$，使得 $U(P) \cap E = \varnothing$，则称 P 为 E 的外点. E 的外点一定不属于 E.

（3）边界点：如果点 P 的任意邻域内既含有 E 中的点，又含有不属于 E 的点，则称 P 为 E 的边界点. E 的边界点的全体叫 E 的边界，记作 ∂E. E 的边界点既有可能属于 E，也有可能不属于 E.

（4）聚点：若点 P 的任意去心邻域 $U^\circ(P)$ 中均含有 E 中的点，则称 P 为 E 的聚点. E 的内点一定是 E 的聚点. 边界点有可能是聚点也有可能不是.

根据点集所包含点的类型可将点集分为开集和闭集.

开集：如果点集 E 的点都是 E 的内点，则称 E 为开集.

闭集：如果点集 E 的边界 $\partial E \subset E$，则称 E 为闭集.

根据集合规模的大小又可将集合分为有界集和无界集.

有界集：对于平面点集 E，如果存在某一正数 r，使得

$$E \subset U(O,r),$$

则称 E 为有界集，其中 O 为坐标原点. 否则称集合为无界集.

连通集：如果点集 E 内任何两点均可用含在 E 中的折线连接起来，则称 E 为连通集.

开区域（或简称区域）：连通的开集叫开区域.

闭区域：开区域连同边界一起构成的点集叫闭区域.

例如：平面点集 $\left\{ (x,y) \mid 1 \leqslant x^2 + y^2 \leqslant 2 \right\}$ 为有界闭区域，而 $\left\{ (x,y) \mid x+y > 0 \right\}$ 是无界开区域.

平面点集很容易推广到空间点集：$E = \left\{ (x,y,z) \mid (x,y,z) \text{ 具有某种性质 } P \right\}$. 空间直角坐标系 $Oxyz$ 中所有点构成的集合可用 $\mathbf{R}^3 = \left\{ (x,y,z) \mid x \in \mathbf{R}, y \in \mathbf{R}, z \in \mathbf{R} \right\}$ 表示. 类似地，可得到 n 维空间中的点集：$E = \left\{ (x_1,x_2,\cdots,x_n) \mid (x_1,x_2,\cdots,x_n) \text{ 具有某种性质 } P \right\}$. n 维空间中所有的点构成的集合可用 $\mathbf{R}^n = \left\{ (x_1,x_2,\cdots,x_n) \mid x_1 \in \mathbf{R}, x_2 \in \mathbf{R}, \cdots, x_n \in \mathbf{R} \right\}$ 来表示.

9.1.2 多元函数的概念

先看两个例子.

例 1 圆柱体的体积 V 和它的底圆半径 r 及高 h 之间的关系为 $V = \pi r^2 h$. 显然

体积 V 依赖于两个变量 r 和 h，任意给定一对 r 和 h（$r > 0$，$h > 0$）的值都会有唯一确定的一个 V 值与之对应.

例 2 电路中电流强度 I，电压 V 和电阻 R 之间满足关系式 $I = \dfrac{V}{R}$.

以上两个实际问题虽说一个是几何问题，一个是物理问题，但从数量关系的角度看它们有相同之处，都是一个变量依赖于另外两个变量. 将它们实际的几何和物理意义除去，从纯数学的角度可抽象出二元函数的概念.

1. 二元函数的概念

定义 1 设 D 是一非空平面点集，x, y, z 是三个变量，若对任意的 $(x, y) \in D$，按照某一对应法则 f 都有唯一确定的 z 值与之对应，则称变量 z 是变量 x, y 的二元函数，记为 $z = f(x, y)$，其中 x, y 称为自变量，z 称为因变量，D 称为函数的定义域.

当 (x, y) 取遍 D 时，所有的 z 值构成的集合称为函数的值域. 所以二元函数也有三要素：定义域、对应法则和值域，并且函数也由前两个要素唯一确定.

二元函数的概念可推广到三元函数：$u = f(x, y, z)$，$(x, y, z) \in D$，其中 D 是 $\mathbf{R}^3$ 中的非空点集. 类似地，可得到 n 元函数：$u = f(x_1, x_2, \cdots, x_n)$，$(x_1, x_2, \cdots, x_n) \in D$，其中 D 是 $\mathbf{R}^n$ 中的非空点集. 二元及二元以上的函数统称为多元函数.

2. 二元函数的定义域

和一元函数类似，二元函数的定义域 D 也是使函数有意义的所有的点 (x, y) 构成的集合，也叫自然定义域. 二元函数的定义域可能是离散点集，也可能是区域. 区域一般是由直线或曲线围成. 如果二元函数表示实际问题，则其定义域由实际意义确定. 如 $z = xy$，若表示长方形的面积公式，则 x 和 y 必须都为正值.

例 3 求下列函数的定义域 D，并画出 D 的图形.

（1）$z = \ln\sqrt{1 - x^2 - y^2}$；（2）$z = \arcsin(x + y)$.

解 （1）要使函数有意义，应有
$$1 - x^2 - y^2 > 0, \quad \text{即} \quad x^2 + y^2 < 1.$$
所以，定义域为有界开区域：$D = \left\{(x, y) \,\middle|\, x^2 + y^2 < 1\right\}$（如图 9.1 所示）.

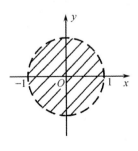

图 9.1

（2）要使函数有意义，应有

$$\left| x+y \right| \leqslant 1,$$

即

$$-1 \leqslant x+y \leqslant 1.$$

所以，定义域为无界闭区域：$D = \left\{ (x,y) \mid -1 \leqslant x+y \leqslant 1 \right\}$（如图 9.2 所示）.

3. 二元函数的几何意义

在空间直角坐标系 $Oxyz$ 中，设 $P(x,y)$ 是二元函数 $z = f(x,y)$ 的定义域 D 内的任意一点，则 $P(x,y)$ 与其相对应的函数值构成的三维有序数组 (x,y,z) 就是空间坐标系中的一点 M，将所有这些点在坐标系中画出来就构成了二元函数的图像，如图 9.3 所示. 二元函数的图像一般是空间的一张曲面，通常用 Σ 表示. 定义域 D 是曲面在坐标面 xOy 上的投影.

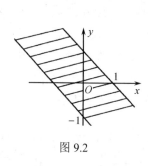

图 9.2

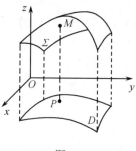

图 9.3

9.1.3 多元函数的极限

先研究二元函数的极限. 函数的极限是研究当自变量变化时，函数值的变化趋势. 由于二元函数的自变量有两个，所以其自变量的变化过程比一元函数复杂得多. 平面上 $(x,y) \to (x_0,y_0)$ 的路径多种多样，既可沿不同的直线，也可沿不同的曲线. 但无论自变量沿怎样的路径，和一元函数一样，函数值都必须无限接近于同一固定常数值，这样才叫极限存在.

定义 2 设二元函数 $z = f(x,y)$ 在点 $P_0(x_0,y_0)$ 的某一邻域内有定义（点 P_0 可以除外），如果当点 $P(x,y)$ 沿任意路径趋于点 $P_0(x_0,y_0)$ 时，函数 $f(x,y)$ 总无限接近于某一固定常数 A，则称 A 为函数 $z = f(x,y)$ 当 $(x,y) \to (x_0,y_0)$ 时的极限，记为

$$\lim_{\substack{x \to x_0 \\ y \to y_0}} f(x,y) = A \quad \text{或} \quad \lim_{P \to P_0} f(P) = A.$$

类似地可定义 n（$n > 2$）元函数的极限，如三元函数的极限：$\lim\limits_{\substack{x \to x_0 \\ y \to y_0 \\ z \to z_0}} f(x,y,z) = A$.

由定义可知，如果用定义去证明一个函数在某点处的极限存在，会非常困难. 但如果用定义去证明函数在某点极限不存在，则会变得简单. 只需要证明 (x,y)

以某种方式趋于 (x_0, y_0) 时函数极限不存在，或者 (x, y) 以两种不同的方式趋于 (x_0, y_0) 时函数极限不一样即可．

例 4　证明 $\lim\limits_{\substack{x \to 0 \\ y \to 0}} \dfrac{xy}{x^2 + y^2}$ 不存在．

证　当点 $P(x, y)$ 沿着直线 $y = kx$ 趋于 $O(0, 0)$ 时，有

$$\lim_{\substack{x \to 0 \\ y = kx \to 0}} \frac{xy}{x^2 + y^2} = \lim_{x \to 0} \frac{kx^2}{x^2 + k^2 x^2} = \frac{k}{1 + k^2} .$$

显然，当 k 取不同数值时，上述极限值不同，即当 $P(x, y)$ 沿着不同路径趋于 $O(0, 0)$ 时，函数的极限值不同，所以 $\lim\limits_{\substack{x \to 0 \\ y \to 0}} \dfrac{xy}{x^2 + y^2}$ 不存在．

例 5　求 $\lim\limits_{\substack{x \to 0 \\ y \to 0}} \dfrac{\sin(x^2 + y^2)}{x^2 + y^2}$．

解　令 $u = x^2 + y^2$，当 $x \to 0$，$y \to 0$ 时，有 $u \to 0$．所以，

$$\lim_{\substack{x \to 0 \\ y \to 0}} \frac{\sin(x^2 + y^2)}{x^2 + y^2} = \lim_{u \to 0} \frac{\sin u}{u} = 1 .$$

由此可以看出，求一元函数极限的一些方法也可以用来求二元函数的极限．

相应于一元函数极限的四则运算法则及复合函数极限的运算法则，多元函数也有类似的法则．如若两个多元函数有极限，则它们的和、差、积、商（分母极限值不为 0）也有极限，且其极限值就等于两个函数极限值的和、差、积、商；若几个多元函数有极限且能复合成一个函数，则复合后的函数也存在极限．

9.1.4　多元函数的连续

先看二元函数的连续性．

定义 3　设函数 $z = f(x, y)$ 在点 $P_0(x_0, y_0)$ 的某一邻域内有定义．如果 $\lim\limits_{\substack{x \to x_0 \\ y \to y_0}} f(x, y) = f(x_0, y_0)$，则称函数 $f(x, y)$ 在点 $P_0(x_0, y_0)$ 处连续．

若令 $\Delta x = x - x_0$，$\Delta y = y - y_0$，$\Delta z = f(x_0 + \Delta x, y_0 + \Delta y) - f(x_0, y_0)$（$\Delta z$ 叫函数的全增量），则 $\lim\limits_{\substack{x \to x_0 \\ y \to y_0}} f(x, y) = f(x_0, y_0)$ 可变为 $\lim\limits_{\substack{\Delta x \to 0 \\ \Delta y \to 0}} \Delta z = 0$，这也可作为函数连续的定义．

类似的也可定义 n（$n > 2$）元函数的连续，如三元函数．设函数 $u = f(x, y, z)$ 在点 $P_0(x_0, y_0, z_0)$ 的某一邻域内有定义．如果 $\lim\limits_{\substack{x \to x_0 \\ y \to y_0 \\ z \to z_0}} f(x, y, z) = f(x_0, y_0, z_0)$，则称函数 $f(x, y, z)$ 在点 $P_0(x_0, y_0, z_0)$ 处连续．

如果函数 $z = f(x, y)$ 在区域 D 内每一点都连续，则称函数 $f(x, y)$ 在区域 D 内

连续. 如果函数 $z = f(x, y)$ 在点 $P_0(x_0, y_0)$ 不连续, 则称点 $P_0(x_0, y_0)$ 是函数 $f(x, y)$ 的间断点. 和一元函数一样, 如果二元函数 $z = f(x, y)$ 在点 $P_0(x_0, y_0)$ 没定义或者没极限, 或者极限值不等于该点函数值, 则函数在该点间断.

如函数

$$f(x, y) = \sin \frac{1}{x^2 + y^2 - 1},$$

由于它在 $x^2 + y^2 - 1 = 0$ 上没定义, 所以它在 $x^2 + y^2 - 1 = 0$ 所表示的圆周上的任何一点都是间断的. 可见, 二元函数的间断点可以形成一条线.

又如函数

$$f(x, y) = \begin{cases} \dfrac{xy}{x^2 + y^2}, & x^2 + y^2 \neq 0, \\[2mm] 0, & x^2 + y^2 = 0. \end{cases}$$

由例 4 知它在点 $(0, 0)$ 不存在极限, 所以它在点 $(0, 0)$ 间断.

由多元函数极限的四则运算法则及多元复合函数的极限运算法则很容易证明: 多元连续函数的和、差、积、商（分母不为零）及复合函数仍是连续函数.

与一元初等函数类似, 多元初等函数是指可用一个式子所表示的多元函数, 这个式子是由常数及具有不同自变量的一元基本初等函数经过有限次四则运算和有限次复合得到的. 例如

$$\frac{x - x^2 + y^2}{x + y}, \quad \sin(x^2 + 2y), \quad e^{x^2 + y^2 + z^2}.$$

由多元函数连续的四则运算法则和多元复合函数连续的运算法则很容易得到: 多元初等函数在其定义区域内一定连续.

这个结论可用来求多元初等函数在一点的极限值: 如果多元初等函数求的是其定义区域内一点的极限, 则其极限值就等于该点的函数值, 只需将该点代入函数求值即可.

例 6 求 $\lim\limits_{\substack{x \to 2 \\ y \to 3}} \dfrac{x + y}{xy}$.

解 因为函数 $f(x, y) = \dfrac{x + y}{xy}$ 是初等函数, 且点 $(2, 3)$ 在该函数的定义区域内, 故 $\lim\limits_{\substack{x \to 2 \\ y \to 3}} \dfrac{x + y}{xy} = f(2, 3) = \dfrac{5}{6}$.

例 7 求 $\lim\limits_{\substack{x \to 0 \\ y \to \frac{1}{2}}} \arcsin \sqrt{x^2 + y^2}$.

解　$\lim\limits_{\substack{x\to 0 \\ y\to \frac{1}{2}}} \arcsin \sqrt{x^2+y^2} = \arcsin \sqrt{0^2 + \left(\dfrac{1}{2}\right)^2} = \arcsin \dfrac{1}{2} = \dfrac{\pi}{6}$.

与闭区间上一元连续函数具有很多好的性质类似，在有界闭区域 D 上连续的多元函数也具有以下性质.

性质 1（有界性与最大最小值定理）　在有界闭区域 D 上连续的多元函数必定在 D 上有界且能取得最大值和最小值.

性质 2（介值定理）　在有界闭区域 D 上连续的多元函数必能取得介于最大值和最小值之间的任何值.

习题 9.1

1．求下列各函数的定义域.

（1）$z = \sqrt{x - \sqrt{y}}$；

（2）$z = \ln(xy)$；

（3）$u = \sqrt{R^2 - x^2 - y^2 - z^2} + \dfrac{1}{\sqrt{x^2 + y^2 + z^2 - r^2}}$；

（4）$z = \arccos(x + y)$.

2．已知 $f\left(x+y, \dfrac{y}{x}\right) = x^2 - y^2$，求 $f(x, y)$.

3．求下列函数极限.

（1）$\lim\limits_{\substack{x\to 0 \\ y\to 0}} \dfrac{2 - \sqrt{xy + 4}}{xy}$；

（2）$\lim\limits_{\substack{x\to 0 \\ y\to 1}} \dfrac{\sin(xy)}{x}$.

4．下列函数在何处间断.

（1）$z = \dfrac{y^2 + x}{y^2 - 2x}$；

（2）$z = \sin \dfrac{1}{xy}$.

9.2　偏导数

在一元函数中，我们研究了函数对自变量的变化率；多元函数同样需要研究函数对自变量的变化率. 不过由于多元函数的自变量不只一个，如果考虑函数对所有自变量的变化率就过于复杂. 因此，我们可以先考虑函数对一个自变量的变化率. 以二元函数 $z = f(x, y)$ 为例，可以让 y 固定不动，只考虑函数对自变量 x 的变化率；或者让 x 固定不动，只考虑函数对自变量 y 的变化率. 实际上，这是将二元函数 $z = f(x, y)$ 分别看成了 x 或 y 的一元函数. 将二元函数看成一元函数得到的导数，我们称之为偏导数.

9.2.1 偏导数的概念及其计算方法

1. 偏导数的定义

定义　设函数 $z = f(x, y)$ 在点 (x_0, y_0) 的某邻域内有定义，当固定 $y = y_0$，而 x 在 x_0 取得增量 Δx 时，函数 z 相应取得增量（称为偏增量）：$\Delta_x z = f(x_0 + \Delta x, y_0) - f(x_0, y_0)$．如果极限 $\lim\limits_{\Delta x \to 0} \dfrac{\Delta_x z}{\Delta x} = \lim\limits_{\Delta x \to 0} \dfrac{f(x_0 + \Delta x, y_0) - f(x_0, y_0)}{\Delta x}$ 存在，则称此极限值为函数 $z = f(x, y)$ 在点 (x_0, y_0) 处对 x 的偏导数，记为

$$\left. \frac{\partial z}{\partial x} \right|_{\substack{x = x_0 \\ y = y_0}}, \quad \left. \frac{\partial f}{\partial x} \right|_{\substack{x = x_0 \\ y = y_0}}, \quad \left. z_x \right|_{\substack{x = x_0 \\ y = y_0}} \text{ 或 } f_x(x_0, y_0).$$

类似地，函数 $z = f(x, y)$ 在点 (x_0, y_0) 处对 y 的偏导数定义为

$$\lim\limits_{\Delta y \to 0} \frac{\Delta_y z}{\Delta y} = \lim\limits_{\Delta y \to 0} \frac{f(x_0, y_0 + \Delta y) - f(x_0, y_0)}{\Delta y},$$

记为 $\left. \dfrac{\partial z}{\partial y} \right|_{\substack{x = x_0 \\ y = y_0}}, \quad \left. \dfrac{\partial f}{\partial y} \right|_{\substack{x = x_0 \\ y = y_0}}, \quad \left. z_y \right|_{\substack{x = x_0 \\ y = y_0}}$ 或 $f_y(x_0, y_0)$．

如果对区域 D 内任意一点 (x, y)，极限 $\lim\limits_{\Delta x \to 0} \dfrac{f(x + \Delta x, y) - f(x, y)}{\Delta x}$ 和 $\lim\limits_{\Delta y \to 0} \dfrac{f(x, y + \Delta y) - f(x, y)}{\Delta y}$ 都存在，则它们一般都是 x, y 的函数，分别称为函数 $f(x, y)$ 在区域 D 内对 x 和 y 的偏导函数，简称偏导数，记为 $\dfrac{\partial z}{\partial x}, \dfrac{\partial f}{\partial x}, z_x, f_x(x, y)$ 和 $\dfrac{\partial z}{\partial y}, \dfrac{\partial f}{\partial y}, z_y, f_y(x, y)$．

偏导数的定义可以推广到二元以上的函数，例如三元函数 $u = f(x, y, z)$ 对 x 的偏导数可定义为

$$f_x(x, y, z) = \lim\limits_{\Delta x \to 0} \frac{f(x + \Delta x, y, z) - f(x, y, z)}{\Delta x}.$$

由偏导数的定义可知，多元函数求偏导数实际上就是一元函数求导．因此，一元函数的求导公式和方法都可以拿来用．

例 1　求函数 $z = x^2 - 3xy + 2y^3$ 在点 $(1, 2)$ 处的两个偏导数．

解　因为 $\dfrac{\partial z}{\partial x} = 2x - 3y$，$\dfrac{\partial z}{\partial y} = -3x + 6y^2$，所以

$$\left. \frac{\partial z}{\partial x} \right|_{\substack{x = 1 \\ y = 2}} = -4, \quad \left. \frac{\partial z}{\partial y} \right|_{\substack{x = 1 \\ y = 2}} = 21.$$

例 2 求函数 $z = f(x,y) = \arctan\dfrac{x}{y}$ 的偏导数.

解 $\dfrac{\partial z}{\partial x} = \dfrac{1}{1+\left(\dfrac{x}{y}\right)^2} \cdot \dfrac{1}{y} = \dfrac{y}{x^2+y^2}$,

$\dfrac{\partial z}{\partial y} = \dfrac{1}{1+\left(\dfrac{x}{y}\right)^2} \cdot \left(-\dfrac{x}{y^2}\right) = -\dfrac{x}{x^2+y^2}$.

例 3 已知理想气体的状态方程为 $PV = RT$ （R 为常数），证明 $\dfrac{\partial P}{\partial V} \cdot \dfrac{\partial V}{\partial T} \cdot \dfrac{\partial T}{\partial P} = -1$.

证 由 $P = \dfrac{RT}{V}$ ，得 $\dfrac{\partial P}{\partial V} = -\dfrac{RT}{V^2}$ ；由 $V = \dfrac{RT}{P}$ ，得 $\dfrac{\partial V}{\partial T} = \dfrac{R}{P}$ ；由 $T = \dfrac{PV}{R}$ ，得 $\dfrac{\partial T}{\partial P} = \dfrac{V}{R}$.

所以 $\dfrac{\partial P}{\partial V} \cdot \dfrac{\partial V}{\partial T} \cdot \dfrac{\partial T}{\partial P} = -\dfrac{RT}{V^2} \cdot \dfrac{R}{P} \cdot \dfrac{V}{R} = -\dfrac{RT}{VP} = -\dfrac{RT}{RT} = -1$.

由这个例题可以看出：记号 $\dfrac{\partial z}{\partial x}$ 和 $\dfrac{\partial z}{\partial y}$ 是一个整体符号，不可分离；而一元函数的导数符号 $\dfrac{\mathrm{d}y}{\mathrm{d}x}$ 是可以分离的.

例 4 设 $u = \sqrt{x^2+y^2+z^2}$ ，证明：$\left(\dfrac{\partial u}{\partial x}\right)^2 + \left(\dfrac{\partial u}{\partial y}\right)^2 + \left(\dfrac{\partial u}{\partial z}\right)^2 = 1$.

证 因为 $\dfrac{\partial u}{\partial x} = \dfrac{x}{u}$ ，$\dfrac{\partial u}{\partial y} = \dfrac{y}{u}$ ，$\dfrac{\partial u}{\partial z} = \dfrac{z}{u}$ ，所以

$$\left(\dfrac{\partial u}{\partial x}\right)^2 + \left(\dfrac{\partial u}{\partial y}\right)^2 + \left(\dfrac{\partial u}{\partial z}\right)^2 = \dfrac{x^2+y^2+z^2}{u^2} = \dfrac{u^2}{u^2} = 1 .$$

例 5 设 $f(x,y) = \begin{cases} \dfrac{xy}{x^2+y^2}, & (x,y) \neq (0,0), \\ 0, & (x,y) = (0,0), \end{cases}$ 求 $f_x(0,0)$ ，$f_y(0,0)$.

解 分段函数 $f(x,y)$ 在分界点 $(0,0)$ 处的两个偏导数，必须分别按定义计算.

$$f_x(0,0) = \lim_{\Delta x \to 0} \frac{f(0+\Delta x, 0) - f(0,0)}{\Delta x} = \lim_{\Delta x \to 0} \frac{0-0}{\Delta x} = 0 ;$$

$$f_y(0,0) = \lim_{\Delta y \to 0} \frac{f(0, 0+\Delta y) - f(0,0)}{\Delta y} = \lim_{\Delta y \to 0} \frac{0-0}{\Delta y} = 0 .$$

50

所以函数 $f(x,y)$ 在点(0,0)处的两个偏导数都存在.

由上一节的讨论知道，这个函数在点(0,0)不存在极限，也不连续. 因此，二元函数在某点存在偏导数，并不能保证函数在该点连续. 这与一元函数可导必连续是不相同的.

2. 偏导数的几何意义

一元函数 $y = f(x)$ 导数的几何意义是曲线 $y = f(x)$ 在点 (x_0, y_0) 处切线的斜率. 二元函数 $z = f(x,y)$ 在点 (x_0, y_0) 处的偏导数 $f_x(x_0, y_0)$ 是曲面 $z = f(x,y)$ 与平面 $y = y_0$ 的交线在点 $(x_0, y_0, f(x_0, y_0))$ 处的切线对 x 轴的斜率，即 $f_x(x_0, y_0) = \tan \alpha$ （如图 9.4 所示）. 同理，偏导数 $f_y(x_0, y_0)$ 是曲面 $z = f(x,y)$ 与平面 $x = x_0$ 的交线在点 $(x_0, y_0, f(x_0, y_0))$ 处的切线对 y 轴的斜率，即 $f_y(x_0, y_0) = \tan \beta$.

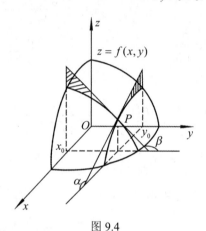

图 9.4

9.2.2 高阶偏导数

函数 $z = f(x,y)$ 的两个偏导数

$$\frac{\partial z}{\partial x} = f_x(x,y) , \quad \frac{\partial z}{\partial y} = f_y(x,y) ,$$

仍然是 x, y 的函数. 如果这两个函数关于 x 和 y 的偏导数仍存在，则称它们的偏导数是 $f(x,y)$ 的二阶偏导数. 由于每个一阶偏导函数又有两个偏导函数，所以 $z = f(x,y)$ 有四个二阶偏导数：

$$\frac{\partial}{\partial x}\left(\frac{\partial z}{\partial x}\right) = \frac{\partial^2 z}{\partial x^2} = f_{xx}(x,y) = z_{xx} , \quad \frac{\partial}{\partial y}\left(\frac{\partial z}{\partial x}\right) = \frac{\partial^2 z}{\partial x \partial y} = f_{xy}(x,y) = z_{xy} ,$$

$$\frac{\partial}{\partial x}\left(\frac{\partial z}{\partial y}\right) = \frac{\partial^2 z}{\partial y \partial x} = f_{yx}(x,y) = z_{yx} , \quad \frac{\partial}{\partial y}\left(\frac{\partial z}{\partial y}\right) = \frac{\partial^2 z}{\partial y^2} = f_{yy}(x,y) = z_{yy} ,$$

其中 $\dfrac{\partial^2 z}{\partial x \partial y}$ ， $\dfrac{\partial^2 z}{\partial y \partial x}$ 称为二阶混合偏导数. 类似地，可定义三阶、四阶以至 n 阶偏导

数，二阶及二阶以上的偏导数称为高阶偏导数，而 $\dfrac{\partial z}{\partial x}$ 和 $\dfrac{\partial z}{\partial y}$ 称为函数 $f(x,y)$ 的一阶偏导数.

例6 求函数 $z = y^2 \mathrm{e}^x + x^3 y^3 + 1$ 的所有二阶偏导数.

解 因为 $\dfrac{\partial z}{\partial x} = y^2 \mathrm{e}^x + 3x^2 y^3$，$\dfrac{\partial z}{\partial y} = 2y\mathrm{e}^x + 3x^3 y^2$；

所以 $\dfrac{\partial^2 z}{\partial x^2} = y^2 \mathrm{e}^x + 6xy^3$，$\dfrac{\partial^2 z}{\partial x \partial y} = 2y\mathrm{e}^x + 9x^2 y^2$，$\dfrac{\partial^2 z}{\partial y \partial x} = 2y\mathrm{e}^x + 9x^2 y^2$，

$\dfrac{\partial^2 z}{\partial y^2} = 2\mathrm{e}^x + 6x^3 y$.

例7 设函数 $z = \arctan \dfrac{y}{x}$，求 $\dfrac{\partial^2 z}{\partial x \partial y}$，$\dfrac{\partial^2 z}{\partial y \partial x}$.

解 因为 $\dfrac{\partial z}{\partial x} = \dfrac{1}{1 + \left(\dfrac{y}{x}\right)^2} \cdot \dfrac{-y}{x^2} = \dfrac{-y}{x^2 + y^2}$，$\dfrac{\partial z}{\partial y} = \dfrac{1}{1 + \left(\dfrac{y}{x}\right)^2} \cdot \dfrac{1}{x} = \dfrac{x}{x^2 + y^2}$；

所以 $\dfrac{\partial^2 z}{\partial x \partial y} = \dfrac{\partial}{\partial y}\left(\dfrac{-y}{x^2 + y^2}\right) = \dfrac{(-1) \cdot (x^2 + y^2) - (-y) \cdot (0 + 2y)}{(x^2 + y^2)^2} = \dfrac{y^2 - x^2}{(x^2 + y^2)^2}$，

$\dfrac{\partial^2 z}{\partial y \partial x} = \dfrac{\partial}{\partial x}\left(\dfrac{x}{x^2 + y^2}\right) = \dfrac{1 \cdot (x^2 + y^2) - x \cdot (2x + 0)}{(x^2 + y^2)^2} = \dfrac{y^2 - x^2}{(x^2 + y^2)^2}$.

定理（克莱罗定理） 如果函数 $z = f(x,y)$ 的两个二阶混合偏导数 $\dfrac{\partial^2 z}{\partial x \partial y}$ 和

$\dfrac{\partial^2 z}{\partial y \partial x}$ 在区域 D 内连续，则对任何 $(x,y) \in D$，有 $\dfrac{\partial^2 z}{\partial x \partial y} = \dfrac{\partial^2 z}{\partial y \partial x}$.

例8 验证函数 $z = \ln\sqrt{x^2 + y^2}$ 满足方程 $\dfrac{\partial^2 z}{\partial x^2} + \dfrac{\partial^2 z}{\partial y^2} = 0$.

证 先将原函数转化为：$z = \dfrac{1}{2}\ln(x^2 + y^2)$.

因为 $\dfrac{\partial z}{\partial x} = \dfrac{x}{x^2 + y^2}$，$\dfrac{\partial z}{\partial y} = \dfrac{y}{x^2 + y^2}$；

所以，$\dfrac{\partial^2 z}{\partial x^2} = \dfrac{\partial}{\partial x}\left(\dfrac{x}{x^2 + y^2}\right) = \dfrac{1 \cdot (x^2 + y^2) - x \cdot (0 + 2x)}{(x^2 + y^2)^2} = \dfrac{y^2 - x^2}{(x^2 + y^2)^2}$，

$\dfrac{\partial^2 z}{\partial y^2} = \dfrac{\partial}{\partial y}\left(\dfrac{y}{x^2 + y^2}\right) = \dfrac{1 \cdot (x^2 + y^2) - y \cdot (2y + 0)}{(x^2 + y^2)^2} = \dfrac{x^2 - y^2}{(x^2 + y^2)^2}$.

因此，$\dfrac{\partial^2 z}{\partial x^2} + \dfrac{\partial^2 z}{\partial y^2} = 0$.

以上方程叫拉普拉斯方程（Laplace's equation），又名调和方程、位势方程，是一种偏微分方程，因为由法国数学家拉普拉斯首先提出而得名．满足拉普拉斯方程的函数叫调和函数．求解拉普拉斯方程是电磁学、天文学和流体力学等领域经常遇到的一类重要的数学问题，因为这种方程以势函数的形式体现了电场、引力场和流场（一般统称为"保守场"或"有势场"）等物理对象的性质．

习题 9.2

1. 求下列函数的一阶偏导数．

（1）$z = e^{xy}$；

（2）$z = xy + \dfrac{x}{y}$；

（3）$u = z^2 \ln(x^2 + y^2)$；

（4）$z = (1 + xy)^y$；

（5）$z = \dfrac{\cos x^2}{y}$；

（6）$z = \arcsin(y\sqrt{x})$；

（7）$u = \sin(x^2 + y^2 + z^2)$；

（8）$z = \left(\dfrac{1}{3}\right)^{-\frac{y}{x}}$．

2. 求下列函数的二阶偏导数．

（1）$z = x^4 + y^4 - 4x^2y^2$；

（2）$z = \ln(x^2 + y^2)$；

（3）$z = y^x$；

（4）$z = \dfrac{x}{\sqrt{x^2 + y^2}}$．

9.3 全微分

一元函数的微分具有两个特征：①它是 Δx 的线性函数；②它与函数值改变量的差是 Δx 的高阶无穷小．

类似地，我们可以建立二元函数全微分的概念．

定义 若函数 $z = f(x, y)$ 的改变量 Δz（也称全增量）可表示为

$$\Delta z = f(x + \Delta x, y + \Delta y) - f(x, y) = A\Delta x + B\Delta y + o(\rho)，$$

其中 A 和 B 均与 Δx 和 Δy 无关，而仅与 x 和 y 有关，$\rho = \sqrt{(\Delta x)^2 + (\Delta y)^2}$，则称函数 $z = f(x, y)$ 在点 (x, y) 处可微，并称 $A\Delta x + B\Delta y$ 为函数 $z = f(x, y)$ 在点 (x, y) 处的全微分．记作 dz 或 d$f(x, y)$，即

$$dz = df(x, y) = A\Delta x + B\Delta y．$$

若 $z = f(x, y)$ 在点 (x, y) 处可微，则上式对任何 Δx 和 Δy 均成立．令 $\Delta y = 0$ 且除以 Δx 取极限可得

$$f_x(x, y) = \lim_{\Delta x \to 0} \frac{f(x + \Delta x, y) - f(x, y)}{\Delta x} = \lim_{\Delta x \to 0} \frac{A\Delta x + o(\sqrt{\Delta x^2})}{\Delta x} = A．$$

类似可得 $B = f_y(x, y)$．

因为自变量的改变量等于自变量的微分，所以函数 $z = f(x, y)$ 的全微分可记为
$$\mathrm{d}z = f_x(x, y)\mathrm{d}x + f_y(x, y)\mathrm{d}y.$$

在这里，$\mathrm{d}x$ 和 $\mathrm{d}y$ 表示任意的量，并不依赖于 x 和 y，因此 $\mathrm{d}z$ 实质上是依赖于 x, y, $\mathrm{d}x$ 和 $\mathrm{d}y$ 四个变量的.

以上全微分公式可推广到 n 元函数 $u = f(x_1, x_2, \cdots, x_n)$，其全微分表达式为
$$\mathrm{d}u = \frac{\partial u}{\partial x_1}\mathrm{d}x_1 + \frac{\partial u}{\partial x_2}\mathrm{d}x_2 + \cdots + \frac{\partial u}{\partial x_n}\mathrm{d}x_n.$$

由以上定义可以看出：若多元函数在一点可微，则在该点一定存在偏导数. 对一元函数而言，这个结论反过来也是正确的，即可导与可微等价. 但对多元函数而言却不尽然. 例如，函数
$$f(x, y) = \begin{cases} \dfrac{xy}{\sqrt{x^2 + y^2}}, & (x, y) \neq (0, 0), \\ 0, & (x, y) = (0, 0), \end{cases}$$

在 $(0, 0)$ 存在偏导数：$f_x(0, 0) = f_y(0, 0) = 0$. 但此时，
$$\frac{\Delta z - \mathrm{d}z}{\rho} = \frac{[f(\Delta x, \Delta y) - f(0, 0)] - [f_x(0, 0)\Delta x + f_y(0, 0)\Delta y]}{\rho} = \frac{\Delta x \Delta y}{\Delta x^2 + \Delta y^2},$$

而由 9.1 节例 4 知，$\lim\limits_{\substack{\Delta x \to 0 \\ \Delta y \to 0}} \dfrac{\Delta x \Delta y}{\Delta x^2 + \Delta y^2}$ 不存在，所以函数 $f(x, y)$ 在点 $(0, 0)$ 处不可微.

由此可见，对多元函数而言，可微一定存在偏导数，但偏导数存在却不一定可微. 但是如果再附加一定的条件，偏导数就可微了.

定理 如果函数 $z = f(x, y)$ 的两个偏导数在点 (x, y) 处存在且连续，则函数 $z = f(x, y)$ 在点 (x, y) 处必可微.

由多元函数可微的定义还可以推出：可微必连续. 所以，对多元函数而言，可微是最有利的条件，既能推出连续，又能推出偏导数存在；但反过来，都不成立.

例 1 求 $z = \mathrm{e}^x \sin y$ 在点 $\left(0, \dfrac{\pi}{6}\right)$ 处，当 $\Delta x = 0.04$，$\Delta y = 0.02$ 的全微分.

解 因为
$$\frac{\partial z}{\partial x} = \mathrm{e}^x \sin y, \quad \frac{\partial z}{\partial y} = \mathrm{e}^x \cos y,$$

所以
$$\frac{\partial z}{\partial x}\bigg|_{\substack{x=0 \\ y=\frac{\pi}{6}}} = \frac{1}{2}, \quad \frac{\partial z}{\partial y}\bigg|_{\substack{x=0 \\ y=\frac{\pi}{6}}} = \frac{\sqrt{3}}{2}.$$

因此
$$\mathrm{d}z = \frac{\partial z}{\partial x}\Delta x + \frac{\partial z}{\partial y}\Delta y = \frac{1}{2} \times 0.04 + \frac{\sqrt{3}}{2} \times 0.02 \approx 0.037.$$

例 2 求函数 $z = x^y$ 的全微分.

解 因为
$$\frac{\partial z}{\partial x} = yx^{y-1}, \quad \frac{\partial z}{\partial y} = x^y \ln x;$$

所以
$$dz = \frac{\partial z}{\partial x} dx + \frac{\partial z}{\partial y} dy = yx^{y-1} dx + x^y \ln x dy.$$

例3 求函数 $u = x + \sin \dfrac{y}{2} + e^{yz}$ 的全微分.

解 因为
$$\frac{\partial u}{\partial x} = 1, \quad \frac{\partial u}{\partial y} = \frac{1}{2} \cos \frac{y}{2} + ze^{yz}, \quad \frac{\partial u}{\partial z} = ye^{yz};$$

所以
$$du = dx + \left(\frac{1}{2} \cos \frac{y}{2} + ze^{yz} \right) dy + ye^{yz} dz.$$

习题 9.3

1. 求函数 $z = x^3 y^2$ 当 $x = -1$，$y = 2$，$\Delta x = 0.01$ 和 $\Delta y = -0.01$ 时的全微分.

2. 求下列函数的全微分.

（1）$z = x^2 y^3$；

（2）$z = \sqrt{x^2 + y^2}$；

（3）$z = \arcsin(xy)$；

（4）$z = e^{x+y} \cos x \sin y$；

（5）$u = x^{yz}$；

（6）$u = \dfrac{z}{x^2 + y^2}$.

9.4 多元复合函数求导法则

现将一元复合函数求导公式推广到多元复合函数. 在多元函数微分学中，多元复合函数求导公式起着非常重要的作用. 由于多元函数具有多个自变量，因而多元复合函数的复合层次复杂多样. 这导致多元复合函数求导公式多种多样，远比一元复合函数求导公式复杂. 不过，在众多的多元复合函数求导公式中我们只需抓住最基本的求导公式即可. 因为其他的求导公式都可看成是这个公式的推广和特例.

多元复合函数中最基本的复合形式为：设函数 $z = f(u,v)$，$u = \varphi(x,y)$，$v = \psi(x,y)$，则称 $z = f[\varphi(x,y), \psi(x,y)]$ 是自变量 x,y 的复合函数，u,v 称为中间变量. 其相应的求导公式为多元复合函数最基本的求导公式.

定理 设函数 $u = \varphi(x,y)$，$v = \psi(x,y)$ 在点 (x,y) 处有偏导数，函数 $z = f(u,v)$ 在对应点 (u,v) 处有连续偏导数，则复合函数 $z = f[\varphi(x,y), \psi(x,y)]$ 在点 (x,y) 处的偏导数存在，且

$$\frac{\partial z}{\partial x} = \frac{\partial z}{\partial u} \frac{\partial u}{\partial x} + \frac{\partial z}{\partial v} \frac{\partial v}{\partial x}, \quad \frac{\partial z}{\partial y} = \frac{\partial z}{\partial u} \frac{\partial u}{\partial y} + \frac{\partial z}{\partial v} \frac{\partial v}{\partial y}.$$

多元复合函数求导公式最重要的是要弄清楚因变量是哪些中间变量的函数，

而中间变量又是哪些自变量的函数. 为了清楚地把这些复杂的复合关系表示出来，人们发明了图示法，如图 9.5 所示. 这张图不仅能清楚地表示出这些变量之间的复合层次关系，而且还可帮助我们记住复杂的求导公式. 在图上，我们依照"分叉相加沿线相乘"的原则可以写出因变量对任何一个自变量的求导公式.

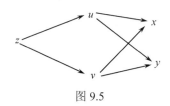

图 9.5

例 1　设 $z = \mathrm{e}^u \sin v$，而 $u = xy$，$v = x + y$，求 $\dfrac{\partial z}{\partial x}$ 和 $\dfrac{\partial z}{\partial y}$.

解　显然其复合关系是图 9.5 的情形，所以

$$\frac{\partial z}{\partial x} = \frac{\partial z}{\partial u}\frac{\partial u}{\partial x} + \frac{\partial z}{\partial v}\frac{\partial v}{\partial x} = \mathrm{e}^u \sin v \cdot y + \mathrm{e}^u \cos v \cdot 1$$

$$= y\mathrm{e}^{xy}\sin(x+y) + \mathrm{e}^{xy}\cos(x+y) = \mathrm{e}^{xy}[y\sin(x+y) + \cos(x+y)];$$

$$\frac{\partial z}{\partial y} = \frac{\partial z}{\partial u}\frac{\partial u}{\partial y} + \frac{\partial z}{\partial v}\frac{\partial v}{\partial y} = \mathrm{e}^u \sin v \cdot x + \mathrm{e}^u \cos v \cdot 1$$

$$= x\mathrm{e}^{xy}\sin(x+y) + \mathrm{e}^{xy}\cos(x+y) = \mathrm{e}^{xy}[x\sin(x+y) + \cos(x+y)].$$

多元复合函数其他情形的求导公式都可看成是以上基本求导公式的推广和特例，主要有以下几种形式.

（1）设 $u = \varphi(x,y)$，$v = \psi(x,y)$，$w = \omega(x,y)$ 在点 (x,y) 处存在偏导数，而 $z = f(u,v,w)$ 在相应点 (u,v,w) 处存在连续偏导数，则复合函数 $z = f[\varphi(x,y), \psi(x,y), \omega(x,y)]$ 在点 (x,y) 处的偏导数 $\dfrac{\partial z}{\partial x}$，$\dfrac{\partial z}{\partial y}$ 存在，且按图 9.6 有

$$\frac{\partial z}{\partial x} = \frac{\partial z}{\partial u}\frac{\partial u}{\partial x} + \frac{\partial z}{\partial v}\frac{\partial v}{\partial x} + \frac{\partial z}{\partial w}\frac{\partial w}{\partial x},$$

$$\frac{\partial z}{\partial y} = \frac{\partial z}{\partial u}\frac{\partial u}{\partial y} + \frac{\partial z}{\partial v}\frac{\partial v}{\partial y} + \frac{\partial z}{\partial w}\frac{\partial w}{\partial y}.$$

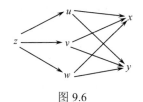

图 9.6

（2）设 $u = \varphi(x,y,z)$，$v = \psi(x,y,z)$ 在点 (x,y,z) 处存在偏导数，而 $s = f(u,v)$ 在相应点 (u,v) 处存在连续偏导数，则复合函数 $s = f[\varphi(x,y,z),\psi(x,y,z)]$ 在点 (x,y,z) 处的偏导数存在，且按图 9.7 有

$$\frac{\partial s}{\partial x} = \frac{\partial s}{\partial u}\frac{\partial u}{\partial x} + \frac{\partial s}{\partial v}\frac{\partial v}{\partial x},$$

$$\frac{\partial s}{\partial y} = \frac{\partial s}{\partial u}\frac{\partial u}{\partial y} + \frac{\partial s}{\partial v}\frac{\partial v}{\partial y},$$

$$\frac{\partial s}{\partial z} = \frac{\partial s}{\partial u}\frac{\partial u}{\partial z} + \frac{\partial s}{\partial v}\frac{\partial v}{\partial z}.$$

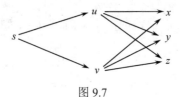

图 9.7

（3）设 $u = \varphi(x,y)$ 在点 (x,y) 处存在偏导数，而 $z = f(u)$ 在相应点 u 处存在连续的导数，则复合函数 $z = f[\varphi(x,y)]$ 在点 (x,y) 处的偏导数存在，且按图 9.8 有

$$\frac{\partial z}{\partial x} = \frac{\partial z}{\partial u}\frac{\partial u}{\partial x}, \quad \frac{\partial z}{\partial y} = \frac{\partial z}{\partial u}\frac{\partial u}{\partial y}.$$

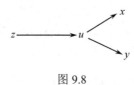

图 9.8

（4）设 $u = \varphi(x)$，$v = \psi(x)$ 在点 x 处可导，而 $z = f(u,v)$ 在相应点 (u,v) 处存在连续的偏导数，则复合函数 $z = f[\varphi(x),\psi(x)]$ 便是 x 的一元函数，它在点 x 处的导数存在，且

$$\frac{\mathrm{d}z}{\mathrm{d}x} = \frac{\partial z}{\partial u}\frac{\mathrm{d}u}{\mathrm{d}x} + \frac{\partial z}{\partial v}\frac{\mathrm{d}v}{\mathrm{d}x}.$$

这种通过多个中间变量复合而成的一元函数的导数称为全导数（如图 9.9 所示）.

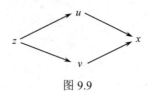

图 9.9

（5）设 $u = \varphi(x, y)$ 在点 (x, y) 处存在偏导数，而 $z = f(u, x, y)$ 在相应点 (u, x, y) 处存在连续偏导数，则复合函数 $z = f[\varphi(x, y), x, y]$ 在点 (x, y) 处的偏导数存在，且按图 9.10 有

$$\frac{\partial z}{\partial x} = \frac{\partial z}{\partial u} \frac{\partial u}{\partial x} + \frac{\partial f}{\partial x},$$

$$\frac{\partial z}{\partial y} = \frac{\partial z}{\partial u} \frac{\partial u}{\partial y} + \frac{\partial f}{\partial y}.$$

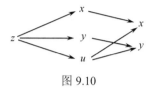

图 9.10

例2 设函数 $z = x^2 y^2$，其中 $x = \sin t$，$y = \cos t$，求 $\dfrac{\mathrm{d} z}{\mathrm{d} t}$.

解 $\dfrac{\mathrm{d} z}{\mathrm{d} t} = \dfrac{\partial z}{\partial x} \dfrac{\mathrm{d} x}{\mathrm{d} t} + \dfrac{\partial z}{\partial y} \dfrac{\mathrm{d} y}{\mathrm{d} t} = 2xy^2 \cos t + 2x^2 y \cdot (-\sin t)$

$\quad\quad = 2\sin t \cos^3 t - 2\sin^3 t \cos t = 2\sin t \cos t(\cos^2 t - \sin^2 t)$

$\quad\quad = \sin 2t \cos 2t = \dfrac{1}{2}\sin 4t$.

例3 设 $z = \ln(x^2 + y^2 + u)$，而 $u = y\sin x$，求 $\dfrac{\partial z}{\partial x}$ 和 $\dfrac{\partial z}{\partial y}$.

解 $\dfrac{\partial z}{\partial x} = \dfrac{\partial f}{\partial x} + \dfrac{\partial z}{\partial u} \dfrac{\partial u}{\partial x} = \dfrac{2x}{x^2 + y^2 + u} + \dfrac{1}{x^2 + y^2 + u} \cdot y\cos x$

$\quad\quad = \dfrac{2x + y\cos x}{x^2 + y^2 + y\sin x}$；

$\quad\quad \dfrac{\partial z}{\partial y} = \dfrac{\partial f}{\partial y} + \dfrac{\partial z}{\partial u} \dfrac{\partial u}{\partial y} = \dfrac{2y}{x^2 + y^2 + u} + \dfrac{1}{x^2 + y^2 + u} \cdot \sin x$

$\quad\quad = \dfrac{2y + \sin x}{x^2 + y^2 + y\sin x}$.

例4 设 $z = f(xy, y^2)$，求 $\dfrac{\partial z}{\partial x}$ 和 $\dfrac{\partial z}{\partial y}$.

解 令 $u = xy$，$v = y^2$，则 $z = f(u, v)$.

$\quad\quad \dfrac{\partial z}{\partial x} = \dfrac{\partial z}{\partial u} \dfrac{\partial u}{\partial x} + \dfrac{\partial z}{\partial v} \dfrac{\partial v}{\partial x} = \dfrac{\partial f}{\partial u} \cdot y + \dfrac{\partial f}{\partial v} \cdot 0 = y\dfrac{\partial f}{\partial u}$；

$$\frac{\partial z}{\partial y} = \frac{\partial z}{\partial u}\frac{\partial u}{\partial y} + \frac{\partial z}{\partial v}\frac{\partial v}{\partial y} = \frac{\partial f}{\partial u}\cdot x + \frac{\partial f}{\partial v}\cdot 2y = x\frac{\partial f}{\partial u} + 2y\frac{\partial f}{\partial v}.$$

习题 9.4

1. 设 $z = u^2 + v^2$，而 $u = x + y$，$v = x - y$，求 $\dfrac{\partial z}{\partial x}$ 和 $\dfrac{\partial z}{\partial y}$.

2. 设 $z = u^2 \ln v$，而 $u = \dfrac{x}{y}$，$v = 3x - 2y$，求 $\dfrac{\partial z}{\partial x}$ 和 $\dfrac{\partial z}{\partial y}$.

3. 设 $z = \mathrm{e}^{x-2y}$，而 $x = \sin t$，$y = t^3$，求 $\dfrac{\mathrm{d}z}{\mathrm{d}t}$.

4. 设 $z = \arcsin(x - y)$，而 $x = 3t$，$y = 4t^3$，求 $\dfrac{\mathrm{d}z}{\mathrm{d}t}$.

5. 设 $z = \arctan(xy)$，而 $y = \mathrm{e}^x$，求 $\dfrac{\mathrm{d}z}{\mathrm{d}x}$.

6. 设 $z = f(x^2 - y^2, \mathrm{e}^{xy})$ 且 f 具有一阶连续偏导数，求 $\dfrac{\partial z}{\partial x}$ 和 $\dfrac{\partial z}{\partial y}$.

7. 设 $u = f(x, xy, xyz)$ 且 f 具有一阶连续偏导数，求 $\dfrac{\partial u}{\partial x}$，$\dfrac{\partial u}{\partial y}$ 和 $\dfrac{\partial u}{\partial z}$.

9.5 隐函数的求导公式

9.5.1 一元隐函数的求导公式

上册给出了由二元方程 $F(x, y) = 0$ 确定的一元隐函数 $y = f(x)$ 的求导方法：就是利用一元复合函数求导公式去求，但没有确定求导公式. 现在可以利用二元函数偏导数可以给出由二元方程确定的一元隐函数的求导公式.

设方程 $F(x, y) = 0$ 确定了隐函数 $y = f(x)$ 且 $F(x, y)$ 具有一阶连续偏导数，则将 $y = f(x)$ 代入方程后，得

$$F[x, f(x)] \equiv 0.$$

两端对 x 求导，得

$$F_x + F_y \frac{\mathrm{d}y}{\mathrm{d}x} = 0.$$

若 $F_y \neq 0$，则

$$\frac{\mathrm{d}y}{\mathrm{d}x} = -\frac{F_x}{F_y}.$$

例 1 求方程 $xy + \ln x + \ln y = 0$ 所确定的隐函数 $y = f(x)$ 的导数 $\dfrac{\mathrm{d}y}{\mathrm{d}x}$.

解 设 $F(x, y) = xy + \ln x + \ln y$，

则
$$F_x = y + \frac{1}{x} , \quad F_y = x + \frac{1}{y} .$$

由公式，得
$$\frac{\mathrm{d}y}{\mathrm{d}x} = -\frac{F_x}{F_y} = -\frac{y + \dfrac{1}{x}}{x + \dfrac{1}{y}} = -\frac{y}{x} .$$

例 2 求由方程 $x^2 + 2xy - y^2 = a^2$ 所确定的隐函数 $y = f(x)$ 的导数 $\dfrac{\mathrm{d}y}{\mathrm{d}x}$.

解 令 $F(x, y) = x^2 + 2xy - y^2 - a^2$ ，

则
$$F_x = 2x + 2y , \quad F_y = 2x - 2y .$$

由公式，得
$$\frac{\mathrm{d}y}{\mathrm{d}x} = -\frac{2x + 2y}{2x - 2y} = \frac{y + x}{y - x} .$$

9.5.2 二元隐函数的求导公式

可将 $\dfrac{\mathrm{d}y}{\mathrm{d}x} = -\dfrac{F_x}{F_y}$ 推广到三元方程确定的二元隐函数.

设方程 $F(x, y, z) = 0$ 确定了二元隐函数 $z = f(x, y)$ ，且 $F(x, y, z)$ 具有一阶连续偏导数，则将 $z = f(x, y)$ 代入方程后可得
$$F[x, y, f(x, y)] \equiv 0 .$$

上式两边分别对 x, y 求导，得
$$F_x + F_z \frac{\partial z}{\partial x} = 0 , \quad F_y + F_z \frac{\partial z}{\partial y} = 0 .$$

若 $F_z \neq 0$ ，则可得
$$\frac{\partial z}{\partial x} = -\frac{F_x}{F_z} , \quad \frac{\partial z}{\partial y} = -\frac{F_y}{F_z} .$$

例 3 求由 $\mathrm{e}^z = xyz$ 所确定的二元隐函数 $z = f(x, y)$ 的偏导数.

解 令 $F(x, y, z) = \mathrm{e}^z - xyz$ ，则 $F_x = -yz , \quad F_y = -xz , \quad F_z = \mathrm{e}^z - xy$.

于是，当 $F_z = \mathrm{e}^z - xy \neq 0$ 时，有
$$\frac{\partial z}{\partial x} = -\frac{-yz}{\mathrm{e}^z - xy} = \frac{yz}{xyz - xy} = \frac{z}{x(z-1)} ,$$
$$\frac{\partial z}{\partial y} = -\frac{-xz}{\mathrm{e}^z - xy} = \frac{xz}{xyz - xy} = \frac{z}{y(z-1)} .$$

习题 9.5

1. 设 $\sin y + \mathrm{e}^x - xy^2 = 0$ ，求 $\dfrac{\mathrm{d}y}{\mathrm{d}x}$.

2. 设 $\ln\sqrt{x^2+y^2} = \arctan\dfrac{y}{x}$ ，求 $\dfrac{\mathrm{d}y}{\mathrm{d}x}$.

3. 设 $x+2y+z-2\sqrt{xyz} = 0$ ，求 $\dfrac{\partial z}{\partial x}$ 和 $\dfrac{\partial z}{\partial y}$.

4. 设 $\dfrac{x}{z} = \ln\dfrac{z}{y}$ ，求 $\dfrac{\partial z}{\partial x}$ 和 $\dfrac{\partial z}{\partial y}$.

5. 设 $x\sin y + y\mathrm{e}^x = 0$ ，求 $\dfrac{\mathrm{d}y}{\mathrm{d}x}$.

6. 设 $\mathrm{e}^z = \cos x\cos y$ ，求 $\dfrac{\partial z}{\partial x}$ 和 $\dfrac{\partial z}{\partial y}$.

9.6 多元函数微分学在几何上的应用

利用一元函数微分学可以求平面上曲线的切线及法线；利用多元函数微分学可以求空间曲线的切线及法平面和空间曲面的切平面及法线.

9.6.1 空间曲线的切线与法平面

设空间曲线 Γ 的参数方程为

$$\begin{cases} x = \phi(t), \\ y = \psi(t), \quad t \in [\alpha,\beta]. \\ z = \omega(t), \end{cases}$$

假定 $\phi(t),\psi(t),\omega(t)$ 均可导，且当 $t = t_0$ 时， $\phi'(t_0),\psi'(t_0),\omega'(t_0)$ 不全为零.

和平面的情形相仿，通过此曲线上任一点 $M_0(x_0,y_0,z_0)$ （在这里 $x_0 = \phi(t_0)$ ， $y_0 = \psi(t_0)$ ， $z_0 = \omega(t_0)$ ）的切线也定义为割线的极限位置，而通过点 $M_0(x_0,y_0,z_0)$ 和 $M(\phi(t),\psi(t),\omega(t))$ 的割线方程为

$$\frac{x-x_0}{\phi(t)-\phi(t_0)} = \frac{y-y_0}{\psi(t)-\psi(t_0)} = \frac{z-z_0}{\omega(t)-\omega(t_0)} .$$

分母都除以 $t-t_0$ ，得

$$\frac{x-x_0}{\dfrac{\phi(t)-\phi(t_0)}{t-t_0}} = \frac{y-y_0}{\dfrac{\psi(t)-\psi(t_0)}{t-t_0}} = \frac{z-z_0}{\dfrac{\omega(t)-\omega(t_0)}{t-t_0}} .$$

当点 M 沿曲线 Γ 趋向于点 M_0 时，有 $t \to t_0$ ，可以得到割线的极限位置 M_0T ，它称为曲线 Γ 在点 M_0 处的切线（如图 9.11 所示）. 取 $t \to t_0$ 的极限可得切线方程为

$$\frac{x-x_0}{\phi'(t_0)} = \frac{y-y_0}{\psi'(t_0)} = \frac{z-z_0}{\omega'(t_0)} .$$

向量 $s = \{\phi'(t_0),\psi'(t_0),\omega'(t_0)\}$ 是曲线 Γ 在点 M_0 处的切线的方向向量.

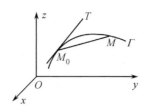

图 9.11

过点 M_0 且垂直于曲线在该点的切线的平面称为曲线在点 M_0 的法平面，法平面的法向量可取为 $s = \{\phi'(t_0), \psi'(t_0), \omega'(t_0)\}$，则其方程为

$$\phi'(t_0)(x - x_0) + \psi'(t_0)(y - y_0) + \omega'(t_0)(z - z_0) = 0 .$$

如果曲线方程由下式表示

$$\begin{cases} y = y(x), \\ z = z(x), \end{cases}$$

则此方程组可以看成是以 x 为参数的参数方程

$$\begin{cases} x = x, \\ y = y(x), \\ z = z(x), \end{cases}$$

于是可得曲线在点 $M_0(x_0, y_0, z_0)$（在这里 $y_0 = y(x_0)$，$z_0 = z(x_0)$）处的切线方程为

$$\frac{x - x_0}{1} = \frac{y - y_0}{y'(x_0)} = \frac{z - z_0}{z'(x_0)} .$$

同样可得法平面方程为

$$x - x_0 + y'(x_0)(y - y_0) + z'(x_0)(z - z_0) = 0 .$$

例 1 求螺旋线 $\begin{cases} x = 2\cos t, \\ y = 2\sin t, \\ z = \sqrt{2}\,t \end{cases}$ 上对应于 $t = \dfrac{\pi}{4}$ 点处的切线与法平面方程.

解 因为 $x' = -2\sin t$，$y' = 2\cos t$，$z' = \sqrt{2}$，所以在 $t = \dfrac{\pi}{4}$ 处的切向量为

$$s = \{-\sqrt{2}, \sqrt{2}, \sqrt{2}\}.$$

因为切点坐标为 $\left(\sqrt{2}, \sqrt{2}, \dfrac{\sqrt{2}}{4}\pi\right)$，所以螺旋线在对应于 $t = \dfrac{\pi}{4}$ 点处的切线方程为

$$\frac{x - \sqrt{2}}{-\sqrt{2}} = \frac{y - \sqrt{2}}{\sqrt{2}} = \frac{z - \dfrac{\sqrt{2}}{4}\pi}{\sqrt{2}} ,$$

即

$$\frac{x-\sqrt{2}}{-1}=\frac{y-\sqrt{2}}{1}=\frac{z-\frac{\sqrt{2}}{4}\pi}{1}.$$

螺旋线在该点的法平面方程为

$$-\sqrt{2}(x-\sqrt{2})+\sqrt{2}(y-\sqrt{2})+\sqrt{2}\left(z-\frac{\sqrt{2}}{4}\pi\right)=0,$$

即

$$4x-4y-4z+\sqrt{2}\pi=0.$$

例 2 求曲线 $\begin{cases} y=x, \\ z=x^2 \end{cases}$ 在点 $M(1,1,1)$ 处的切线与法平面方程.

解 将 x 看成参数，曲线的参数方程为

$$\begin{cases} x=x, \\ y=x, \\ z=x^2. \end{cases}$$

在 M 点的切线的方向向量为

$$s=\left\{1,1,2x\right\}\big|_M=\{1,1,2\}.$$

所以曲线在点 M 处的切线方程为

$$\frac{x-1}{1}=\frac{y-1}{1}=\frac{z-1}{2}.$$

法平面方程为

$$(x-1)+(y-1)+2(z-1)=0,$$

即

$$x+y+2z-4=0.$$

若曲线方程以两曲面交线形式给出：

$$\begin{cases} F(x,y,z)=0, \\ G(x,y,z)=0. \end{cases}$$

则可以假设消掉 z 解出了 $y=y(x)$，又可以假设消掉 y 解出了 $z=z(x)$，则以上方程组就转化成了参数为 x 的参数方程的形式. 于是只需求出 $y'(x)$ 和 $z'(x)$ 即可. 我们把以上方程组看成是确定了的两个一元隐函数，则可按照一元隐函数的求导方法对方程组的两个方程两边分别对 x 求导，然后可解出 $y'(x)$ 和 $z'(x)$. 我们看一个例子.

例 3 求曲线 $x^2+y^2+z^2=6$，$x+y+z=0$ 在点 $(1,-2,1)$ 处的切线方程和法平面方程.

解 将所给的两个方程两边都对 x 求导并移项，得

$$\begin{cases} y\dfrac{\mathrm{d}y}{\mathrm{d}x} + z\dfrac{\mathrm{d}z}{\mathrm{d}x} = -x, \\[3mm] \dfrac{\mathrm{d}y}{\mathrm{d}x} + \dfrac{\mathrm{d}z}{\mathrm{d}x} = -1. \end{cases}$$

解得

$$\frac{\mathrm{d}y}{\mathrm{d}x} = \frac{z-x}{y-z}, \quad \frac{\mathrm{d}z}{\mathrm{d}x} = \frac{x-y}{y-z}.$$

从而

$$\left.\frac{\mathrm{d}y}{\mathrm{d}x}\right|_{(1,-2,1)} = 0, \quad \left.\frac{\mathrm{d}z}{\mathrm{d}x}\right|_{(1,-2,1)} = -1.$$

所以切线方向向量为 $\boldsymbol{T} = (1, 0, -1)$.

因此切线方程为 $\dfrac{x-1}{1} = \dfrac{z-1}{-1}$, $\quad y + 2 = 0$.

法平面方程为 $(x-1) + 0 \cdot (y+2) - (z-1) = 0$，即 $x - z = 0$.

9.6.2 曲面的切平面与法线

设曲面 $\varSigma$ 的方程为 $F(x, y, z) = 0$, $M_0(x_0, y_0, z_0)$ 为曲面 $\varSigma$ 上的一点. 若曲面上过点 M_0 的任何曲线在点 M_0 处存在切线且所有的切线均在同一个平面上，则称该平面为曲面 $\varSigma$ 在点 M_0 处的切平面. 过点 M_0 且垂直于切平面的直线，称为曲面 $\varSigma$ 在点 M_0 处的法线.

设 $F_x(x_0, y_0, z_0)$, $F_y(x_0, y_0, z_0)$, $F_z(x_0, y_0, z_0)$ 在点 M_0 处连续且不同时为零，则可以证明曲面上过点 M_0 的任何曲线的切线都在同一个平面上.

曲面 $\varSigma$ 上通过点 M_0 引任意一条曲线 T, 如图 9.12 所示. 假定曲线 T 的参数方程为

$$x = \phi(t), \ y = \psi(t), \ z = \omega(t) \ (\alpha \leqslant t \leqslant \beta).$$

$t = t_0$ 对应于点 $M_0(x_0, y_0, z_0)$ 且 $\phi'(t_0)$, $\psi'(t_0)$ 和 $\omega'(t_0)$ 不全为 0，则 T 在 M_0 的切线的方向向量为

$$\boldsymbol{s} = \{\phi'(t_0), \psi'(t_0), \omega'(t_0)\}.$$

因为 T 在 $\varSigma$ 上，所以

$$F[\phi(t), \psi(t), \omega(t)] \equiv 0.$$

由于 $F(x, y, z)$ 在 $M_0(x_0, y_0, z_0)$ 有连续偏导数，所以

$$\left.\frac{\mathrm{d}}{\mathrm{d}t} F[\phi(t), \psi(t), \omega(t)]\right|_{t=t_0} = 0,$$

即

$$F_x(x_0, y_0, z_0)\phi'(t_0) + F_y(x_0, y_0, z_0)\psi'(t_0) + F_z(x_0, y_0, z_0)\omega'(t_0) = 0.$$

若令 $\boldsymbol{n}=(F_x(x_0,y_0,z_0),F_y(x_0,y_0,z_0),F_z(x_0,y_0,z_0))$，则 $\boldsymbol{s}\perp\boldsymbol{n}$.

因为曲线是曲面上过点 M_0 的任意曲线且它们在 M_0 的切线都垂直于同一向量，所以结论得证.

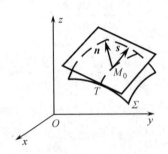

图 9.12

向量 $\boldsymbol{n}$ 显然是切平面的法向量，所以曲面 Σ 在点 M_0 处的切平面方程为

$$F_x(x_0,y_0,z_0)(x-x_0)+F_y(x_0,y_0,z_0)(y-y_0)+F_z(x_0,y_0,z_0)(z-z_0)=0.$$

曲面 Σ 在点 M_0 处的法线方程为

$$\frac{x-x_0}{F_x(x_0,y_0,z_0)}=\frac{y-y_0}{F_y(x_0,y_0,z_0)}=\frac{z-z_0}{F_z(x_0,y_0,z_0)}.$$

若曲面方程由显函数 $z=f(x,y)$ 给出，则可令 $F(x,y,z)=f(x,y)-z$，于是

$$F_x(x_0,y_0,z_0)=f_x(x_0,y_0),\quad F_y(x_0,y_0,z_0)=f_y(x_0,y_0),\quad F_z(x_0,y_0,z_0)=-1.$$

所以，曲面 Σ 在点 M_0 处的切平面方程为

$$z-z_0=f_x(x_0,y_0)(x-x_0)+f_y(x_0,y_0)(y-y_0).$$

而法线方程为 $\dfrac{x-x_0}{f_x(x_0,y_0)}=\dfrac{y-y_0}{f_y(x_0,y_0)}=\dfrac{z-z_0}{-1}$.

例 4 求圆锥面 $z=\sqrt{x^2+y^2}$ 在点 $(3,4,5)$ 处的切平面及法线方程.

解 设 $z=f(x,y)=\sqrt{x^2+y^2}$，因为

$$f_x=\frac{x}{\sqrt{x^2+y^2}},\quad f_y=\frac{y}{\sqrt{x^2+y^2}},$$

所以 $$f_x(3,4)=\frac{3}{5},\quad f_y(3,4)=\frac{4}{5}.$$

因此圆锥面在点 $(3,4,5)$ 处的切平面方程为

$$z-5=\frac{3}{5}(x-3)+\frac{4}{5}(y-4)，\quad 即\quad 3x+4y-5z=0.$$

法线方程为 $$\frac{x-3}{\dfrac{3}{5}}=\frac{y-4}{\dfrac{4}{5}}=\frac{z-5}{-1},$$

即
$$\frac{x-3}{3} = \frac{y-4}{4} = \frac{z-5}{-5}.$$

例 5 求球面 $x^2 + y^2 + z^2 = 104$ 上平行于平面 $3x + 4y + z = 2$ 的切平面方程.

解 令 $F(x, y, z) = x^2 + y^2 + z^2 - 104$，切点为 $M_0(x_0, y_0, z_0)$，则
$$F_x(x_0, y_0, z_0) = 2x_0, \quad F_y(x_0, y_0, z_0) = 2y_0, \quad F_z(x_0, y_0, z_0) = 2z_0.$$

过 M_0 的切平面方程为
$$2x_0(x - x_0) + 2y_0(y - y_0) + 2z_0(z - z_0) = 0,$$
即
$$x_0 x + y_0 y + z_0 z - 104 = 0.$$

因为它与平面 $3x + 4y + z = 2$ 平行，所以 $\dfrac{x_0}{3} = \dfrac{y_0}{4} = \dfrac{z_0}{1}$，

解得 $x_0 = 3z_0$，$y_0 = 4z_0$．又因为点 (x_0, y_0, z_0) 在球面上，所以有
$$x_0^2 + y_0^2 + z_0^2 = 104, \quad 即 \quad 9z_0^2 + 16z_0^2 + z_0^2 = 104.$$

解得 $z_0 = \pm 2$，从而有 $x_0 = \pm 6$，$y_0 = \pm 8$．

于是得 M_0 点的坐标为 $(6, 8, 2)$ 及 $(-6, -8, -2)$．

因此所求切平面方程为 $3x + 4y + z = \pm 52$．

习题 9.6

1．求曲线 $x = \dfrac{t}{1+t}$，$y = \dfrac{1+t}{t}$，$z = t^2$ 在 $t_0 = 1$ 的切线及法平面方程.

2．求曲线 $\begin{cases} x^2 + y^2 + z^2 - 3z = 0, \\ 2x - 3y + 5z - 4 = 0 \end{cases}$ 在点 $(1,1,1)$ 处的切线及法平面方程.

3．求曲线 $x = t$，$y = t^2$，$z = t^3$ 上的点，使在该点的切线平行于平面 $x + 2y + z = 4$.

4．求曲面 $e^z - z + xy = 3$ 在点 $(2,1,0)$ 处的切平面及法线方程.

5．求椭球面 $x^2 + 2y^2 + z^2 = 1$ 上平行于平面 $x - y + 2z = 0$ 的切平面方程.

9.7 多元函数的极值与最值

这一节我们先以二元函数为主讨论多元函数的极值，然后再讨论其最值，这是多元函数重要的应用．因为许多实际问题最终都归结为求函数的最值，如材料最省、容积最大、成本最低等.

9.7.1 多元函数的极值

下面仿照一元函数极值的定义给出二元函数极值的定义.

定义 设函数 $z = f(x, y)$ 在点 (x_0, y_0) 的某一邻域内有定义，如果对于该邻域内一切异于 (x_0, y_0) 的点 (x, y)，都有 $f(x, y) < f(x_0, y_0)$（或 $f(x, y) > f(x_0, y_0)$），则称 $f(x_0, y_0)$ 为函数 $f(x, y)$ 的极大值（或极小值）．极大值和极小值统称为极值．使

函数取得极大值的点（或极小值的点）(x_0, y_0)，称为极大值点（或极小值点），极大值点和极小值点统称为极值点.

类似地可给出 n（$n > 2$，$n \in \mathbf{N}$）元函数极值的定义.

由定义可见，若 $f(x, y)$ 在点 (x_0, y_0) 取得极值，则只随 x 而变的函数 $f(x, y_0)$ 在点 x_0 也取得极值. 因此若 $f(x, y)$ 在点 (x_0, y_0) 存在一阶偏导数，则由一元函数极值的必要条件可得

$$f_x(x, y_0)\big|_{x=x_0} = f_x(x_0, y_0) = 0.$$

同理可得 $f_y(x_0, y)\big|_{y=y_0} = f_y(x_0, y_0) = 0$.

定理 1（二元函数极值存在的必要条件） 设函数 $z = f(x, y)$ 在点 (x_0, y_0) 的偏导数 $f_x(x_0, y_0)$ 和 $f_y(x_0, y_0)$ 存在，且在点 (x_0, y_0) 处有极值，则在该点的偏导数必为零，即 $f_x(x_0, y_0) = 0$，$f_y(x_0, y_0) = 0$.

我们也像一元函数那样将同时满足 $f_x(x_0, y_0) = 0$ 和 $f_y(x_0, y_0) = 0$ 的点 (x_0, y_0) 称为函数 $f(x, y)$ 的驻点. 由定理可知驻点有可能是极值点. 例如函数 $z = 2x^2 + 3y^2$，显然 $(0, 0)$ 是其驻点并且是极小值点. 但并非所有驻点都是极值点，也就是说这个条件并非充分条件，例如函数 $z = f(x, y) = xy$ 在 $(0, 0)$ 有 $f_x(0, 0) = f_y(0, 0) = 0$，所以 $(0, 0)$ 是驻点，但由解析几何知道此函数的图形为马鞍面，因而点 $(0, 0)$ 不是极值点.

二元函数的极值还有可能在一阶偏导数不存在的点处取得，例如函数 $z = -\sqrt{x^2 + y^2}$ 在 $(0, 0)$ 不存在一阶偏导数，但显然 $(0, 0)$ 是其极大值点. 当然，也不是所有的一阶偏导数不存在的点都是极值点，例如函数 $z = \sqrt[3]{xy}$ 在 $(0, 0)$ 不存在偏导数，显然 $(0, 0)$ 也不是其极值点.

综合上述，要求二元函数的极值，首先要求出二元函数所有的驻点和一阶偏导数不存在的点，然后再进一步判断是否是极值点.

定理 2（二元函数极值存在的充分条件） 设点 (x_0, y_0) 是函数 $z = f(x, y)$ 的驻点，且函数在点 (x_0, y_0) 的某邻域内二阶偏导数连续，令

$$A = f_{xx}(x_0, y_0), \quad B = f_{xy}(x_0, y_0), \quad C = f_{yy}(x_0, y_0),$$

则

（1）当 $AC - B^2 > 0$ 时，点 (x_0, y_0) 是极值点，且

① 当 $A < 0$（或 $C < 0$）时，点 (x_0, y_0) 是极大值点；

② 当 $A > 0$（或 $C > 0$）时，点 (x_0, y_0) 是极小值点.

（2）当 $AC - B^2 < 0$ 时，点 (x_0, y_0) 不是极值点.

（3）当 $B^2 - AC = 0$ 时，点 (x_0, y_0) 可能是极值点，也可能不是极值点.

例 1 求函数 $f(x, y) = x^3 - 4x^2 + 2xy - y^2 + 1$ 的极值.

解 （1）求偏导数.

$$f_x(x,y) = 3x^2 - 8x + 2y , \quad f_y(x,y) = 2x - 2y ,$$

$$f_{xx}(x,y) = 6x - 8 , \qquad f_{xy}(x,y) = 2 , \quad f_{yy}(x,y) = -2 .$$

（2）解方程组.

$$\begin{cases} f_x = 3x^2 - 8x + 2y = 0, \\ f_y = 2x - 2y = 0. \end{cases}$$

由以上方程组可解得驻点 $(0,0)$ 及 $(2,2)$.

（3）列表判断极值点.

驻点 (x_0, y_0)	A	B	C	$\Delta = AC - B^2$ 的符号	结论
$(0,0)$	-8	2	-2	$+$	极大值 $f(0,0) = 1$
$(2,2)$	4	2	-2	$-$	$f(2,2)$ 不是极值

9.7.2 多元函数的最值

下面我们简单讨论一下多元函数的最大值和最小值问题. 设函数 $z = f(x,y)$ 在某一有界闭区域 D 上连续且可导，则 $z = f(x,y)$ 必在有界闭区域 D 上取得最大值与最小值. 若这样的最值点 M_0 在 D 内部，则在这点函数必取得极值. 因此，在这种情况下，函数取得最值的点一定是极值点之一. 但函数的最值也有可能在区域的边界上取得. 因此，要求出多元函数在有界闭区域上的最大值和最小值，必须找出函数所有的极值，再与函数在边界上的值比较，这些数值中最大的即为最大值，最小的即为最小值. 又因为函数的极值一定在驻点或不可导点处取得，所以只需求出该区域内一切驻点和偏导数不存在的点的函数值即可. 在实际问题中，若能判断函数在区域 D 内一定存在最大值与最小值，而函数在 D 内可微，且只有唯一的驻点，则该驻点处的函数值就是函数的最大值或最小值.

例 2 在 xOy 坐标面上找一点 P ，使它到三点 $P_1(0,0)$, $P_2(1,0)$, $P_3(0,1)$ 的距离的平方和为最小.

解 设 $P(x,y)$ 为 xOy 面上的任一点，则 P 到 P_1 , P_2 , P_3 三点距离的平方和为

$$S = |PP_1|^2 + |PP_2|^2 + |PP_3|^2$$

$$= x^2 + y^2 + (x-1)^2 + y^2 + x^2 + (y-1)^2$$

$$= 3x^2 + 3y^2 - 2x - 2y + 2 .$$

求 x, y 的偏导数，得 $S_x = 6x - 2$, $S_y = 6y - 2$.

解方程组 $\begin{cases} 6x - 2 = 0, \\ 6y - 2 = 0 \end{cases}$ 得驻点 $\left(\dfrac{1}{3}, \dfrac{1}{3} \right)$.

68

由问题的实际意义知，到三点距离平方和最小的点一定存在，又只有一个驻点，因此 $\left(\dfrac{1}{3}, \dfrac{1}{3}\right)$ 即为所求点 P.

例3 有一块薄铁皮，宽 24cm，把两边折起，做成一个截面是等腰梯形的槽，如图 9.13 和图 9.14 所示．求 x 和倾角 α，使槽的截面面积最大．

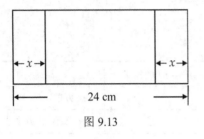

图 9.13

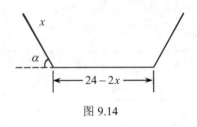

图 9.14

解 槽的梯形截面面积为

$$S(x,\alpha) = \frac{1}{2}[(24-2x) + (24-2x+2x\cos\alpha)] \cdot x\sin\alpha$$

$$= (24-2x+x\cos\alpha) \cdot x\sin\alpha$$

$$= 24x\sin\alpha - 2x^2\sin\alpha + x^2\sin\alpha\cos\alpha \quad (0 < x \le 12,\ 0 < \alpha \le \frac{\pi}{2}).$$

问题归结为求 S 的最大值，先求驻点．

$$\begin{cases} \dfrac{\partial S}{\partial x} = 24\sin\alpha - 4x\sin\alpha + 2x\sin\alpha\cos\alpha = 0, \\[2mm] \dfrac{\partial S}{\partial \alpha} = 24x\cos\alpha - 2x^2\cos\alpha + x^2\sin^2\alpha + x^2\cos^2\alpha = 0. \end{cases}$$

解得 $x = 8$，$\alpha = \dfrac{\pi}{3}$．

由于在这个问题中，最大值必达到且有唯一驻点．因此，当 $x = 8$（厘米），$\alpha = \dfrac{\pi}{3}$ 时，槽的截面积最大，这时截面积为

$$S = 96 \times \frac{\sqrt{3}}{2} = 48\sqrt{3} \approx 83（厘米^2）.$$

例4 作一容积为 8 立方米的有盖长方体水箱，问长、宽、高应取怎样的尺寸，才能使用料最省？

解 设水箱的长、宽、高分别为 x, y, z，所用材料的面积为

$$S = 2(xy + xz + yz) \quad (x > 0,\ y > 0,\ z > 0).$$

由于 $xyz = 8$，则 $z = \dfrac{8}{xy}$，代入上式得

$$S = 2\left(xy + \frac{8}{x} + \frac{8}{y}\right)(x > 0, \ y > 0).$$

求偏导数并让它们等于零，得

$$\begin{cases} S_x = 2\left(y - \dfrac{8}{x^2}\right) = 0, \\ S_y = 2\left(x - \dfrac{8}{y^2}\right) = 0. \end{cases}$$

解方程组得唯一驻点 $(2,2)$，且此时 $z = 2$.

根据问题的实际意义知，面积 S 在 $x > 0$ 和 $y > 0$ 时，一定存在最小值，且仅有唯一驻点，因此，当长、宽、高都为 2 米时，用料最省.

9.7.3　条件极值、拉格朗日乘数法

上面例 2 和例 3 讨论的极值问题，自变量除了被限制在定义域内，没有其他条件的约束，也称为无条件极值. 但在例 4 中，求函数 $S = 2(xy + yz + zx)$ 的最小值，自变量要受条件 $xyz = 8$ 的约束. 我们把对自变量有附加约束条件的极值称为条件极值.

从理论上讲，条件极值可转化为无条件极值. 但事实上并非所有条件极值都可转化为无条件极值；即使能转化也非常复杂麻烦. 因此，我们一般并不转化，而是采取以下直接求条件极值的方法，叫作拉格朗日（Lagrange）乘数法，简称乘数法.

拉格朗日乘数法：求函数 $z = f(x,y)$ 在约束条件 $\varphi(x,y) = 0$ 下可能的极值点，可先作拉格朗日函数

$$L(x,y,\lambda) = f(x,y) + \lambda\varphi(x,y).$$

其中参数 λ 称为拉格朗日乘数. 分别求其对 x，y 和 λ 的一阶偏导数，并令它们为 0，得

$$\begin{cases} L_x(x,y,\lambda) = f_x(x,y) + \lambda\varphi_x(x,y) = 0, \\ L_y(x,y,\lambda) = f_y(x,y) + \lambda\varphi_y(x,y) = 0, \\ L_\lambda(x,y,\lambda) = \varphi(x,y) = 0. \end{cases}$$

由以上方程组可解出 x，y 和 λ. 这样得到的 (x,y) 就是函数 $z = f(x,y)$ 在附加条件 $\varphi(x,y) = 0$ 下的可能极值点.

这种方法还可推广到自变量多于两个，条件多于一个的情形. 例如要求函数
$$u = f(x,y,z,t),$$
在以下附加条件下：
$$\varphi(x,y,z,t) = 0 \text{ 和 } \psi(x,y,z,t) = 0.$$

的极值可作如下拉格朗日函数

$$L(x,y,z,t,\lambda,\mu) = f(x,y,z,t) + \lambda\varphi(x,y,z,t) + \mu\psi(x,y,z,t),$$

其中 λ 和 μ 为引入的参数．求其对所有变量和参数的一阶偏导数并使之为 0 可以得到一个方程组．解这个方程组得到的 (x,y,z,t) 就是函数在附加条件下的可能极值点.

至于求出的点到底是不是极值点，这需要进一步判断．但在实际问题中，我们往往并不需要判断．只要知道实际问题确实有最值，且只求出了一个可能的极值点，则该点就是要求的最值点.

例 5　求表面积为 a^2，而体积为最大的长方体的体积.

解　设长方体长、宽、高分别为 x,y,z，则长方体体积为 $V = xyz$，约束条件为 $2(xy + yz + xz) = a^2$，即

$$\varphi(x,y,z) = 2(xy + yz + xz) - a^2 = 0.$$

构造拉格朗日函数，$L(x,y,z,\lambda) = xyz + 2\lambda\left(xy + yz + xz - \dfrac{a^2}{2}\right).$

求偏导并令之为零可得方程组
$$\begin{cases} L_x = yz + 2\lambda(y + z) = 0, \\ L_y = xz + 2\lambda(x + z) = 0, \\ L_z = xy + 2\lambda(x + y) = 0, \\ L_\lambda = 2(xy + yz + xz) - a^2 = 0. \end{cases}$$

解得
$$x = y = z = \frac{a}{\sqrt{6}}, \quad \lambda = -\frac{a}{4\sqrt{6}}.$$

因 $\left(\dfrac{a}{\sqrt{6}}, \dfrac{a}{\sqrt{6}}, \dfrac{a}{\sqrt{6}}\right)$ 是唯一可能极值点，且实际问题确有最大值，所以该点就是最大值点，即 $V_{\max} = \dfrac{\sqrt{6}}{36}a^3.$

例 6　经过点 $(1,1,1)$ 的所有平面中，哪一个平面与坐标面在第一卦限所围的体积最小，并求此最小体积.

解　设所求平面方程为 $\dfrac{x}{a} + \dfrac{y}{b} + \dfrac{z}{c} = 1\ (a > 0,\ b > 0,\ c > 0).$

因为平面过点 $(1,1,1)$，所以该点坐标满足方程，即 $\dfrac{1}{a} + \dfrac{1}{b} + \dfrac{1}{c} = 1.$

又设所求平面与三个坐标面在第一卦限所围立体的体积为 V，如图 9.15 所示，所以
$$V = \frac{1}{6}abc.$$

因此原问题转化为求函数 $V = \dfrac{1}{6}abc$ 在条件 $\dfrac{1}{a} + \dfrac{1}{b} + \dfrac{1}{c} = 1$ 下的最小值.

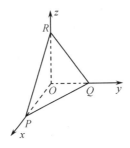

图 9.15

构造拉格朗日函数 $L(a,b,c,\lambda) = \dfrac{1}{6}abc + \lambda\left(\dfrac{1}{a} + \dfrac{1}{b} + \dfrac{1}{c} - 1\right)$.

分别求一阶偏导数并令其为 0 可得

$$\begin{cases} L_a(a,b,c,\lambda) = \dfrac{1}{6}bc - \dfrac{\lambda}{a^2} = 0, \\[2mm] L_b(a,b,c,\lambda) = \dfrac{1}{6}ac - \dfrac{\lambda}{b^2} = 0, \\[2mm] L_c(a,b,c,\lambda) = \dfrac{1}{6}ab - \dfrac{\lambda}{c^2} = 0, \\[2mm] L_\lambda(a,b,c,\lambda) = \dfrac{1}{a} + \dfrac{1}{b} + \dfrac{1}{c} - 1 = 0. \end{cases}$$

解得 $a = b = c = 3$.

因为实际问题的确存在最小值，又驻点唯一，所以当平面为 $x + y + z = 3$ 时，它与在第一卦限中的三个坐标面所围成立体的体积 V 最小，且 $V = \dfrac{1}{6} \cdot 3^3 = \dfrac{9}{2}$.

习题 9.7

1. 求函数 $z = f(x,y) = 4x - 4y - x^2 - y^2$ 的极值.

2. 求函数 $z = f(x,y) = (x + y^2 + 2y)\mathrm{e}^{2x}$ 的极值.

3. 求函数 $z = f(x,y) = x^3 - y^3 + 3x^2 + 3y^2 - 9x$ 的极值.

4. 求函数 $z = f(x,y) = (6x - x^2)(4y - y^2)$ 的极值.

5. 要制造一容积为 4 立方米的无盖长方形水箱，问这水箱的长宽高为多少时，所用材料最省？

6. 在半径为 a 的球内，求体积最大的内接长方体的长宽高.

7. 求函数 $z = f(x,y) = xy$ 在附加条件 $x + y = 1$ 下的条件极值.

8. 求函数 $u = f(x,y,z) = xyz$ 在附加条件 $\dfrac{1}{x} + \dfrac{1}{y} + \dfrac{1}{z} = \dfrac{1}{a}$ $(x,y,z,a > 0)$ 下的条件极值.

本章小结

1. 多元函数微分与一元函数微分的不同点

（1）对于一元函数而言，可导和可微是等价的并且可导必连续；而对于多元函数，可微意味着连续并且所有偏导数都存在，但反之不成立并且偏导数存在也不一定连续.

（2）一元函数 $f(x)$ 的导数 $\dfrac{\mathrm{d}y}{\mathrm{d}x}$ 既表示导数符号，又表示 $\mathrm{d}y$ 与 $\mathrm{d}x$ 的商；而二元函数 $z = f(x,y)$ 的偏导数 $\dfrac{\partial z}{\partial x}$ 和 $\dfrac{\partial z}{\partial y}$ 是一个整体符号，不能分割，不能看成商.

2. 多元复合函数偏导数的计算

多元复合函数求偏导数比较复杂，大致可分为以下四种基本类型：

（1） $z = f(u,v)$ ， $u = \varphi(x,y)$ ， $v = \psi(x,y)$ ；

（2） $z = f(u,v)$ ， $u = \varphi(t)$ ， $v = \psi(t)$ ；

（3） $z = f(x,y,u)$ ， $u = \varphi(x,y)$ ；

（4） $z = f(u)$ ， $u = \varphi(x,y)$.

以上四种类型只要画出函数变量之间的关系图，就很容易写出相应的求导公式，并且这种方法还能推广到三元、四元直至 n 元复合函数上.

复习题 9

1. 求下列函数的定义域.

（1） $z = \sqrt{x - \sqrt{y}}$ ；

（2） $z = \sqrt{\cos(x^2 + y^2)}$.

2. 求极限 $\lim\limits_{\substack{x \to 0 \\ y \to 1}} (1 + xy)^{\frac{1}{x}}$.

3. 设 $f(x,y) = \sqrt{x^2 + y^4}$ ，求 $f_x(0,0)$ 和 $f_y(0,0)$.

4. 设 $z = \ln\sqrt{x^2 + y^2}$ ，求全微分 $\mathrm{d}z$.

5. 设 $z = u^2 + v^2$ ，而 $u = x + y$ ， $v = x - y$ ，求 $\dfrac{\partial z}{\partial x}$ 和 $\dfrac{\partial z}{\partial y}$.

6. 设 $z = x^2 + xy + y^2$ ，而 $x = t^2$ ， $y = t$ ，求 $\dfrac{\mathrm{d}z}{\mathrm{d}t}$ ， $\dfrac{\mathrm{d}^2z}{\mathrm{d}t^2}$.

7. 设 $u = f(x^2 + y^2 + z^2)$ ，求 $\dfrac{\partial u}{\partial x}, \dfrac{\partial^2 u}{\partial x^2}, \dfrac{\partial u}{\partial y}, \dfrac{\partial^2 u}{\partial x \partial y}$.

8. 求下列隐函数的导数.

（1） $\sin y + e^x - xy^2 = 0$ ，求 $\dfrac{dy}{dx}$ ；

（2） $xy + \ln y + \ln x = 0$ ，求 $\dfrac{dy}{dx}$ ；

（3） $x + 2y + 2z - 2\sqrt{xyz} = 0$ ，求 $\dfrac{\partial z}{\partial x}$ ， $\dfrac{\partial z}{\partial y}$ ；

（4） $z^3 - xyz = a^3$ ，求 $\dfrac{\partial z}{\partial x}$ ， $\dfrac{\partial z}{\partial y}$.

9．求 $z = f(x,y) = x^2 + xy + y^2 - 3x - 6y$ 的极值.

10．求曲线 $x = \dfrac{1}{4}t^4$ ， $y = \dfrac{1}{3}t^3$ ， $z = \dfrac{1}{2}t^2$ 在相应于 $t = 1$ 处的切线方程与法平面方程.

自测题 9

1．填空题.

（1）函数 $z = f(x,y) = \ln(1-x^2) + \sqrt{y-x^2} + \sqrt[3]{x+y+1}$ 的定义域为_____；

（2）函数 $z = \ln\sqrt{x^2 + y^2}$ 的间断点为_____；

（3）设 $f(x,y) = \ln\left(x + \dfrac{y}{2x}\right)$ ，则 $f_y(1,0) =$ _____；

（4）设 $z = e^{xy} - \cos e^{xy}$ ，则 $dz =$ _____；

（5）设 $z = x\sin(ax+by)$ ，则 $\dfrac{\partial^2 z}{\partial x \partial y} =$ _____.

2．计算题.

（1）设 $z = xe^y + ye^x$ ，而 $x = u^2 + v^2$ ， $y = u^2 - v^2$ ，求 $\dfrac{\partial z}{\partial u}$ 和 $\dfrac{\partial z}{\partial v}$ ；

（2）设 $z = \ln(e^x + e^y)$ ，其中 $y = \dfrac{x^3}{3} + x$ ，求全导数 $\dfrac{dz}{dx}$ ；

（3）设 $x^2 + y^2 + z^2 - 4z = 0$ ，求 $\dfrac{\partial^2 z}{\partial x^2}$ ；

（4）求函数 $z = f(x,y) = x^3 + y^3 - 3xy$ 的极值；

（5）求曲面 $3x^2 + y^2 - z^2 = 27$ 在点 $(3,1,1)$ 处的切平面方程.

第 10 章 重积分

本章学习目标

- 理解二重积分的概念和几何意义
- 了解二重积分的性质
- 熟练掌握直角坐标系下二重积分的计算
- 掌握二重积分在极坐标系下的计算方法
- 了解三重积分的概念及其计算
- 了解如何利用重积分计算空间立体的体积及曲面的面积

10.1 二重积分的概念与性质

10.1.1 二重积分的概念

在第 5 章中,我们通过求解曲边梯形的面积,引出了一元函数定积分的概念.下面,我们将通过求解曲顶柱体的体积引出二重积分的概念.

例 1 曲顶柱体的体积.

设 D 是 xOy 平面上的有界闭区域,$z = f(x, y)$ 是 D 上的连续函数,且在 D 上 $f(x, y) \geqslant 0$,则 $f(x, y)$ 的图像是一张位于 xOy 平面上方的曲面 S.下面考虑以 D 为底,以 S 为顶,以母线平行于 z 轴、准线为 D 的边界线的柱面为侧面的曲顶柱体的体积.(如图 10.1 所示)

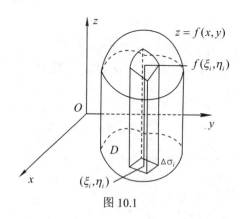

图 10.1

我们知道一般柱体的体积等于底面积乘以高. 但现在的问题是, 曲顶柱体的曲顶是变化的, 无法利用公式求其体积 V. 我们可从求曲边梯形面积中受到启发, 同样根据"以不变代变"的思想, 利用"分割、近似、求和、取极限"的方法来解决这个问题.

（1）分割.

将区域 D 任意分割成 n 个小区域: $\Delta\sigma_1, \Delta\sigma_2, \cdots, \Delta\sigma_n$, 其中 $\Delta\sigma_i$ 表示第 i 个小区域 $(i = 1, 2, \cdots, n)$, 同时也表示它的面积. 以每个小区域 $\Delta\sigma_i$ 为底, 以其边界线为准线, 作母线平行于 z 轴的小曲顶柱体, 这样就把整个曲顶柱体分成了 n 个小曲顶柱体, 其体积分别记作 $\Delta V_1, \Delta V_2, \cdots, \Delta V_n$, 则整个曲顶柱体的体积为

$$V = \Delta V_1 + \Delta V_2 + \cdots + \Delta V_n = \sum_{i=1}^{n} \Delta V_i.$$

（2）近似.

在 n 个小曲顶柱体中任取一个以 $\Delta\sigma_i$ 为底的小曲顶柱体 ΔV_i. 当 $\Delta\sigma_i$ 足够小时, 由于 $f(x, y)$ 在 D 上是连续的, 所以 $f(x, y)$ 在 $\Delta\sigma_i$ 上变化很小. 于是, 小曲顶柱体可近似看作小平顶柱体. 在 $\Delta\sigma_i$ 上任取一点 (ξ_i, η_i), 用以 $f(\xi_i, \eta_i)$ 为高, 以 $\Delta\sigma_i$ 为底的小平顶柱体的体积近似代替相应的小曲顶柱体的体积, 即

$$\Delta V_i \approx f(\xi_i, \eta_i)\Delta\sigma_i \quad (i = 1, 2, \cdots, n).$$

（3）求和.

把这些小曲顶柱体体积的近似值加起来便得到整个曲顶柱体体积的近似值, 即

$$V = \sum_{i=1}^{n} \Delta V_i \approx \sum_{i=1}^{n} f(\xi_i, \eta_i)\Delta\sigma_i.$$

（4）取极限.

对区域 D 分割得越细, 上述和式近似程度越好, 即越接近曲顶柱体的体积 V. 所以当把区域 D 无限细分时, 即当所有小区域的最大直径 $\lambda \to 0$ 时（有界闭区域的直径是指区域上任意两点间距离的最大值）, 上述和式无限接近曲顶柱体的体积 V. 所以由极限定义可得

$$V = \lim_{\lambda \to 0} \sum_{i=1}^{n} f(\xi_i, \eta_i)\Delta\sigma_i.$$

例2 非均匀平面薄板的质量.

设非均匀平面薄板可用 xOy 坐标平面上的区域 D 表示, 如图 10.2 所示. 在点 (x, y) 处的面密度 $\rho(x, y)$ 是 D 上的连续正值函数, 求此薄板的质量 m.

用同样的方法解决这个问题.

（1）分割.

把区域 D 任意分成 n 个小区域 $\Delta\sigma_i (i = 1, 2, \cdots, n)$, 仍用 $\Delta\sigma_i$ 表示其面积. 相应的, 该薄板被分成了 n 个小薄板.

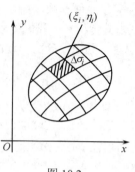

图 10.2

（2）近似.

在 $\Delta\sigma_i$ 上任取一点 (ξ_i,η_i)，用 $\rho(\xi_i,\eta_i)\Delta\sigma_i$ 近似代替第 i 个小薄板的质量.

（3）求和.

把这些小薄板质量的近似值累加起来就得到整块薄板质量的近似值，即

$$m \approx \sum_{i=1}^{n} \rho(\xi_i,\eta_i)\Delta\sigma_i .$$

（4）取极限.

当区域 D 无限细分时，即当所有小区域 $\Delta\sigma_i$ 直径的最大值 $\lambda \to 0$ 时，上述和式无限接近于整块薄板的质量. 所以

$$m = \lim_{\lambda \to 0} \sum_{i=1}^{n} \rho(\xi_i,\eta_i)\Delta\sigma_i .$$

上面两个实际问题的例子虽然不同：一个是几何问题，一个是物理问题，但最后都归结为求一个特殊结构和式的极限. 我们把这种特殊结构和式的极限叫作二重积分.

1. 二重积分的定义

定义 设 $f(x,y)$ 是定义在有界闭区域 D 上的有界函数. 将区域 D 任意分割成 n 个小区域：$\Delta\sigma_1,\Delta\sigma_2,\cdots,\Delta\sigma_n$，其中 $\Delta\sigma_i$ 表示第 i 个小区域（$i=1,2,\cdots,n$），也表示其面积. 在每个小区域 $\Delta\sigma_i$ 上任取一点 (ξ_i,η_i)，作和

$$\sum_{i=1}^{n} f(\xi_i,\eta_i)\Delta\sigma_i .$$

若所有小区域的最大直径 $\lambda \to 0$ 时，上述和式的极限存在，则称此极限值为函数 $f(x,y)$ 在闭区域 D 上的二重积分，也叫 $f(x,y)$ 在 D 上可积，记作 $\iint\limits_{D} f(x,y)\mathrm{d}\sigma$，即

$$\lim_{\lambda \to 0} \sum_{i=1}^{n} f(\xi_i,\eta_i)\Delta\sigma_i = \iint\limits_{D} f(x,y)\mathrm{d}\sigma .$$

其中 $f(x,y)$ 叫作被积函数，$f(x,y)\mathrm{d}\sigma$ 叫作被积表达式，$\mathrm{d}\sigma$ 叫作面积元素，x 和 y 叫作积分变量，$\sum\limits_{i=1}^{n}f(\xi_i,\eta_i)\Delta\sigma_i$ 叫作积分和.

由二重积分的定义易知所求曲顶柱体的体积 $V=\iint\limits_{D}f(x,y)\mathrm{d}\sigma$.

二重积分在实际问题中有着非常广泛的应用，不但可以用于几何上求不规则几何体的体积，而且还被广泛应用于物理中，如可用二重积分求非均匀薄片的质量、静力矩、重心及转动惯量等.

对二重积分的定义，我们应注意以下几点：

（1）二重积分定义中极限的存在是指对区域 D 的任意分法和 $\Delta\sigma_i$ 上 (ξ_i,η_i) 的任意取法，当所有小区域的最大直径 $\lambda\to0$ 时，积分和有唯一确定的极限，即积分值与 D 的分法和 (ξ_i,η_i) 的取法无关.

（2）二重积分是一个极限值，因此是一个常数值，其大小仅与被积函数和积分区域有关而与积分变量无关，即

$$\iint\limits_{D}f(x,y)\mathrm{d}\sigma=\iint\limits_{D}f(s,t)\mathrm{d}\sigma.$$

（3）由于若 $f(x,y)$ 在 D 上可积，其积分值与 D 的分法和 (ξ_i,η_i) 在 $\Delta\sigma_i$ 上的取法无关，所以可用两组分别平行于 x 轴和 y 轴的直线分割区域 D. 于是，除去靠近 D 的边界线的一些小区域外，绝大多数的小区域都是矩形. 在其中任取一个小矩形区域 $\Delta\sigma$，且 $\Delta\sigma$ 也表示它的面积，令其边长分别为 Δx 和 Δy，则 $\Delta\sigma=\Delta x\Delta y$（如图 10.3 所示），也即 $\mathrm{d}\sigma=\mathrm{d}x\mathrm{d}y$. 于是

$$\iint\limits_{D}f(x,y)\mathrm{d}\sigma=\iint\limits_{D}f(x,y)\mathrm{d}x\mathrm{d}y.$$

其中，$\mathrm{d}x\mathrm{d}y$ 叫作直角坐标系下的面积元素.

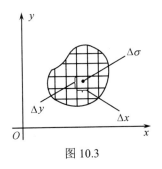

图 10.3

2. 二重积分的存在性

定理（二重积分的存在性定理）　若 $f(x,y)$ 在有界闭区域 D 上连续，则 $f(x,y)$ 在 D 上可积.

3. 二重积分的几何意义

若 $f(x,y)$ 在有界闭区域 D 上连续且非负，则 $\iint\limits_D f(x,y)\mathrm{d}\sigma$ 表示以 D 为底，以 $f(x,y)$ 为顶，以母线平行于 z 轴，准线为 D 的边界线的柱面为侧面的曲顶柱体的体积；若在 D 上 $f(x,y)\leqslant 0$，则 $-\iint\limits_D f(x,y)\mathrm{d}\sigma$ 表示相应曲顶柱体的体积；若 $f(x,y)$ 在 D 上的若干子区域是非负的，而在其他子区域是非正的，则积分值 $\iint\limits_D f(x,y)\mathrm{d}\sigma$ 是曲顶柱体在 xOy 坐标面上方的体积减去在下方的体积.

由二重积分的几何意义可知，可利用二重积分求不规则立体的体积.

10.1.2 二重积分的性质

二重积分具有和定积分完全类似的性质. 以下均假设 $f(x,y)$ 和 $g(x,y)$ 在有界闭区域 D 上可积.

性质 1 被积函数的常数因子可以提到积分号外面，即

$$\iint\limits_D kf(x,y)\,\mathrm{d}\sigma = k\iint\limits_D f(x,y)\,\mathrm{d}\sigma \quad （k\text{ 为常数}）.$$

性质 2 两个函数和与差的二重积分等于各个函数二重积分的和与差，即

$$\iint\limits_D [f(x,y)\pm g(x,y)]\,\mathrm{d}\sigma = \iint\limits_D f(x,y)\,\mathrm{d}\sigma \pm \iint\limits_D g(x,y)\,\mathrm{d}\sigma.$$

（这个性质可以推广到两个以上的有限个函数的情形）

性质 3 用连续曲线将区域 D 分割成两个子区域 D_1 和 D_2（如图 10.4 所示），则

$$\iint\limits_D f(x,y)\,\mathrm{d}\sigma = \iint\limits_{D_1} f(x,y)\,\mathrm{d}\sigma + \iint\limits_{D_2} f(x,y)\,\mathrm{d}\sigma.$$

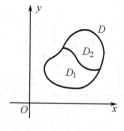

图 10.4

性质 4 若在 D 上有 $f(x,y)\leqslant g(x,y)$ 成立，则

$$\iint\limits_D f(x,y)\,\mathrm{d}\sigma \leqslant \iint\limits_D g(x,y)\,\mathrm{d}\sigma.$$

性质 5 若在 D 上恒有 $f(x,y) \equiv 1$ 成立，则

$$\iint\limits_{D} \mathrm{d}\sigma = \sigma \quad （\sigma \text{ 表示 } D \text{ 的面积}）.$$

性质 6 设 M 和 m 分别为 $f(x,y)$ 在 D 上的最大值和最小值，则

$$m\sigma \leqslant \iint\limits_{D} f(x,y)\,\mathrm{d}\sigma \leqslant M\sigma \quad （\sigma \text{ 表示 } D \text{ 的面积}）.$$

性质 7（二重积分中值定理） 设函数 $f(x,y)$ 在有界闭区域 D 上连续，σ 是 D 的面积，则在 D 上至少存在一点 (ξ, η)，使得

$$\iint\limits_{D} f(x,y)\mathrm{d}\sigma = f(\xi,\eta)\sigma .$$

显然 $f(\xi,\eta)$ 相当于 $f(x,y)$ 在 D 上的平均值，即

$$f(\xi,\eta) = \frac{1}{\sigma} \iint\limits_{D} f(x,y)\mathrm{d}\sigma .$$

习题 10.1

1. 填空题.

（1）设有一平面薄板在 xOy 面上占有有界闭区域 D，薄板上分布有面密度为 $\mu(x,y)$ 的电荷，且 $\mu(x,y)$ 在 D 上连续，试用二重积分表示该薄板上的全部电量 $Q = $ ＿＿＿＿＿；

（2）设有界闭区域 D 的面积为 σ，则二重积分 $\iint\limits_{D} \mathrm{d}\sigma$ ＿＿＿＿＿；

（3）设函数 $z = f(x,y)$ 在闭区域 D 上连续，σ 是 D 的面积，$f(x,y)$ 在 D 上的平均高度为＿＿＿＿＿.

2. 判断题.

（1）二重积分 $\iint\limits_{D} f(x,y)\mathrm{d}x\mathrm{d}y$（$f(x,y) \geqslant 0$）的几何意义是以 $z = f(x,y)$ 为曲顶，以 D 为底的曲顶柱体的体积；（　　）

（2）函数 $f(x,y)$ 在有界闭区域 D_1 上可积，且 $D_1 \supset D_2$，则 $\iint\limits_{D_1} f(x,y)\mathrm{d}\sigma \geqslant \iint\limits_{D_2} f(x,y)\mathrm{d}\sigma$；（　　）

（3）$\iint\limits_{D} f(x,y)\mathrm{d}x\mathrm{d}y = 4\iint\limits_{D_1} f(x,y)\mathrm{d}x\mathrm{d}y$，其中 D: $|x| \leqslant a$，$|y| \leqslant b$，D_1: $0 \leqslant x \leqslant a$，$0 \leqslant y \leqslant b$.（　　）

3. 利用二重积分表示出以下列曲面为顶，区域 D 为底的曲顶柱体的体积 V.

（1）$z = x^2 y$，D: $0 \leqslant x \leqslant 1$ 且 $0 \leqslant y \leqslant 1$；

（2）$z = \sin(xy)$，D: $x^2 + y^2 \leqslant 1$ 且 $x \geqslant 0$，$y \geqslant 0$.

4．根据二重积分的几何意义判断下列积分值是大于 0、小于 0 还是等于 0．

（1）$\iint\limits_{D} x\mathrm{d}\sigma$（$D$：$|x|\leqslant 1$，$|y|\leqslant 1$）；

（2）$\iint\limits_{D} (x-1)\mathrm{d}\sigma$（$D$：$|x|\leqslant 1$，$|y|\leqslant 1$）；

（3）$\iint\limits_{D} x^2\mathrm{d}\sigma$（$D$：$x^2+y^2\leqslant 1$）．

5．估计下列积分值的大小．

（1）$I=\iint\limits_{D}(x+y+1)\mathrm{d}\sigma$（$D$：$0\leqslant x\leqslant 1$ 且 $0\leqslant y\leqslant 2$）；

（2）$I=\iint\limits_{D}\sin^2 x\sin^2 y\mathrm{d}\sigma$（$D$：$0\leqslant x\leqslant\pi$ 且 $0\leqslant y\leqslant\pi$）．

6．利用二重积分的性质，比较下列积分的大小．

（1）$I_1=\iint\limits_{D}(x+y)^2\mathrm{d}\sigma$ 和 $I_2=\iint\limits_{D}(x+y)^3\mathrm{d}\sigma$，其中积分区域 D 是由 x 轴、y 轴与直线 $x+y=1$ 所围成；

（2）$I_1=\iint\limits_{D}(x+y)\mathrm{d}\sigma$ 和 $I_2=\iint\limits_{D}(x+y)^2\mathrm{d}\sigma$，其中 D 是三角形闭区域，三顶点分别为 $(1,0)$，$(0,1)$ 和 $(0,2)$；

（3）$I_1=\iint\limits_{D}\ln(x+y)\mathrm{d}\sigma$ 和 $I_2=\iint\limits_{D}[\ln(x+y)]^2\mathrm{d}\sigma$，其中 D 是三角形闭区域，三顶点分别为 $(1,0)$，$(1,1)$ 和 $(2,0)$．

10.2　二重积分的计算

与定积分一样，按照二重积分的定义计算二重积分是非常困难的．因此，需要研究比较简单的计算二重积分的方法．本节首先介绍直角坐标系下二重积分的计算——累次积分法（二次积分法），即将二重积分化为两次定积分来计算；然后介绍如何将直角坐标系下的二重积分转化为极坐标系下的二重积分．

10.2.1　直角坐标系下二重积分的计算

我们知道在直角坐标系下有 $\iint\limits_{D}f(x,y)\mathrm{d}\sigma=\iint\limits_{D}f(x,y)\mathrm{d}x\mathrm{d}y$．

下面我们假设 $f(x,y)$ 在有界闭区域 D 上连续，且在 D 上 $f(x,y)\geqslant 0$．这样就可以利用二重积分的几何意义推导出计算二重积分的方法——累次积分法，即二重积分的计算最终归结为计算两次定积分．可以证明，这种方法对一般函数的二重积分也适用．具体方法如下．

（1）当 D 为矩形区域时：$a \leqslant x \leqslant b$ 且 $c \leqslant y \leqslant d$（$a,b,c,d$ 为常数），计算积分 $I = \iint\limits_{D} f(x,y)\mathrm{d}\sigma$. 由二重积分的几何意义知 I 表示以 D 为底，以 $f(x,y)$ 为顶的曲顶柱体的体积 V.

任取 $x \in [a,b]$，用过点 x 且垂直于 x 轴的平面去截曲顶柱体，则可得到一曲边梯形（如图 10.5 所示），其面积为

$$S(x) = \int_{c}^{d} f(x,y)\mathrm{d}y.$$

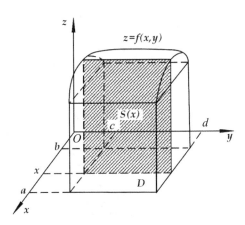

图 10.5

于是由平行截面面积已知的立体体积公式可得

$$V = \int_{a}^{b} S(x)\mathrm{d}x = \int_{a}^{b}\left[\int_{c}^{d} f(x,y)\mathrm{d}y\right]\mathrm{d}x,$$

而 $V = I$，因此，

$$\iint\limits_{D} f(x,y)\mathrm{d}x\mathrm{d}y = \int_{a}^{b}\left[\int_{c}^{d} f(x,y)\mathrm{d}y\right]\mathrm{d}x.$$

我们就把这种将二重积分化为两次定积分进行计算的方法叫累次积分法或二次积分法. 这是先对 y 积分后对 x 积分的累次积分公式；同理，可推出先对 x 后 y 积分的二重积分的累次积分公式.

任取 $y \in [c,d]$，用过点 y 且垂直于 y 轴的平面去截曲顶柱体，则又可得到一曲边梯形且其面积为

$$S(y) = \int_{a}^{b} f(x,y)\mathrm{d}x.$$

于是由平行截面面积已知的立体体积公式可得

$$V = \int_{c}^{d} S(y)\mathrm{d}y = \int_{c}^{d}\left[\int_{a}^{b} f(x,y)\mathrm{d}x\right]\mathrm{d}y,$$

即
$$\iint_D f(x,y)\mathrm{d}x\mathrm{d}y = \int_c^d \left[\int_a^b f(x,y)\mathrm{d}x \right] \mathrm{d}y .$$

所以，当 D 为矩形区域：$a \leqslant x \leqslant b$ 且 $c \leqslant y \leqslant d$（$a,b,c,d$ 为常数）时，

$$\iint_D f(x,y)\mathrm{d}x\mathrm{d}y = \int_c^d \left[\int_a^b f(x,y)\mathrm{d}x \right] \mathrm{d}y = \int_a^b \left[\int_c^d f(x,y)\mathrm{d}y \right] \mathrm{d}x . \tag{10.2.1}$$

也可以写成如下形式：

$$\iint_D f(x,y)\mathrm{d}x\mathrm{d}y = \int_c^d \mathrm{d}y \int_a^b f(x,y)\mathrm{d}x = \int_a^b \mathrm{d}x \int_c^d f(x,y)\mathrm{d}y .$$

（2）当 D 为积分区域：$a \leqslant x \leqslant b$，$\varphi_1(x) \leqslant y \leqslant \varphi_2(x)$ 时，我们仿照前面的方法：任取 $x \in [a,b]$，用过点 x 且垂直于 x 轴的平面去截曲顶柱体，得到一曲边梯形（如图 10.6 所示）。其面积为

$$S(x) = \int_{\varphi_1(x)}^{\varphi_2(x)} f(x,y)\mathrm{d}y .$$

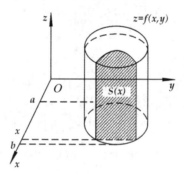

图 10.6

于是由平行截面面积已知的立体体积公式可得

$$V = \int_a^b S(x)\mathrm{d}x = \int_a^b \left[\int_{\varphi_1(x)}^{\varphi_2(x)} f(x,y)\mathrm{d}y \right] \mathrm{d}x ,$$

即

$$\iint_D f(x,y)\mathrm{d}x\mathrm{d}y = \int_a^b \left[\int_{\varphi_1(x)}^{\varphi_2(x)} f(x,y)\mathrm{d}y \right] \mathrm{d}x . \tag{10.2.2}$$

（3）当 D 为积分区域：$c \leqslant y \leqslant d$，$\psi_1(y) \leqslant x \leqslant \psi_2(y)$ 时（如图 10.7 所示），任取 $y \in [c,d]$，用过点 y 且垂直于 y 轴的平面去截曲顶柱体，得到一曲边梯形且其面积为

$$S(y) = \int_{\psi_1(y)}^{\psi_2(y)} f(x,y)\mathrm{d}x .$$

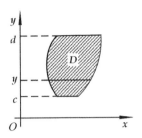

图 10.7

于是由平行截面面积已知的立体体积公式可得

$$V = \int_c^d S(y)\mathrm{d}y = \int_c^d \left[\int_{\psi_1(y)}^{\psi_2(y)} f(x,y)\mathrm{d}x \right]\mathrm{d}y ,$$

即

$$\iint\limits_D f(x,y)\mathrm{d}x\mathrm{d}y = \int_c^d \left[\int_{\psi_1(y)}^{\psi_2(y)} f(x,y)\mathrm{d}x \right]\mathrm{d}y . \qquad (10.2.3)$$

若同一积分区域 D 既可表示为 $a \leqslant x \leqslant b$，$\varphi_1(x) \leqslant y \leqslant \varphi_2(x)$，又可表示为 $c \leqslant y \leqslant d$，$\psi_1(y) \leqslant x \leqslant \psi_2(y)$，则

$$\iint\limits_D f(x,y)\mathrm{d}x\mathrm{d}y = \int_a^b \left[\int_{\varphi_1(x)}^{\varphi_2(x)} f(x,y)\mathrm{d}y \right]\mathrm{d}x = \int_c^d \left[\int_{\psi_1(y)}^{\psi_2(y)} f(x,y)\mathrm{d}x \right]\mathrm{d}y .$$

同样，该公式也可写成如下形式：

$$\iint\limits_D f(x,y)\mathrm{d}x\mathrm{d}y = \int_a^b \mathrm{d}x \int_{\varphi_1(x)}^{\varphi_2(x)} f(x,y)\mathrm{d}y = \int_c^d \mathrm{d}y \int_{\psi_1(y)}^{\psi_2(y)} f(x,y)\mathrm{d}x .$$

例 1 计算二重积分 $\iint\limits_D xy^2\mathrm{d}x\mathrm{d}y$，其中 D 为矩形区域：$0 \leqslant x \leqslant 1$，$0 \leqslant y \leqslant 1$（如图 10.8 所示）.

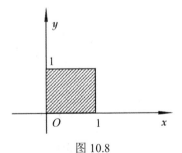

图 10.8

解 由公式（10.2.1）可得

$$\iint\limits_D xy^2\mathrm{d}x\mathrm{d}y = \int_0^1 \left[\int_0^1 xy^2\mathrm{d}y \right]\mathrm{d}x = \int_0^1 \left[\int_0^1 xy^2\mathrm{d}x \right]\mathrm{d}y$$

$$= \int_0^1 x\,\mathrm{d}x \cdot \int_0^1 y^2\,\mathrm{d}y = \frac{1}{2}x^2\Big|_0^1 \cdot \frac{1}{3}y^3\Big|_0^1 = \frac{1}{2}\cdot\frac{1}{3} = \frac{1}{6}.$$

例 2 计算二重积分 $\iint\limits_D x^2 y\mathrm{d}x\mathrm{d}y$，其中 D 是由 $y=\dfrac{1}{x}$，$y=x$ 和 $x=2$ 所围成的区域.

解 积分区域 D 如图 10.9 所示，D 可表示为：$1\leqslant x\leqslant 2,\ \dfrac{1}{x}\leqslant y\leqslant x$.

所以由公式（10.2.2）可得

$$\iint\limits_D x^2 y\mathrm{d}x\mathrm{d}y = \int_1^2\left[\int_{\frac{1}{x}}^x x^2 y\mathrm{d}y\right]\mathrm{d}x$$

$$= \int_1^2 x^2\left[\int_{\frac{1}{x}}^x y\mathrm{d}y\right]\mathrm{d}x = \int_1^2 x^2\left(\frac{x^2}{2}-\frac{1}{2x^2}\right)\mathrm{d}x$$

$$= \frac{x^5}{10}\Big|_1^2 - \frac{1}{2} = \frac{13}{5}.$$

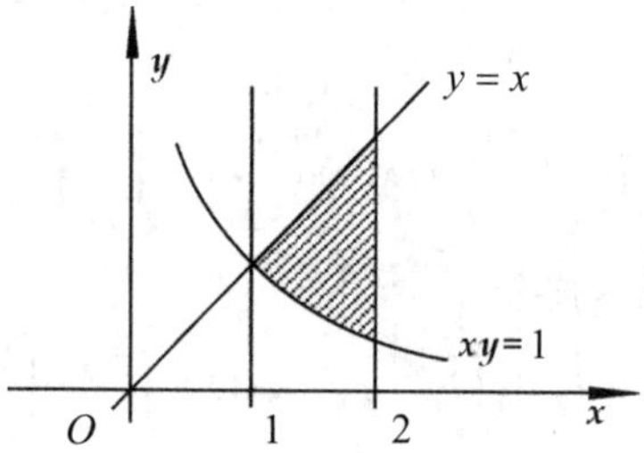

图 10.9

例 3 计算 $\iint\limits_D y\mathrm{d}x\mathrm{d}y$，其中 D 为 $y=x-4$ 和 $y^2=2x$ 所围成的区域.

解 如图 10.10 所示，D 可表示为

$$-2\leqslant y\leqslant 4,\ \frac{y^2}{2}\leqslant x\leqslant y+4.$$

所以由公式（10.2.3）可得

$$\iint\limits_D y\mathrm{d}x\mathrm{d}y = \int_{-2}^4\left[\int_{\frac{y^2}{2}}^{4+y} y\mathrm{d}x\right]\mathrm{d}y = \int_{-2}^4 y\left(y+4-\frac{y^2}{2}\right)\mathrm{d}y$$

$$= \frac{1}{3}y^3\Big|_{-2}^4 + 2y^2\Big|_{-2}^4 - \frac{y^4}{8}\Big|_{-2}^4 = 17.$$

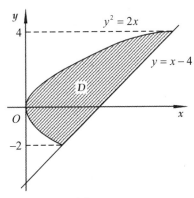

图 10.10

例 4 计算二重积分 $\iint\limits_{D}(xy+1)\mathrm{d}x\mathrm{d}y$ ，其中 D 为由 $y=x$ 与 $y=x^2$ 所围成的区域.

解 如图 10.11 所示， D 可表示为

$$0\leqslant x\leqslant 1，\ x^2\leqslant y\leqslant x\ 或者\ 0\leqslant y\leqslant 1，\ y\leqslant x\leqslant\sqrt{y}.$$

所以由公式（10.2.2）可得

$$\iint\limits_{D}(xy+1)\mathrm{d}x\mathrm{d}y=\int_{0}^{1}\left[\int_{x^2}^{x}(xy+1)\mathrm{d}y\right]\mathrm{d}x=\int_{0}^{1}\left[\int_{x^2}^{x}xy\mathrm{d}y\right]\mathrm{d}x+\int_{0}^{1}\left[\int_{x^2}^{x}\mathrm{d}y\right]\mathrm{d}x$$

$$=\int_{0}^{1}x\left(\frac{x^2}{2}-\frac{x^4}{2}\right)\mathrm{d}x+\int_{0}^{1}(x-x^2)\mathrm{d}x$$

$$=\frac{1}{24}+\frac{1}{6}=\frac{5}{24}.$$

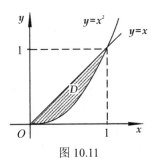

图 10.11

也可由公式（10.2.3）得

$$\iint\limits_{D}(xy+1)\mathrm{d}x\mathrm{d}y=\int_{0}^{1}\left[\int_{y}^{\sqrt{y}}(xy+1)\mathrm{d}x\right]\mathrm{d}y$$

$$=\int_{0}^{1}\left[\int_{y}^{\sqrt{y}}xy\mathrm{d}x\right]\mathrm{d}y+\int_{0}^{1}\left[\int_{y}^{\sqrt{y}}\mathrm{d}x\right]\mathrm{d}y$$

$$= \int_0^1 y\left(\frac{y}{2} - \frac{y^2}{2}\right)\mathrm{d}y + \int_0^1 \left(\sqrt{y} - y\right)\mathrm{d}y$$

$$= \frac{1}{24} + \frac{1}{6} = \frac{5}{24}.$$

10.2.2 二重积分在极坐标系下的计算

换元积分法是计算定积分的一种常用而又非常有效的方法．这种方法也可用来计算二重积分．可作极坐标换元： $x = r\cos\theta$ ， $y = r\sin\theta$ ，把二重积分 $\iint\limits_D f(x,y)\mathrm{d}x\mathrm{d}y$ 从直角坐标变为极坐标．当被积函数和积分区域用极坐标表示很简单时，这种方法是非常有效的．而要把二重积分从直角坐标变为极坐标，需要解决两个问题：一是在极坐标系下，面积元素 $\mathrm{d}\sigma$ 如何表示；二是在极坐标系下，积分区域 D 如何表示．解决了这两个问题，直角坐标的二重积分就可化成极坐标的累次积分，然后利用计算定积分的方法计算出它的积分值即可．

下面首先解决第一个问题．

假设 $f(x,y)$ 在有界闭区域 D 上连续，则 $f(x,y)$ 在 D 上的积分值与积分区域 D 的分法及在每个小区域上点的取法无关．这样就可以用一种特殊的方法来分割积分区域 D ．在极坐标系下，用一组以极点 O 为圆心的同心圆及一组过极点 O 的射线来分割 D （如图 10.12 所示）．在其中任取一个小区域 $\Delta\sigma$ （ $\Delta\sigma$ 也表示其面积），它由 r , $r+\Delta r$, θ 和 $\theta+\Delta\theta$ 围成．则

$$\Delta\sigma = \frac{1}{2}(r+\Delta r)^2 \Delta\theta - \frac{1}{2}r^2 \Delta\theta = r(\Delta r \Delta\theta) + \frac{1}{2}\Delta r(\Delta r \Delta\theta).$$

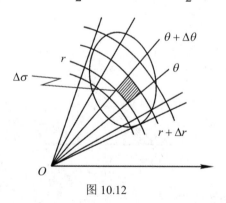

图 10.12

由于当 $\Delta r \to 0$ 和 $\Delta\theta \to 0$ 时, $\frac{1}{2}\Delta r(\Delta r \Delta\theta)$ 是 $\Delta r \Delta\theta$ 的高阶无穷小, 所以当 Δr 和 $\Delta\theta$ 很小时可用 $r(\Delta r \Delta\theta)$ 来近似代替 $\Delta\sigma$ ．于是

$$\mathrm{d}\sigma = r\mathrm{d}r\mathrm{d}\theta,$$

即在极坐标变换 $x = r\cos\theta$, $y = r\sin\theta$ 下有

$$\iint\limits_{D} f(x, y)\mathrm{d}x\mathrm{d}y = \iint\limits_{D} f(r\cos\theta, r\sin\theta)r\mathrm{d}r\mathrm{d}\theta .$$

这就是把二重积分从直角坐标变为极坐标的换元积分公式.

现在来解决第二个问题.

仿照直角坐标系，通常把极坐标系下的积分区域分为以下几种类型.

（1）当极点 O 在积分区域 D 之外，即 D：$\alpha \leqslant \theta \leqslant \beta$（$\alpha < \beta$），$\varphi_1(\theta) \leqslant r \leqslant \varphi_2(\theta)$. 如图 10.13 所示，则此时的累次积分公式为

$$\iint\limits_{D} f(r\cos\theta, r\sin\theta)r\mathrm{d}r\mathrm{d}\theta = \int_{\alpha}^{\beta}\left[\int_{\varphi_1(\theta)}^{\varphi_2(\theta)} rf(r\cos\theta, r\sin\theta)\mathrm{d}r\right]\mathrm{d}\theta . \qquad （10.2.4）$$

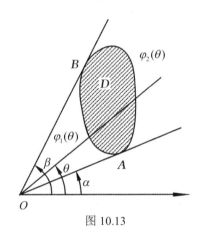

图 10.13

（2）当极点 O 位于积分区域 D 的边界线上（如图 10.14 所示），即
$$D：\alpha \leqslant \theta \leqslant \beta（\alpha < \beta），0 \leqslant r \leqslant \varphi(\theta)，$$

则

$$\iint\limits_{D} f(r\cos\theta, r\sin\theta)r\mathrm{d}r\mathrm{d}\theta = \int_{\alpha}^{\beta}\left[\int_{0}^{\varphi(\theta)} rf(r\cos\theta, r\sin\theta)\mathrm{d}r\right]\mathrm{d}\theta . \qquad （10.2.5）$$

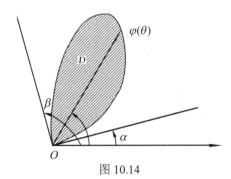

图 10.14

（3）当极点 O 位于积分区域 D 的内部（如图 10.15 所示），即

$$D：0 \leqslant \theta \leqslant 2\pi，\quad \varphi_1(\theta) \leqslant r \leqslant \varphi_2(\theta)，$$

则

$$\iint\limits_D f(r\cos\theta, r\sin\theta)r\mathrm{d}r\mathrm{d}\theta = \int_0^{2\pi}\left[\int_{\varphi_1(\theta)}^{\varphi_2(\theta)} rf(r\cos\theta, r\sin\theta)\mathrm{d}r\right]\mathrm{d}\theta.\quad (10.2.6)$$

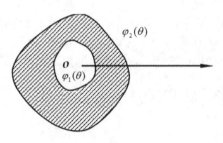

图 10.15

这个公式有一个特例，即当 $\varphi_1(\theta) \equiv 0$ 时，有

$$\iint\limits_D f(r\cos\theta, r\sin\theta)r\mathrm{d}r\mathrm{d}\theta = \int_0^{2\pi}\left[\int_0^{\varphi_2(\theta)} rf(r\cos\theta, r\sin\theta)\mathrm{d}r\right]\mathrm{d}\theta.\quad (10.2.7)$$

例 5 计算二重积分 $\iint\limits_D \sqrt{x^2+y^2}\,\mathrm{d}x\mathrm{d}y$，其中 D 为由圆周 $x^2+y^2-2y=0$ 所围成的闭区域.

解 积分区域 D 如图 10.16 所示. 令 $x=r\cos\theta,\ y=r\sin\theta$，则在极坐标系下积分区域 D 的边界线为 $r=2\sin\theta$. 所以积分区域 D 可表示为：$0 \leqslant \theta \leqslant \pi$，$0 \leqslant r \leqslant 2\sin\theta$. 这属于第二种类型. 因此由公式（10.2.5）可得

$$\iint\limits_D \sqrt{x^2+y^2}\,\mathrm{d}x\mathrm{d}y = \iint\limits_D r^2\mathrm{d}r\mathrm{d}\theta = \int_0^{\pi}\left[\int_0^{2\sin\theta} r^2\mathrm{d}r\right]\mathrm{d}\theta$$

$$= \frac{8}{3}\int_0^{\pi}\sin^3\theta\,\mathrm{d}\theta = \frac{8}{3}\int_0^{\pi}(\cos^2\theta-1)\,\mathrm{d}(\cos\theta)$$

$$= \frac{8}{3}\left(\frac{1}{3}\cos^3\theta-\cos\theta\right)\bigg|_0^{\pi} = \frac{32}{9}.$$

例 6 计算二重积分 $\iint\limits_D \dfrac{1}{1+x^2+y^2}\mathrm{d}x\mathrm{d}y$，其中 D 为由圆周 $x^2+y^2=a^2$（a 为大于 0 的常数）所围成的闭区域.

解 如图 10.17 所示. 令 $x=r\cos\theta,\ y=r\sin\theta$，可得圆周的极坐标方程为 $r=a$. 所以积分区域 D 可表示为：$0 \leqslant \theta \leqslant 2\pi$，$0 \leqslant r \leqslant a$.

于是由公式（10.2.7）可得

$$\iint\limits_D \frac{1}{1+x^2+y^2}\mathrm{d}x\mathrm{d}y = \iint\limits_D \frac{r}{1+r^2}\mathrm{d}r\mathrm{d}\theta$$

$$= \int_0^{2\pi}\left[\int_0^a \frac{r}{1+r^2}\mathrm{d}r\right]\mathrm{d}\theta$$

$$= \int_0^{2\pi}\frac{1}{2}\ln(1+r^2)\Big|_0^a \mathrm{d}\theta = \pi\ln(1+a^2).$$

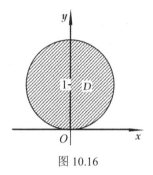

图 10.16

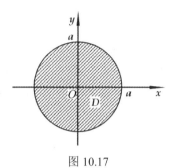

图 10.17

例 7 计算二重积分 $\iint\limits_{D} \mathrm{e}^{-x^2-y^2}\mathrm{d}x\mathrm{d}y$ ，其中 D 为圆环域：$1\le x^2+y^2\le 4$.

解 如图 10.18 所示. 令 $x=r\cos\theta$，$y=r\sin\theta$ ，可得圆环域的极坐标表示式为：$1\le r\le 2$. 所以积分区域 D 为：$0\le\theta\le 2\pi$ ，$1\le r\le 2$.

于是由公式（10.2.6）可得

$$\iint\limits_{D}\mathrm{e}^{-x^2-y^2}\mathrm{d}x\mathrm{d}y = \iint\limits_{D}r\mathrm{e}^{-r^2}\mathrm{d}r\mathrm{d}\theta = \int_0^{2\pi}\left[\int_1^2 r\mathrm{e}^{-r^2}\mathrm{d}r\right]\mathrm{d}\theta$$

$$= \int_0^{2\pi}\left(-\frac{1}{2}\mathrm{e}^{-r^2}\right)\Big|_1^2 \mathrm{d}\theta = \pi(\mathrm{e}^{-1}-\mathrm{e}^{-4}).$$

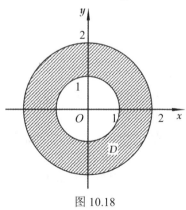

图 10.18

习题 10.2

1. 填空题.

（1）设 D 由 $y=x$ 及 $y^2=4x$ 围成，则积分 $I=\iint\limits_D f(x,y)\mathrm{d}\sigma$ 化为先 x 后 y 的累次积分是________；

（2）设 D 由 $y=x$，$x=2$ 及 $y=\dfrac{1}{x}$ 围成，则积分 $I=\iint\limits_D f(x,y)\mathrm{d}\sigma$ 化为先 y 后 x 的累次积分是________；

（3）设 $z=f(x,y)$ 在有界闭区域 D 上连续，则以 D 为底，以曲面 $z=f(x,y)$ 为顶的曲顶柱体的体积 $V=$ ________；

（4）设 D 是半径为 r 的半圆域，则 $\iint\limits_D \mathrm{d}x\mathrm{d}y=$ ________；

（5）设 D 是圆环 $1\leqslant x^2+y^2\leqslant 4$，将 $\iint\limits_D \mathrm{d}x\mathrm{d}y$ 化成极坐标系下的累次积分 $\iint\limits_D \mathrm{d}x\mathrm{d}y=$ ________.

2．选择题．

（1）$I=\int_1^2\mathrm{d}x\int_{2-x}^{\sqrt{2x-x^2}}f(x,y)\mathrm{d}y$，则交换积分次序后，$I=$（　　）．

A．$\int_0^1\mathrm{d}y\int_{2-y}^{1-\sqrt{1-y^2}}f(x,y)\mathrm{d}x$　　B．$\int_0^1\mathrm{d}y\int_{2-y}^{1+\sqrt{1-y^2}}f(x,y)\mathrm{d}x$

C．$\int_0^1\mathrm{d}y\int_{2-y}^{\sqrt{1-y^2}-1}f(x,y)\mathrm{d}x$　　D．$\int_0^1\mathrm{d}y\int_{y-2}^{1+\sqrt{1-y^2}}f(x,y)\mathrm{d}x$

（2）$I=\int_0^1\mathrm{d}y\int_0^{2y}f(x,y)\mathrm{d}x+\int_1^3\mathrm{d}y\int_0^{3-y}f(x,y)\mathrm{d}x$，则交换积分次序后，$I=$（　　）．

A．$\int_0^2\mathrm{d}x\int_{\frac{x}{2}}^{3-x}f(x,y)\mathrm{d}y$　　B．$\int_0^1\mathrm{d}x\int_{\frac{x}{2}}^{3-x}f(x,y)\mathrm{d}y$

C．$\int_0^1\mathrm{d}x\int_{\frac{x}{2}}^{3-x}f(x,y)\mathrm{d}y$　　D．$\int_0^2\mathrm{d}x\int_{3-x}^{\frac{x}{2}}f(x,y)\mathrm{d}y$

3．在直角坐标系下计算下列二重积分．

（1）$\iint\limits_D(x+6y)\mathrm{d}x\mathrm{d}y$，其中 D 是由直线 $y=x$，$y=5x$ 和 $x=1$ 所围成的区域；

（2）$\iint\limits_D\dfrac{y^2}{x^2}\mathrm{d}x\mathrm{d}y$，其中 D 是由直线 $y=x$，$y=2$ 和曲线 $xy=1$ 所围成的区域；

（3）$\iint\limits_D(4-x^2-y^2)\mathrm{d}x\mathrm{d}y$，其中 D 是矩形区域：$0\leqslant x\leqslant 1$ 且 $0\leqslant y\leqslant\dfrac{3}{2}$；

（4）$\iint\limits_D y\mathrm{d}\sigma$，$D$ 是由 $y^2=x$，$y=x-2$ 围成．

4．在极坐标系下计算下列二重积分．

（1）$\displaystyle\iint_D (x^2 + y^2)\mathrm{d}x\mathrm{d}y$，其中 D 为闭圆域：$x^2 + y^2 \leqslant 1$；

（2）$\displaystyle\iint_D y\mathrm{d}x\mathrm{d}y$，其中 D 是指闭圆域：$x^2 + y^2 \leqslant a^2$（a 为大于 0 的常数）位于第一象限的部分；

（3）$\displaystyle\iint_D \frac{1}{x^2 + y^2}\mathrm{d}x\mathrm{d}y$，其中 D 为圆环域：$9 \leqslant x^2 + y^2 \leqslant 25$；

（4）$\displaystyle\iint_D \sqrt{4 - x^2 - y^2}\mathrm{d}\sigma$，其中 D 为扇形域：$x^2 + y^2 \leqslant 4$（$x \geqslant 0$，$y \geqslant 0$）.

10.3 三重积分

定积分可以看成一重积分，被积函数是一元函数，积分范围是数轴上的区间；二重积分的被积函数是二元函数，积分范围是平面上的一块区域；如果被积函数变成三元函数，积分范围变成空间的一块区域，则可得到三重积分.

10.3.1 引例

设一个物体在空间 $\mathbf{R}^3$ 中占据了一个有界可求体积的闭区域 Ω，它的点密度为 $f(x, y, z)$，现在求这个物体的质量 M. 设 $f(x, y, z)$ 在 Ω 上连续，将区域 Ω 分割成 n 个小立体：$\Delta v_1, \Delta v_2, \cdots, \Delta v_n$，$\Delta v_i (i = 1, 2, \cdots, n)$ 也表示其体积. 设直径分别是 $d_1, d_2, \cdots, d_n$，$\lambda = \max\{d_1, d_2, \cdots, d_n\}$，则当 λ 很小时，$f(x, y, z)$ 在 $\Delta v_i (i = 1, 2, \cdots, n)$ 上的变化也很小. 可以用这个小立体上的任意一点 (x_i, y_i, z_i) 的密度 $f(x_i, y_i, z_i)$ 来近似整个小立体的密度，这样我们可以用 $f(x_i, y_i, z_i)\Delta v_i$ 作为小立体质量的近似值，所有小立体质量的近似值之和即为这个物体的质量的一个近似值. 即

$$M \approx \sum_{i=1}^{n} f(x_i, y_i, z_i)\Delta v_i .$$

当 $\lambda \to 0$ 时，这个和式的极限就是物体的质量. 即

$$M = \lim_{\lambda \to 0} \sum_{i=1}^{n} f(x_i, y_i, z_i)\Delta v_i .$$

从上面的讨论可以看出，整个求质量的过程和求曲顶柱体的体积是类似的，都是分割、近似、求和、取极限的过程. 我们将其抽象就得到了三重积分的概念.

10.3.2 三重积分的概念

设 $f(x, y, z)$ 是空间 $\mathbf{R}^3$ 中的一个有界可求体积的闭区域 Ω 上的有界函数，将 Ω 任意分割为若干个可求体积的小闭区域 $\Delta v_1, \Delta v_2, \cdots, \Delta v_n$，$\Delta v_i (i = 1, 2, \cdots, n)$ 也表

示其体积. 设直径分别是 $d_1, d_2, \cdots, d_n$, $\lambda = \max\{d_1, d_2, \cdots, d_n\}$. 在每个小区域中任意取一点 $(x_i, y_i, z_i) \in \Delta v_i$, 作和 $\sum_{i=1}^{n} f(x_i, y_i, z_i)\Delta v_i$ （称为 Riemann 和）. 若当 $\lambda \to 0$ 时, 这个和式的极限存在, 则称此极限值为函数 $f(x, y, z)$ 在区域 Ω 上的三重积分, 记为 $\iiint\limits_{\Omega} f(x, y, z)\mathrm{d}v$, 也叫函数 $f(x, y, z)$ 在区域 Ω 上可积. 其中 $f(x, y, z)$ 称为被积函数, x, y 和 z 称为积分变量, Ω 叫积分区域.

特别地, 在直角坐标系下, 可以记为 $\iiint\limits_{\Omega} f(x, y, z)\mathrm{d}x\mathrm{d}y\mathrm{d}z$, 即 $\mathrm{d}v = \mathrm{d}x\mathrm{d}y\mathrm{d}z$, 叫直角坐标系中的体积元素.

当 $f(x, y, z)$ 在 Ω 上连续时, 上述和式的极限一定存在, 即 $f(x, y, z)$ 在 Ω 上一定可积.

10.3.3 三重积分的计算

计算二重积分转化为计算二次积分, 计算三重积分就转化为计算三次积分. 下面按不同的坐标系分别讨论如何将三重积分化为三次积分.

1. 直角坐标系下三重积分的计算

方法和二重积分类似.

若函数 $f(x, y, z)$ 在长方体 $\Omega = [a_1, a_2] \times [b_1, b_2] \times [c_1, c_2]$ 上可积, 记 $D = [b_1, b_2] \times [c_1, c_2]$, 则对任意 $x \in [a_1, a_2]$, 有

$$I(x) = \iint\limits_{D} f(x, y, z)\mathrm{d}y\mathrm{d}z$$

存在, 于是 $\int_{a_1}^{a_2} I(x)\mathrm{d}x = \int_{a_1}^{a_2}\left[\iint\limits_{D} f(x, y, z)\mathrm{d}y\mathrm{d}z\right]\mathrm{d}x$ （也可记为 $\int_{a_1}^{a_2}\mathrm{d}x\iint\limits_{D} f(x, y, z)\mathrm{d}y\mathrm{d}z$ ）

也存在, 即

$$\iiint\limits_{\Omega} f(x, y, z)\mathrm{d}v = \int_{a_1}^{a_2} I(x)\mathrm{d}x = \int_{a_1}^{a_2}\mathrm{d}x\iint\limits_{D} f(x, y, z)\mathrm{d}y\mathrm{d}z = \int_{a_1}^{a_2}\mathrm{d}x\int_{b_1}^{b_2}\mathrm{d}y\int_{c_1}^{c_2} f(x, y, z)\mathrm{d}z .$$

这时右边称为三次积分或累次积分, 即三重积分化为三次积分.

如果 Ω 如图 10.19 所示: $c_1 \leqslant z \leqslant c_2$, $z = z$ 与 Ω 的截面为 D_z . 设函数 $f(x, y, z)$ 在 Ω 上可积, 则不难得到

$$\iiint\limits_{\Omega} f(x, y, z)\mathrm{d}v = \int_{c_1}^{c_2}\mathrm{d}z\iint\limits_{D_z} f(x, y, z)\mathrm{d}x\mathrm{d}y .$$

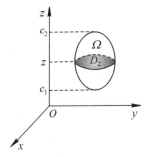

图 10.19

下面给出一般三重积分的具体计算方法.

设 函 数 $f(x,y,z)$ 在 有 界 闭 区 域 Ω 上 连 续， $\Omega=\left\{(x,y,z)\,|\,(x,y)\in D_{xy},\right.$ $\left. z_1(x,y)\leqslant z\leqslant z_2(x,y)\right\}$． 其 中 D_{xy} 为 Ω 在 xOy 平 面 上 的 投 影， 且 $D_{xy}=\left\{(x,y)\,|\,a\leqslant x\leqslant b,\ y_1(x)\leqslant y\leqslant y_2(x)\right\}$（如图 10.20 所示）．

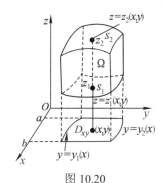

图 10.20

我们在 z 轴上做积分，暂时将 x,y 看成是常数，即把函数 $f(x,y,z)$ 看作是 z 的一元函数，将它在区间 $[z_1(x,y),z_2(x,y)]$ 上积分，得到

$$\int_{z_1(x,y)}^{z_2(x,y)} f(x,y,z)\mathrm{d}z .$$

显然，这个结果是 x,y 的函数，再把这个结果在平面区域 D_{xy} 上做二重积分可得

$$\iint\limits_{D_{xy}}\left[\int_{z_1(x,y)}^{z_2(x,y)} f(x,y,z)\mathrm{d}z\right]\mathrm{d}x\mathrm{d}y .$$

再利用二重积分的计算公式便可以得到如下计算三重积分的公式：

$$\iiint\limits_{\Omega} f(x,y,z)\mathrm{d}v = \int_a^b \mathrm{d}x \int_{y_1(x)}^{y_2(x)} \mathrm{d}y \int_{z_1(x,y)}^{z_2(x,y)} f(x,y,z)\mathrm{d}z . \tag{10.3.1}$$

这个公式就是将三重积分化为了三次积分．如果积分区域是其他的情形，也可以用类似的方法计算．

例1 计算三重积分 $\iiint\limits_{\Omega} x\mathrm{d}v$，其中 Ω 是由三个坐标面和平面 $x+y+z=1$ 所围的立体区域．

解 积分区域如图 10.21 所示，可以用不等式表示为

$$0 \leqslant x \leqslant 1, \ 0 \leqslant y \leqslant 1-x, \ 0 \leqslant z \leqslant 1-x-y.$$

所以由以上计算公式可得

$$\iiint\limits_{\Omega} x\mathrm{d}v = \int_0^1 \mathrm{d}x \int_0^{1-x} \mathrm{d}y \int_0^{1-x-y} x\mathrm{d}z$$

$$= \int_0^1 \mathrm{d}x \int_0^{1-x} x(1-x-y)\mathrm{d}y$$

$$= \int_0^1 \frac{1}{2}x(1-x)^2 \, \mathrm{d}x$$

$$= \frac{1}{8}x^4 - \frac{1}{3}x^3 + \frac{1}{4}x^2 \bigg|_0^1 = \frac{1}{24}.$$

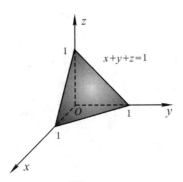

图 10.21

2. 柱面坐标系下三重积分的计算

前面我们看到，根据积分区域与被积函数的特点，二重积分可以用极坐标来计算．对于三重积分则可以用柱面坐标和球面坐标计算．我们先讨论用柱面坐标来计算三重积分．

首先建立柱面坐标系．设空间中有一点 $M(x,y,z)$，其在坐标面 xOy 上的投影点 P 的极坐标为 (ρ,θ)，这样三个数 (ρ,θ,z) 就称为点 M 的柱面坐标（如图 10.22 所示）．

这里规定三个变量的变化范围是

$$\begin{cases} 0 \leqslant \rho < +\infty, \\ 0 \leqslant \theta \leqslant 2\pi, \\ -\infty < z < +\infty. \end{cases}$$

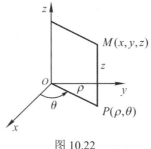

图 10.22

注意到，当 ρ 是常数时，表示以 z 轴为中心轴的一个圆柱面；当 θ 是常数时，表示通过 z 轴，与平面 xOz 的夹角为 θ 的半平面；当 z 是常数时，表示经过 $(0,0,z)$ 且与 z 轴垂直的平面.

空间点的直角坐标与柱面坐标之间的转换关系为

$$\begin{cases} x = \rho\cos\theta, \\ y = \rho\sin\theta, \\ z = z. \end{cases}$$

所以在柱面坐标系下计算三重积分就相当于在直角坐标系下进行换元积分：

$$\iiint\limits_{\Omega} f(x,y,z)\mathrm{d}v = \iiint\limits_{\Omega} f(\rho\cos\theta, \rho\sin\theta, z)\mathrm{d}v .$$

下面推导 $\mathrm{d}v$ 在柱面坐标系下的表示形式.

用 $\rho =$ 常数，$\theta =$ 常数，$z =$ 常数，将积分区域划分为若干个小区域. 考虑其中有代表性的小区域，如图 10.23 所示，该区域可以看成是由底面圆半径为 ρ 和 $\rho + \mathrm{d}\rho$ 的两个圆柱面，极角为 θ 和 $\theta + \mathrm{d}\theta$ 的两个半平面，以及高度为 z 和 $z + \mathrm{d}z$ 的两个平面所围成的. 它可以近似地看作一个柱体，其底面的面积为 $\rho\mathrm{d}\rho\mathrm{d}\theta$，高为 $\mathrm{d}z$. 其体积就是柱面坐标系下的体积元素：

$$\mathrm{d}v = \rho\mathrm{d}\rho\mathrm{d}\theta\mathrm{d}z .$$

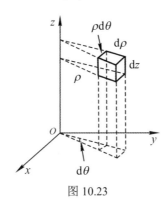

图 10.23

所以两种坐标系之间的换元积分公式变为

$$\iiint\limits_{\Omega} f(x,y,z)\mathrm{d}v = \iiint\limits_{\Omega} f(\rho\cos\theta, \rho\sin\theta, z)\rho\mathrm{d}\rho\mathrm{d}\theta\mathrm{d}z \ . \tag{10.3.2}$$

在柱面坐标系下计算三重积分也是化为三次积分.

例2 计算三重积分 $\iiint\limits_{\Omega}(x^2+y^2)\mathrm{d}v$，其中 Ω 是由椭圆抛物面 $z=4(x^2+y^2)$ 和平面 $z=4$ 所围成的区域.

解 如图 10.24 所示，积分区域 Ω 在坐标面 xOy 上的投影是一个圆心在原点的单位圆. 所以 $\Omega = \{0 \le \rho \le 1, \ 0 \le \theta \le 2\pi, \ 4\rho^2 \le z \le 4\}$. 于是

$$\iiint\limits_{\Omega}(x^2+y^2)\mathrm{d}v = \iiint\limits_{\Omega}\rho^2\rho\mathrm{d}\rho\mathrm{d}\theta\mathrm{d}z$$

$$= \int_0^{2\pi}\mathrm{d}\theta\int_0^1\rho^3\mathrm{d}\rho\int_{4\rho^2}^4\mathrm{d}z$$

$$= \int_0^{2\pi}\mathrm{d}\theta\int_0^1(4\rho^3-4\rho^5)\mathrm{d}\rho = \frac{2}{3}\pi \ .$$

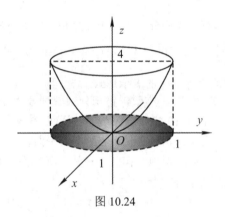

图 10.24

3. 球面坐标系下三重积分的计算

设 $M(x,y,z)$ 为空间内一点，则点 M 也可以用这样三个有次序的数 r,θ,φ 来表示. 设点 M 在坐标面 xOy 上的投影为 P，其中 $r = \left|\overline{OM}\right|$，$\theta$ 为 x 轴正向到射线 OP 的转角，φ 为向量 $\overline{OM}$ 与 z 轴正向的夹角. 这样建立的坐标系叫球面坐标系，如图 10.25 所示. 规定三个变量的变化范围为

$$\begin{cases} 0 \le r < +\infty, \\ 0 \le \theta \le 2\pi, \\ 0 \le \varphi \le \pi. \end{cases}$$

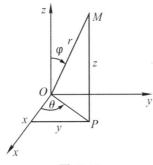

图 10.25

我们可以看到:

当 r = 常数时,表示以原点为球心的球面;

当 θ = 常数时,表示通过 z 轴的半平面;

当 φ = 常数时,表示以原点为顶点,z 轴为中心的锥面.

两种坐标系之间的坐标转换关系式如下:

$$\begin{cases} x = r\sin\varphi\cos\theta, \\ y = r\sin\varphi\sin\theta, \\ z = r\cos\varphi. \end{cases}$$

下面求 $\mathrm{d}v$ 在球面坐标系中的表示形式.

用 r = 常数,θ = 常数,φ = 常数,将积分区域 Ω 划分为若干个小的区域. 考虑其中有代表性的小区域,此小区域可以看成是由半径为 r 和 $r+\mathrm{d}r$ 的球面,极角为 θ 和 $\theta+\mathrm{d}\theta$ 的半平面,与中心轴夹角为 φ 和 $\varphi+\mathrm{d}\varphi$ 的锥面所围成,它可以近似地看作边长分别是 $\mathrm{d}r, r\mathrm{d}\varphi, r\sin\varphi\mathrm{d}\theta$ 的小长方体,如图 10.26 所示. 从而得到球面坐标系下的体积元素为

$$\mathrm{d}v = r^2\sin\varphi\mathrm{d}r\mathrm{d}\theta\mathrm{d}\varphi .$$

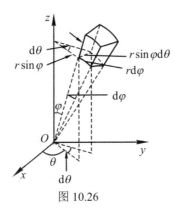

图 10.26

所以由直角坐标到球面坐标的换元积分公式为

$$\iiint_{\Omega} f(x,y,z)\mathrm{d}v = \iiint_{\Omega} f(r\sin\varphi\cos\theta, r\sin\varphi\sin\theta, r\cos\varphi)\, r^2 \sin\varphi \mathrm{d}r\mathrm{d}\theta\mathrm{d}\varphi . \quad (10.3.3)$$

例 3 计算三重积分 $\iiint_{\Omega}(x^2+y^2)\mathrm{d}v$，其中 Ω 是右半球面 $x^2+y^2+z^2 \leqslant a^2$，$y \geqslant 0$ 所围成的区域.

解 在球面坐标系下，积分区域可以表示为

$$\Omega = \{0 \leqslant r \leqslant a, 0 \leqslant \theta \leqslant \pi, 0 \leqslant \varphi \leqslant \pi\} .$$

所以

$$\begin{aligned}
\iiint_{\Omega}\left(x^2+y^2\right)\mathrm{d}v &= \iiint_{\Omega}(r^2\sin^2\varphi)r^2\sin\varphi\mathrm{d}r\mathrm{d}\theta\mathrm{d}\varphi \\
&= \int_0^{\pi}\mathrm{d}\theta\int_0^{\pi}\mathrm{d}\varphi\int_0^{a}r^4\sin^3\varphi\mathrm{d}r \\
&= \int_0^{\pi}\mathrm{d}\theta\int_0^{\pi}\sin^3\varphi\left[\frac{1}{5}r^5\right]_0^{a}\mathrm{d}\varphi \\
&= -\frac{\pi}{5}a^5\left[\cos\varphi-\frac{1}{3}\cos^3\varphi\right]_0^{\pi} = \frac{4}{15}\pi a^5 .
\end{aligned}$$

习题 10.3

1. 设有物体占有空间 Ω：$0 \leqslant x \leqslant 1$，$0 \leqslant y \leqslant 1$，$0 \leqslant z \leqslant 1$，在点 (x,y,z) 的密度是 $\rho(x,y,z) = x+y+z$，求该物体的质量.

2. 计算 $\iiint_{\Omega} xy^2z^3\mathrm{d}x\mathrm{d}y\mathrm{d}z$，其中 Ω 是曲面 $z=xy$ 与平面 $y=x$，$x=1$ 和 $z=0$ 所围成的闭区域.

3. 计算 $\iiint_{\Omega}\dfrac{\mathrm{d}x\mathrm{d}y\mathrm{d}z}{(1+x+y+z)^3}$，其中 Ω 是平面 $x=0$，$y=0$，$z=0$，$x+y+z=1$ 所围成的四面体.

4. 计算 $\iiint_{\Omega} xyz\mathrm{d}x\mathrm{d}y\mathrm{d}z$，其中 Ω 是球面 $x^2+y^2+z^2=1$ 及坐标面所围成的第一卦限内的闭区域.

5. 计算 $\iiint_{\Omega} xz\mathrm{d}x\mathrm{d}y\mathrm{d}z$，其中 Ω 是平面 $z=0$，$z=y$，$y=1$ 以及抛物柱面 $y=x^2$ 所围成的闭区域.

6. 计算 $\iiint_{\Omega} z\mathrm{d}x\mathrm{d}y\mathrm{d}z$，其中 Ω 是曲面 $z=\sqrt{x^2+y^2}$ 及平面 $z=1$ 所围成的闭区域.

7. 计算 $\iiint_{\Omega}(x^2+y^2)\mathrm{d}v$，其中 Ω 是 $x^2+y^2=2z$ 及平面 $z=2$ 所围成的闭区域.

8. 计算 $\iiint\limits_{\Omega}(x^2+y^2+z^2)\mathrm{d}v$，其中 Ω 是球面 $x^2+y^2+z^2=1$ 所围成的闭区域.

9. 计算 $\iiint\limits_{\Omega}z\mathrm{d}v$，其中 Ω 是由曲面 $z=\sqrt{2-x^2-y^2}$ 及 $z=x^2+y^2$ 所围成的闭区域.

10. 用三重积分计算下面所围立体的体积.

（1）$z=6-x^2-y^2$ 及 $z=\sqrt{x^2+y^2}$；

（2）$x^2+y^2+z^2=2z$ 及 $x^2+y^2=z^2$（含 z 轴部分）.

10.4 重积分的应用

和一元函数的定积分一样，重积分也有着广泛的应用，这里仅介绍四个方面的应用.

10.4.1 立体的体积

由二重积分的几何意义可知，若 $z=f(x,y)$ 在 D 上连续，且 $f(x,y)\geqslant0$，则以 D 为底，以 $z=f(x,y)$ 为顶的曲顶柱体的体积为

$$V=\iint\limits_{D}f(x,y)\mathrm{d}x\mathrm{d}y.$$

若 $z=f(x,y)$ 在 D 上连续，但不是非负的，则以 D 为底，以 $z=f(x,y)$ 为顶的曲顶柱体的体积为

$$V=\iint\limits_{D}|f(x,y)|\mathrm{d}x\mathrm{d}y.$$

例 1 求由曲面 $z=x^2+y^2$，平面 $x=1$，$x=-1$，$y=1$，$y=-1$ 及 xOy 坐标面所围成的立体的体积.

解 所求立体为以曲面 $z=x^2+y^2$ 为顶，以正方形 D：$-1\leqslant x\leqslant1$；$-1\leqslant y\leqslant1$ 为底的曲顶柱体，所以体积为

$$V=\iint\limits_{D}(x^2+y^2)\mathrm{d}x\mathrm{d}y$$

$$=\int_{-1}^{1}\mathrm{d}x\int_{-1}^{1}(x^2+y^2)\mathrm{d}y=\int_{-1}^{1}\left(x^2y+\frac{1}{3}y^3\right)\bigg|_{-1}^{1}\mathrm{d}x$$

$$=\int_{-1}^{1}\left(2x^2+\frac{2}{3}\right)\mathrm{d}x=\left(\frac{2}{3}x^3+\frac{2}{3}x\right)\bigg|_{-1}^{1}=\frac{8}{3}.$$

例 2 求两个圆柱面 $x^2+y^2=a^2$，$x^2+z^2=a^2$ 相交所围成的立体的体积.

解 如图 10.27 所示，根据图形的对称性，只需求出第一卦限部分的体积，然后乘以 8 即可. 由图可以看出，立体是以 $z=\sqrt{a^2-x^2}$ 为顶，以 D：$0\leqslant y\leqslant\sqrt{a^2-x^2}$，

$0 \leqslant x \leqslant a$ 为底的曲顶柱体，故

$$V = 8 \iint\limits_{D} \sqrt{a^2 - x^2} \, \mathrm{d}x\mathrm{d}y$$

$$= 8 \int_0^a \mathrm{d}x \int_0^{\sqrt{a^2 - x^2}} \sqrt{a^2 - x^2} \, \mathrm{d}y$$

$$= 8 \int_0^a (a^2 - x^2) \, \mathrm{d}x = \frac{16}{3} a^3 .$$

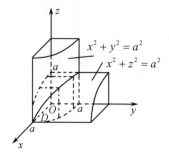

图 10.27

例 3　求由柱面 $x^2 + y^2 = 1$，平面 $z = 0$，抛物面 $z = 2 - (x^2 + y^2)$ 围成的立体的体积.

解　如图 10.28 所示，立体是以 $z = 2 - (x^2 + y^2)$ 为顶，以 D：$x^2 + y^2 \leqslant 1$ 为底的柱体，故

$$V = \iint\limits_{D} [2 - (x^2 + y^2)] \mathrm{d}x\mathrm{d}y ,$$

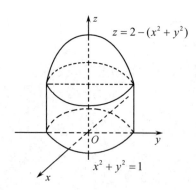

图 10.28

采用极坐标系：令 $x = r\cos\theta$，$y = r\sin\theta$，则

$$D: \ 0 \leqslant r \leqslant 1; \ 0 \leqslant \theta \leqslant 2\pi .$$

所以

$$V = \int_0^{2\pi} \mathrm{d}\theta \int_0^1 (2 - r^2) r \,\mathrm{d}r = 2\pi \left(r^2 - \frac{r^4}{4} \right) \Big|_0^1 = \frac{3}{2}\pi .$$

10.4.2 曲面的面积

设空间曲面 Σ 的方程为 $z = f(x, y)$，它在 xOy 坐标平面上的投影区域为 D，函数 $f(x, y)$ 在 D 上具有一阶连续偏导数 $f_x(x, y)$ 和 $f_y(x, y)$，则曲面 Σ 的面积公式为

$$S = \iint\limits_D \sqrt{1 + f_x^2 + f_y^2} \,\mathrm{d}\sigma .$$

这个公式我们不做证明，只需会用即可.

例 4 求半径为 R 的球面面积.

解 以球心为原点，以三条互相垂直的直径所在的直线为坐标轴建立直角坐标系，则球面方程为 $x^2 + y^2 + z^2 = R^2$. 根据球面的对称性，该球面面积是它在第一卦限面积的 8 倍. 因为第一卦限内球面方程为

$$z = f(x, y) = \sqrt{R^2 - x^2 - y^2} \quad (x \geqslant 0, \quad y \geqslant 0) .$$

所以有

$$f_x = \frac{-x}{\sqrt{R^2 - x^2 - y^2}} , \quad f_y = \frac{-y}{\sqrt{R^2 - x^2 - y^2}} .$$

从而

$$\sqrt{1 + f_x^2 + f_y^2} = \sqrt{\frac{R^2}{R^2 - x^2 - y^2}} = \frac{R}{\sqrt{R^2 - x^2 - y^2}} .$$

区域 D 为圆 $x^2 + y^2 \leqslant R^2$ 的四分之一，可用极坐标求其积分. 在极坐标下 D 可表示为

$$0 \leqslant r \leqslant R , \quad 0 \leqslant \theta \leqslant \frac{\pi}{2} .$$

故由公式得

$$S = 8 \iint\limits_D \sqrt{1 + f_x^2 + f_y^2} \,\mathrm{d}\sigma = 8 \iint\limits_D \frac{R}{\sqrt{R^2 - x^2 - y^2}} \,\mathrm{d}\sigma = 8 \int_0^{\frac{\pi}{2}} \mathrm{d}\theta \int_0^R \frac{R}{\sqrt{R^2 - r^2}} r \,\mathrm{d}r$$

$$= 8 \int_0^{\frac{\pi}{2}} \mathrm{d}\theta \left[-\frac{1}{2} R \int_0^R (R^2 - r^2)^{-\frac{1}{2}} \,\mathrm{d}(R^2 - r^2) \right] = 8 \cdot \frac{\pi}{2} \cdot \left[-R(R^2 - r^2)^{\frac{1}{2}} \right] \Big|_0^R = 4\pi R^2 .$$

10.4.3 质心

设有一平面薄片占有 xOy 坐标平面上的闭区域 D，在点 (x, y) 处的密度为

$\rho(x,y)$，假定 $\rho(x,y)$ 在 D 上连续，则该薄片的质心坐标为

$$\overline{x} = \frac{M_y}{M} = \frac{\iint\limits_D x\rho(x,y)\mathrm{d}\sigma}{\iint\limits_D \rho(x,y)\mathrm{d}\sigma}\,,$$

$$\overline{y} = \frac{M_x}{M} = \frac{\iint\limits_D y\rho(x,y)\mathrm{d}\sigma}{\iint\limits_D \rho(x,y)\mathrm{d}\sigma}\,.$$

其中 M 为薄片的质量，M_x，M_y 分别是薄片关于 x 轴、y 轴的静力矩.

如果薄片是均匀的，即密度 ρ 为常数，则可提到积分号外，并从分子、分母中约去，这样便得到均匀薄片的质心坐标为

$$\overline{x} = \frac{1}{\sigma}\iint\limits_D x\mathrm{d}\sigma\,, \quad \overline{y} = \frac{1}{\sigma}\iint\limits_D y\mathrm{d}\sigma\,.$$

其中 $\sigma = \iint\limits_D \mathrm{d}\sigma$ 为区域 D 的面积. 这时薄片的质心完全由区域 D 的形状所决定.

均匀平面薄片的质心也叫作这个平面薄片所占的平面图形的形心.

例 5 设均匀半圆环薄片所占区域 D 为 $1 \leqslant x^2 + y^2 \leqslant 4$，$y \geqslant 0$，求此均匀薄片的形心.

解 因为薄片是均匀的，且对称于 y 轴，所以形心 $(\overline{x}, \overline{y})$ 必位于 y 轴上，于是 $\overline{x} = 0$. 再按公式计算 $\overline{y} = \frac{1}{\sigma}\iint\limits_D y\mathrm{d}\sigma$.

易知区域 D 的面积为 $\sigma = \dfrac{3\pi}{2}$.

利用极坐标，D 可以表示为：$1 \leqslant r \leqslant 2$，$0 \leqslant \theta \leqslant \pi$，所以

$$\iint\limits_D y\mathrm{d}\sigma = \int_0^\pi \mathrm{d}\theta \int_1^2 (r\sin\theta)r\mathrm{d}r$$

$$= \left(\int_0^\pi \sin\theta\,\mathrm{d}\theta\right)\left(\int_1^2 r^2\mathrm{d}r\right)$$

$$= \left(-\cos\theta\Big|_0^\pi\right)\left(\frac{1}{3}r^3\Big|_1^2\right) = 2\cdot\frac{7}{3} = \frac{14}{3}\,.$$

所以 $\overline{y} = \dfrac{2}{3\pi}\cdot\dfrac{14}{3} = \dfrac{28}{9\pi}$.

故所求均匀薄片的形心为 $\left(0, \dfrac{28}{9\pi}\right)$.

10.4.4 转动惯量

设有一平面薄片占有 xOy 坐标平面上的闭区域 D ，在点 (x,y) 处的密度为 $\rho(x,y)$ ，假定 $\rho(x,y)$ 在 D 上连续，则该薄片对 x 轴的转动惯量 I_x 和对 y 轴的转动惯量 I_y 分别为

$$I_x = \iint\limits_D y^2 \rho(x,y)\,\mathrm{d}\sigma\,,$$

$$I_y = \iint\limits_D x^2 \rho(x,y)\,\mathrm{d}\sigma\,.$$

例 6 求半径为 a 的均匀半圆薄片（面密度为常数 C ）对于其直径边的转动惯量.

解 取坐标系如图 10.29 所示，则薄片所占闭区域为

$$D = \left\{ (x,y) \big| x^2 + y^2 \leqslant a^2, y \geqslant 0 \right\}.$$

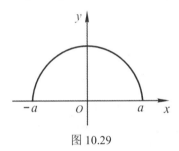

图 10.29

则所求转动惯量即半圆薄片对于 x 轴的转动惯量 I_x . 利用极坐标计算可得

$$I_x = \iint\limits_D Cy^2\,\mathrm{d}\sigma = C\iint\limits_D \rho^3 \sin^2\theta\,\mathrm{d}\rho\mathrm{d}\theta = C\int_0^\pi \sin^2\theta\mathrm{d}\theta \int_0^a \rho^3 \mathrm{d}\rho$$

$$= \frac{Ca^4}{4} \int_0^\pi \sin^2\theta\mathrm{d}\theta = \frac{C\pi a^4}{8}.$$

类似地，占有空间区域 Ω ，在点 (x,y,z) 处的密度为 $\rho(x,y,z)$ （ $\rho(x,y,z)$ 在 Ω 上连续）的物体对于 x,y,z 轴的转动惯量为

$$I_x = \iiint\limits_\Omega (y^2 + z^2)\rho(x,y,z)\,\mathrm{d}v\,,$$

$$I_y = \iiint\limits_\Omega (x^2 + z^2)\rho(x,y,z)\,\mathrm{d}v\,,$$

$$I_z = \iiint\limits_\Omega (x^2 + y^2)\rho(x,y,z)\,\mathrm{d}v\,.$$

习题 10.4

1. 求由 $z = x^2 + y^2$ 与 $z = 2 - x^2 - y^2$ 围成的立体体积.

2. 求由 $z = x^2 + y^2$，$x + y = 1$，$x = 0$，$y = 0$，$z = 0$ 围成的立体体积.

3. 求由 $z = 6 - x - y$，$x = 2$，$y = 3$，$x = 0$，$y = 0$，$z = 0$ 围成的立体体积.

4. 求球面 $x^2 + y^2 + z^2 = a^2$ 含在圆柱面 $x^2 + y^2 = ax$ 内部的那部分面积.

5. 已知均匀平面薄片在平面直角坐标系中所占区域为 D，D 由抛物线 $y = x^2$ 及直线 $y = x$ 所围成，它在点 (x, y) 处的面密度 $\rho(x, y) = xy^2$，求此平面薄片的质心.

6. 设均匀薄片（面密度为常数 1）所占闭区域 D 由抛物线 $y^2 = \dfrac{9}{2} x$ 和直线 $x = 2$ 所围成，求 I_x 和 I_y.

本章小结

1. 二重积分的概念和性质

（1）与定积分的定义一样，在二重积分的定义中，我们也应当着重理解和式 $\sum_{i=1}^{n} f(\xi_i, \eta_i) \Delta \sigma_i$ 的极限与积分区域 D 的分法及每个小区域 $\Delta \sigma_i$ 上点 (ξ_i, η_i) 的取法无关. 也就是说积分值仅依赖于被积函数和积分区域.

（2）在二重积分的定义中，让各个小区域的最大直径趋于 0 是为了保证分法是在整个区域 D 上无限加细的.

（3）二重积分的六条性质基本上与定积分类似. 主要用于估计和计算二重积分的值. 这六条性质都可用二重积分的定义进行证明.

2. 二重积分的计算

二重积分一般都是化为二次积分来计算，即累次积分法. 利用这种方法计算二重积分时，一般分以下几个步骤：

（1）首先画出积分区域 D 的草图.

（2）依据积分区域和被积函数的特点选择适当的坐标系. 一般当积分区域为矩形、三角形或任意区域时，选择直角坐标系；而当积分区域为圆形、扇形或圆环形时，选择极坐标系.

（3）若选择直角坐标系，应注意根据积分区域的特点选择适当的积分次序. 一般选择的标准是不用分割积分区域 D.

（4）求出积分区域边界线上交点的坐标以确定累次积分限. 最后利用计算定积分的方法对累次积分进行计算.

复习题 10

1. 估计下列积分值.

$I = \iint\limits_{D}(x+y+10)\mathrm{d}x\mathrm{d}y$，其中 D 为闭圆域：$x^2+y^2 \leqslant 4$.

2. 比较下列两个积分值的大小.

$I_1 = \iint\limits_{D}(xy)\mathrm{d}x\mathrm{d}y$ 及 $I_2 = \iint\limits_{D}\sqrt{xy}\mathrm{d}x\mathrm{d}y$，其中 D 为矩形区域：$0 \leqslant x \leqslant 1$，$0 \leqslant y \leqslant 1$.

3. 用两种不同的积分顺序将下列二重积分化为累次积分.

$I = \iint\limits_{D}f(x,y)\mathrm{d}x\mathrm{d}y$，其中 D 为由点 $A(0,0)$，$B(1,0)$ 和 $C(1,1)$ 构成的三角形.

4. 交换下列积分的次序.

$$I = \int_1^2 \int_x^{2x} f(x,y)\mathrm{d}x\mathrm{d}y .$$

5. 计算下列二重积分.

（1）$\iint\limits_{D} x\sin y\mathrm{d}x\mathrm{d}y$，其中 D 为矩形区域：$1 \leqslant x \leqslant 2$，$0 \leqslant y \leqslant \dfrac{\pi}{2}$；

（2）$\iint\limits_{D} \mathrm{e}^{x+y}\mathrm{d}x\mathrm{d}y$，其中 D 为矩形区域：$0 \leqslant x \leqslant 1$，$0 \leqslant y \leqslant 1$；

（3）$\iint\limits_{D}(x^2+y)\mathrm{d}x\mathrm{d}y$，其中 D 是由 $y=x^2$ 和 $y^2=x$ 所围成的区域；

（4）$\iint\limits_{D}(1+2y)\mathrm{d}x\mathrm{d}y$，其中 D 是由 $x=y^2-1$ 和 $x=1-y$ 所围成的区域；

（5）$\iint\limits_{D}\mathrm{e}^{-(x^2+y^2)}\mathrm{d}x\mathrm{d}y$，其中 D 是圆域 $x^2+y^2 \leqslant 1$ 在第一象限的部分；

（6）$\iint\limits_{D}\sqrt{R^2-x^2-y^2}\mathrm{d}x\mathrm{d}y$，其中 D 是圆域：$x^2+y^2 \leqslant Rx$（R 为一大于 0 的常数）.

自测题 10

1. 填空题.

（1）设 $z=f(x,y)$ 在有界闭区域 D 上连续且 $f(x,y) \geqslant 0$，则以 D 为底，以曲面 $z=f(x,y)$ 为顶的曲顶柱体的体积 $V = $ ＿＿＿＿＿＿＿；

（2）设 D 是以原点为圆心，以 r 为半径的闭圆域，则 $\iint\limits_{D}\mathrm{d}x\mathrm{d}y$ ＿＿＿＿＿＿＿；

（3）设 D 是圆环域：$1 \leqslant x^2 + y^2 \leqslant 4$，则 $\iint\limits_{D} \mathrm{d}x\mathrm{d}y$ 在极坐标系下的累次积分 $=$ _____.

2．判断题.

（1）若 $z = f(x,y)$ 在有界闭区域 D 上连续，则 $f(x,y)$ 在 D 上一定可积；（　　　）

（2）若 $z = f(x,y)$ 在有界闭区域 D 上连续，则 $\iint\limits_{D} f(x,y)\mathrm{d}x\mathrm{d}y$ 表示以 D 为底，以曲面 $z = f(x,y)$ 为顶的曲顶柱体的体积；（　　　）

（3）若 $f(x,y)$ 和 $g(x,y)$ 在有界闭区域 D 上连续且满足 $f(x,y) \leqslant g(x,y)$，则

$$\iint\limits_{D} f(x,y)\mathrm{d}x\mathrm{d}y \leqslant \iint\limits_{D} g(x,y)\mathrm{d}x\mathrm{d}y \,.（　　　）$$

3．选择题.

（1）在极坐标系下，面积元素 $\mathrm{d}\sigma$ 是（　　　）.

    A．$\mathrm{d}\rho\mathrm{d}\theta$　　　　B．$\rho\mathrm{d}\rho\mathrm{d}\theta$　　　　C．$\theta\mathrm{d}\rho\mathrm{d}\theta$　　　　D．$\dfrac{1}{\rho}\mathrm{d}\rho\mathrm{d}\theta$

（2）$I_1 = \iint\limits_{D}(x+y)^2\mathrm{d}x\mathrm{d}y$ 和 $I_2 = \iint\limits_{D}(x+y)^3\mathrm{d}x\mathrm{d}y$ 之间的大小关系是（　　　），其中 D 是由 x 轴，y 轴及直线 $x+y=1$ 所围成的区域.

    A．$I_1 < I_2$　　　　　　　　　　B．$I_1 = I_2$

    C．$I_1 > I_2$　　　　　　　　　　D．$I_1 \leqslant I_2$

（3）若 $f(x,y)$ 在有界闭区域 D 上（　　　），则 $f(x,y)$ 在 D 上一定可积.

    A．有定义　　　　　　　　　　B．有界

    C．连续　　　　　　　　　　　D．存在两个偏导数 $f_x(x,y)$ 和 $f_y(x,y)$

4．计算.

（1）$\iint\limits_{D} \cos(x+y)\mathrm{d}x\mathrm{d}y$，其中 D 是由直线 $x=0$，$y=\pi$ 和 $y=x$ 所围成的区域；

（2）$\iint\limits_{D}(x^2+y^2)\mathrm{d}x\mathrm{d}y$，其中 D 是由直线 $x=y$，$y=x+a$，$y=a$ 和 $y=3a$（$a>0$）所围成的区域；

（3）$\iint\limits_{D} \arctan\dfrac{y}{x}\mathrm{d}x\mathrm{d}y$，其中 D 是由 $x^2+y^2=1$，$x^2+y^2=4$，$y=x$ 和 $y=0$ 所围成的区域位于第一象限的部分.

第 11 章　曲线积分与曲面积分

本章学习目标

- 理解两类曲线积分的概念，掌握曲线积分的性质
- 熟练掌握两类曲线积分的计算
- 熟练掌握格林公式，灵活运用平面上曲线积分与路径无关的条件
- 理解两类曲面积分的概念，掌握曲面积分的性质
- 熟练掌握曲面积分的计算
- 掌握高斯公式及斯托克斯公式，能够运用这两个公式计算曲面积分及空间有向闭曲线上的曲线积分
- 能用曲线和曲面积分来表示、计算一些几何量、物理量

在第 10 章中，我们已经把积分的积分域从数轴上的一个区间推广到了平面或空间内的一个闭区域．本章将把积分的积分域推广到平面或空间中一段曲线或一片曲面的情形，相应的积分称为曲线积分与曲面积分．本章将介绍这两种积分的概念及其计算方法，以及沟通上述几类积分内在联系的几个重要公式：格林公式、高斯公式和斯托克斯公式．

11.1　对弧长的曲线积分

11.1.1　对弧长的曲线积分的概念与性质

可以通过计算曲线形构件的质量来学习弧长的曲线积分。设有一曲线形构件所占的位置是 xOy 面内的一段曲线 L（如图 11.1 所示），它的质量分布不均匀，其线密度为 $\mu(x, y)$，试求该构件的质量 m．

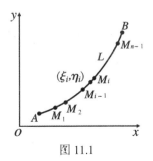

图 11.1

　　如果构件的线密度为常量，那么该构件的质量就等于它的线密度与构件长度的乘积.

　　本例中，构件上各点处的线密度是变量 $\mu(x,y)$，因为线形构件的质量对线段是可加的，所以可以采用微元法来解决.

　　（1）分割. 用 L 上的点将曲线弧段 L 任意分成 n 个小弧段，其分点依次为 $A=M_0,M_1,\cdots,M_{n-1},M_n=B$，取其中一小段构件 $\overset{\frown}{M_{i-1}M_i}$（其长度记为 Δs_i）来分析，在线密度连续变化的前提下，当这小段很短时，其上的线密度可以近似看成是不变的常数，它近似等于该小段上任一点 (ξ_i,η_i) 处的线密度 $\mu(\xi_i,\eta_i)$，于是，该小段的质量 Δm_i 可近似表示为

$$\Delta m_i \approx \mu(\xi_i,\eta_i)\cdot\Delta s_i\,(i=1,2,\cdots,n)\,;$$

　　（2）求和. 该曲线形构件质量 m 的近似值为

$$m \approx \sum_{i=1}^{n}\mu(\xi_i,\eta_i)\cdot\Delta s_i\,;$$

　　（3）取极限. 该构件的质量 m 的精确值为

$$m = \lim_{\lambda\to 0}\sum_{i=1}^{n}\mu(\xi_i,\eta_i)\cdot\Delta s_i\,，\quad 其中\ \lambda=\max\{\Delta s_1,\Delta s_2,\cdots,\Delta s_n\}\,.$$

　　上式中的和式的极限称为函数 $\mu(x,y)$ 在曲线 L 上对弧长的曲线积分（第一类曲线积分）. 下面给出其一般的定义.

　　定义　设 L 为 xOy 面内的一条光滑曲线弧，函数 $f(x,y)$ 在 L 上有界. 用 L 上的点将曲线弧段 L 任意分成 n 个小弧段，其分点依次记为 $A=M_0,M_1,\cdots,M_{n-1},M_n=B$，设第 i 个小段的长度为 Δs_i，又 (ξ_i,η_i) 为第 i 个小段上任意取定的一点，作乘积 $f(\xi_i,\eta_i)\Delta s_i(i=1,2,\cdots,n)$，并作和

$$\sum_{i=1}^{n}f(\xi_i,\eta_i)\Delta s_i\,, \tag{11.1.1}$$

再记 $\lambda=\max\{\Delta s_1,\Delta s_2,\cdots,\Delta s_n\}$，如果当 $\lambda\to 0$ 时，和式（11.1.1）的极限总存在，且与曲线弧 L 的分法及点 (ξ_i,η_i) 的取法无关，那么称此极限值为函数 $f(x,y)$ 在曲线弧 L 上对弧长的曲线积分或第一类曲线积分，记作 $\int_L f(x,y)\mathrm{d}s$，即

$$\int_L f(x,y)\mathrm{d}s = \lim_{\lambda\to 0}\sum_{i=1}^{n}f(\xi_i,\eta_i)\Delta s_i\,, \tag{11.1.2}$$

其中 $f(x,y)$ 叫作被积函数，L 叫作积分弧段.

　　根据定义，若 $f(x,y)\equiv 1$，显然有

$$\int_L 1\cdot\mathrm{d}s \overset{记为}{=\!=\!=} \int_L \mathrm{d}s = s \quad （L\ 代表弧长）.$$

式（11.1.2）中的和式的极限存在的一个充分条件是函数 $f(x,y)$ 在曲线 L 上连续（证

明略），因此，以后我们总假定函数 $f(x,y)$ 在曲线 L 上是连续的. 在此条件下，对弧长的曲线积分总是存在的.

根据上述定义，曲线形构件的质量可表示为

$$m = \int_L \mu(x,y)\mathrm{d}s\,.$$

如果 L 是闭曲线，则函数 $f(x,y)$ 在闭曲线 L 上对弧长的曲线积分记为

$$\oint_L f(x,y)\mathrm{d}s\,.$$

上述定义可类似地推广到积分弧段为空间曲线弧 $\varGamma$ 的情形，即函数 $f(x,y,z)$ 在空间曲线弧 $\varGamma$ 上对弧长的曲线积分为

$$\int_\varGamma f(x,y,z)\mathrm{d}s = \lim_{\lambda \to 0}\sum_{i=1}^{n} f(\xi_i,\eta_i,\zeta_i)\Delta s_i\,. \tag{11.1.3}$$

对弧长的曲线积分也有与定积分类似的性质，下面仅列出常用的几条性质.

性质 1（线性性质） 设 α,β 为常数，则

$$\int_L [\alpha f(x,y) + \beta g(x,y)]\mathrm{d}s = \alpha\int_L f(x,y)\mathrm{d}s + \beta\int_L g(x,y)\mathrm{d}s\,.$$

性质 2（积分弧段可加性） 设 L 由 L_1 和 L_2 两段光滑曲线组成（记为 $L = L_1 + L_2$），则

$$\int_{L_1+L_2} f(x,y)\mathrm{d}s = \int_{L_1} f(x,y)\mathrm{d}s + \int_{L_2} f(x,y)\mathrm{d}s\,.$$

注：若曲线 L 可分成有限段，而每一段都是光滑的，我们就称 L 是分段光滑的，在以后的讨论中总假定 L 是光滑的或分段光滑的.

性质 3（保号性质） 设在 L 上有 $f(x,y) \leqslant g(x,y)$，则

$$\int_L f(x,y)\mathrm{d}s \leqslant \int_L g(x,y)\mathrm{d}s\,.$$

特别地，有（绝对值性质）

$$\left| \int_L f(x,y)\mathrm{d}s \right| \leqslant \int_L |f(x,y)|\mathrm{d}s\,.$$

性质 4（中值定理） 设函数 $f(x,y)$ 在光滑曲线 L 上连续，则在 L 上必存在一点 (ξ,η)，使

$$\int_L f(x,y)\mathrm{d}s = f(\xi,\eta)\cdot s\,,$$

其中 s 是曲线 L 的长度.

11.1.2 对弧长的曲线积分的计算法

设曲线 L 的参数方程为

$$\begin{cases} x = \varphi(t), \\ y = \psi(t), \end{cases} \quad (\alpha \leqslant t \leqslant \beta),$$

其中 $\varphi(t),\psi(t)$ 在 $[\alpha,\beta]$ 上具有一阶连续导数，且 $\sqrt{\varphi'^2(t) + \psi'^2(t)} \neq 0$，又设函数

$f(x,y)$ 在曲线弧 L 上有定义且连续，则曲线积分 $\int_L f(x,y)\mathrm{d}s$ 存在，且

$$\int_L f(x,y)\mathrm{d}s = \int_\alpha^\beta f[\varphi(t),\psi(t)]\sqrt{\varphi'^2(t)+\psi'^2(t)}\,\mathrm{d}t \quad (\alpha<\beta), \qquad (11.1.4)$$

其中 $\mathrm{d}s = \sqrt{\varphi'^2(t)+\psi'^2(t)}\,\mathrm{d}t$ 为曲线弧 L 的弧微分.

公式（11.1.4）需要注意两点：一是被积函数 $f(x,y)$ 是定义在曲线 L 上的，所以要把曲线 L 的参数方程代入被积函数中；二是弧微分 $\mathrm{d}s>0$，所以把对弧长的曲线积分化为定积分计算时，上限必须大于下限，这里的 α（或 β）可能是点 A（或 B）对应的参数，也可能是点 B（或 A）对应的参数.

如果曲线弧 L 的方程为 $y=\psi(x)$，$a\leqslant x\leqslant b$，则

$$\int_L f(x,y)\mathrm{d}s = \int_a^b f[x,\psi(x)]\sqrt{1+\psi'^2(x)}\,\mathrm{d}x \quad (a<b). \qquad (11.1.5)$$

注：此时把 L 的方程也看做是参数方程，即 $\begin{cases} x=x, \\ y=\psi(x), \end{cases}$ $(a\leqslant x\leqslant b)$.

如果曲线弧 L 的方程为 $x=\varphi(y)$，$c\leqslant y\leqslant d$，则

$$\int_L f(x,y)\mathrm{d}s = \int_c^d f[\varphi(y),\ y]\sqrt{1+\varphi'^2(y)}\,\mathrm{d}y \quad (c<d). \qquad (11.1.6)$$

如果曲线弧 L 的方程为 $r=r(\theta)$，$\alpha\leqslant\theta\leqslant\beta$，则

$$\int_L f(x,y)\mathrm{d}s = \int_\alpha^\beta f(r\cos\theta,r\sin\theta)\sqrt{r^2(\theta)+r'^2(\theta)}\,\mathrm{d}\theta \quad (\alpha<\beta). \qquad (11.1.7)$$

公式（11.1.4）可推广到空间曲线 Γ 的情形，设 Γ 的参数方程为

$$\begin{cases} x=\varphi(t), \\ y=\psi(t), \quad (\alpha\leqslant t\leqslant\beta), \\ z=\omega(t), \end{cases}$$

则

$$\int_\Gamma f(x,y,z)\mathrm{d}s = \int_\alpha^\beta f[\varphi(t),\psi(t),\omega(t)]\sqrt{\varphi'^2(t)+\psi'^2(t)+\omega'^2(t)}\,\mathrm{d}t \quad (\alpha<\beta). \quad (11.1.8)$$

如果空间曲线 Γ 的方程以一般式方程给出，则可以将其化为参数方程来计算.

例 1 计算 $\int_L \sqrt{y}\,\mathrm{d}s$，其中 L 是抛物线 $y=x^2$ 上点 $O(0,0)$ 与点 $B(1,1)$ 之间的一段弧（如图 11.2 所示）.

解 将 L 看作以 x 为参数的参数方程

$$\begin{cases} x=x, \\ y=x^2, \end{cases} \quad (0\leqslant x\leqslant 1),$$

那么由公式（11.1.5）有

$$\int_L \sqrt{y}\,\mathrm{d}s = \int_0^1 \sqrt{x^2}\sqrt{1+(x^2)'^2}\,\mathrm{d}x = \int_0^1 x\sqrt{1+4x^2}\,\mathrm{d}x$$

$$= \left[\frac{1}{12}(1+4x^2)^{\frac{3}{2}}\right]\Bigg|_0^1 = \frac{1}{12}(5\sqrt{5}-1).$$

例2 计算曲线积分 $\displaystyle\int_L (x^2+y^2)\,\mathrm{d}s$，其中 L 是圆心在 $(R,0)$、半径为 R 的上半圆周（如图 11.3 所示）.

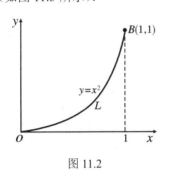

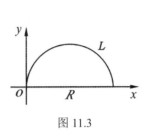

图 11.2   图 11.3

解 因为上半圆周的参数方程为
$$x = R(1+\cos t),\quad y = R\sin t \quad (0\leqslant t\leqslant\pi),$$
所以，由式（11.1.4）得
$$\int_L (x^2+y^2)\,\mathrm{d}s = \int_0^\pi [R^2(1+\cos t)^2 + R^2\sin^2 t]\sqrt{(-R\sin t)^2 + (R\cos t)^2}\,\mathrm{d}t$$
$$= 2R^3\int_0^\pi (1+\cos t)\,\mathrm{d}t = 2R^3[t+\sin t]\big|_0^\pi = 2\pi R^3.$$

例3 计算半径为 R，中心角为 2α 的圆弧 L 关于它的对称轴的转动惯量 I（设线密度 $\mu=1$）.

解 取坐标系如图 11.4 所示，则
$$I = \int_L y^2\,\mathrm{d}s.$$

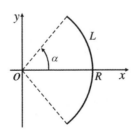

图 11.4

由于 L 的参数方程为
$$x = R\cos\theta,\quad y = R\sin\theta \quad (-\alpha\leqslant\theta\leqslant\alpha),$$
所以

$$I = \int_L y^2 \, \mathrm{d}s = \int_{-\alpha}^{\alpha} R^2 \sin^2\theta \sqrt{(-R\sin\theta)^2 + (R\cos\theta)^2} \, \mathrm{d}\theta$$

$$= R^3 \int_{-\alpha}^{\alpha} \sin^2\theta \, \mathrm{d}\theta = \frac{1}{2} R^3 \left[\theta - \frac{\sin 2\theta}{2} \right]_{-\alpha}^{\alpha}$$

$$= \frac{1}{2} R^3 (2\alpha - \sin 2\alpha) = R^3 (\alpha - \sin\alpha\cos\alpha).$$

例 4 计算曲线积分 $\int_{\Gamma} (x^2 + y^2 + z^2) \mathrm{d}s$，其中 Γ 为螺旋线 $x = a\cos t$，$y = a\sin t$，$z = kt$ 上相应于 t 从 0 到 2π 的一段弧.

解 $\int_{\Gamma} (x^2 + y^2 + z^2) \mathrm{d}s$

$$= \int_0^{2\pi} \left[(a\cos t)^2 + (a\sin t)^2 + (kt)^2 \right] \sqrt{(-a\sin t)^2 + (a\cos t)^2 + k^2} \, \mathrm{d}t$$

$$= \int_0^{2\pi} (a^2 + k^2 t^2) \sqrt{a^2 + k^2} \, \mathrm{d}t = \sqrt{a^2 + k^2} \left[a^2 t + \frac{k^2}{3} t^3 \right]_0^{2\pi}$$

$$= \frac{2}{3} \pi \sqrt{a^2 + k^2} (3a^2 + 4\pi^2 k^2).$$

习题 11.1

计算下列对弧长的曲线积分.

（1）$\oint_L (x^2 + y^2)^n \mathrm{d}s$，其中 L 为圆周 $x = a\cos t$，$y = a\sin t \, (0 \le t \le 2\pi)$；

（2）$\int_L (x + y) \mathrm{d}s$，其中 L 为连接 $(1,0)$ 及 $(0,1)$ 两点的直线段；

（3）$\oint_L x \mathrm{d}s$，其中 L 为由直线 $y = x$ 及抛物线 $y = x^2$ 所围成的区域的整个边界；

（4）$\oint_L \mathrm{e}^{\sqrt{x^2+y^2}} \mathrm{d}s$，其中 L 为圆周 $x^2 + y^2 = a^2$，直线 $y = x$ 及 x 轴在第一象限内所围成的扇形的整个边界；

（5）$\int_{\Gamma} \frac{1}{x^2 + y^2 + z^2} \mathrm{d}s$，其中 Γ 为曲线 $x = \mathrm{e}^t \cos t$，$y = \mathrm{e}^t \sin t$，$z = \mathrm{e}^t$ 上相应于 t 从 0 变到 2 的一段弧；

（6）$\int_{\Gamma} x^2 yz \mathrm{d}s$，其中 Γ 为折线 $ABCD$，这里 A，B，C，D 依次为点 $(0,0,0)$，$(0,0,2)$，$(1,0,2)$，$(1,3,2)$；

（7）$\int_L y^2 \mathrm{d}s$，其中 L 为摆线的一拱 $x = a(t - \sin t)$，$y = a(1 - \cos t) \, (0 \le t \le 2\pi)$；

（8）$\int_L (x^2 + y^2) \mathrm{d}s$，其中 L 为曲线 $x = a(\cos t + t\sin t)$，$y = a(\sin t - t\cos t) \, (0 \le t \le 2\pi)$.

11.2 对坐标的曲线积分

11.2.1 对坐标的曲线积分的概念与性质

变力沿曲线所作的功 设有一质点在 xOy 面内从点 A 沿光滑曲线弧 L 移动到点 B，在移动过程中，该质点受到力

$$\boldsymbol{F}(x,y) = P(x,y)\boldsymbol{i} + Q(x,y)\boldsymbol{j}$$

的作用，其中 $P(x,y), Q(x,y)$ 在 L 上连续. 试计算在上述移动过程中变力 $\boldsymbol{F}(x,y)$ 所作的功 W （如图 11.5 所示）.

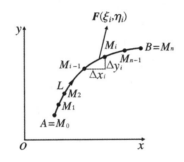

图 11.5

如果质点是受到常力 $\boldsymbol{F}$ 的作用，且质点从点 A 沿直线移动到点 B，则常力 $\boldsymbol{F}$ 所作的功

$$W = \boldsymbol{F} \cdot \overrightarrow{AB}.$$

在本例中，质点受到变力 $\boldsymbol{F}(x,y)$ 的作用，且质点从点 A 沿曲线弧 L 移动到点 B，功不能按上面公式计算，我们还是用微元法来解决.

（1）分割. 用 L 上的点把有向曲线弧 L 任意分成 n 个小段，其分点依次记为

$$A = M_0, \ M_1, \cdots, M_{n-1}, M_n = B,$$

小弧段 $\widehat{M_{i-1}M_i}$ 上的功记为 ΔW_i（$i = 1, 2, \cdots, n$）；

（2）近似. 由于 $\widehat{M_{i-1}M_i}$ 光滑而且很短，可以用有向线段

$$\overrightarrow{M_{i-1}M_i} = \Delta x_i \boldsymbol{i} + \Delta y_i \boldsymbol{j}$$

来近似代替，其中 $\Delta x_i = x_i - x_{i-1}$，$\Delta y = y_i - y_{i-1}$，又由于函数 $P(x,y), Q(x,y)$ 在 L 上连续，可以用 $\widehat{M_{i-1}M_i}$ 上任意一点 (ξ_i, η_i) 处的力

$$\boldsymbol{F}(\xi_i, \eta_i) = P(\xi_i, \eta_i)\boldsymbol{i} + Q(\xi_i, \eta_i)\boldsymbol{j}$$

来近似代替这小弧段上各点处的力. 这样，变力 $\boldsymbol{F}(x,y)$ 沿有向小弧段 $\widehat{M_{i-1}M_i}$ 所作的功 ΔW_i 可以近似等于常力 $\boldsymbol{F}(\xi_i, \eta_i)$ 沿 $\overrightarrow{M_{i-1}M_i}$ 所作的功

$$\Delta W_i \approx \boldsymbol{F}(\xi_i, \eta_i) \cdot \overrightarrow{M_{i-1}M_i},$$

即

$$\Delta W_i \approx P(\xi_i, \eta_i)\Delta x_i + Q(\xi_i, \eta_i)\Delta y_i;$$

（3）求和. $W = \sum_{i=1}^{n} \Delta W_i \approx \sum_{i=1}^{n} [P(\xi_i, \eta_i)\Delta x_i + Q(\xi_i, \eta_i)\Delta y_i]$；

（4）取极限. 用 λ 表示 n 个小弧段的最大长度，令 $\lambda \to 0$ 取上述和式的极限，此极限值为变力 $\boldsymbol{F}$ 沿有向曲线弧所作功的精确值，即

$$W = \lim_{\lambda \to 0} \sum_{i=1}^{n} [P(\xi_i, \eta_i)\Delta x_i + Q(\xi_i, \eta_i)\Delta y_i].$$

这种和式的极限在研究其他问题时也会遇到. 下面给出其一般定义.

定义 设 L 为 xOy 面内从点 A 到点 B 的一条有向光滑曲线弧，函数 $P(x, y)$，$Q(x, y)$ 在 L 上有界，在 L 上沿 L 的方向任意插入一点列 $M_1(x_1, y_1), M_2(x_2, y_2), \cdots$，$M_{n-1}(x_{n-1}, y_{n-1})$，将 L 分成 n 个有向小弧段

$$\widehat{M_{i-1}M_i}\ (i = 1, 2, \cdots, n;\ M_0 = A,\ M_n = B).$$

设 $\Delta x_i = x_i - x_{i-1}$，$\Delta y_i = y_i - y_{i-1}$，点 (ξ_i, η_i) 为 $\widehat{M_{i-1}M_i}$ 上任意取定的一点，作乘积 $P(\xi_i, \eta_i)\Delta x_i\ (i = 1, 2, \cdots, n)$，并作和 $\sum_{i=1}^{n} P(\xi_i, \eta_i)\Delta x_i$，如果当各小弧段长度的最大值 $\lambda \to 0$ 时，这个和式的极限总存在，且与曲线弧 L 的分法及点 (ξ_i, η_i) 的取法无关，那么称此极限值为函数 $P(x, y)$ 在有向曲线弧 L 上对坐标 x 的曲线积分，记作 $\int_L P(x, y)\mathrm{d}x$；类似地，如果 $\lim_{\lambda \to 0} \sum_{i=1}^{n} Q(\xi_i, \eta_i)\Delta y_i$ 总存在，且与曲线弧 L 的分法及点 (ξ_i, η_i) 的取法无关，那么称此极限值为函数 $Q(x, y)$ 在有向曲线弧 L 上对坐标 y 的曲线积分，记作 $\int_L Q(x, y)\mathrm{d}y$，即

$$\int_L P(x, y)\mathrm{d}x = \lim_{\lambda \to 0} \sum_{i=1}^{n} P(\xi_i, \eta_i)\Delta x_i,$$

$$\int_L Q(x, y)\mathrm{d}y = \lim_{\lambda \to 0} \sum_{i=1}^{n} Q(\xi_i, \eta_i)\Delta y_i,$$

其中 $P(x, y), Q(x, y)$ 叫作被积函数，L 叫作积分弧段.

以上两个积分也称为第二类曲线积分.

可以证明当 $P(x, y), Q(x, y)$ 在有向光滑曲线弧 L 上连续时，第二类曲线积分存在（证明略）. 因此，在以后的讨论中，我们总假定 $P(x, y), Q(x, y)$ 在 L 上是连续的.

上述定义可以类似地推广到积分弧段为空间有向曲线弧 Γ 的情形：

$$\int_{\Gamma} P(x,y,z)\mathrm{d}x = \lim_{\lambda \to 0} \sum_{i=1}^{n} P(\xi_i, \eta_i, \zeta_i)\Delta x_i ,$$

$$\int_{\Gamma} Q(x,y,z)\mathrm{d}y = \lim_{\lambda \to 0} \sum_{i=1}^{n} Q(\xi_i, \eta_i, \zeta_i)\Delta y_i ,$$

$$\int_{\Gamma} R(x,y,z)\mathrm{d}z = \lim_{\lambda \to 0} \sum_{i=1}^{n} R(\xi_i, \eta_i, \zeta_i)\Delta z_i .$$

平面上的第二类曲线积分在实际应用中常出现的形式是

$$\int_{L} P(x,y)\mathrm{d}x + \int_{L} Q(x,y)\mathrm{d}y = \int_{L} P(x,y)\mathrm{d}x + Q(x,y)\mathrm{d}y ,$$

也可以写成向量形式

$$\int_{L} \boldsymbol{F}(x,y) \cdot \mathrm{d}\boldsymbol{r} ,$$

其中 $\boldsymbol{F}(x,y) = P(x,y)\boldsymbol{i} + Q(x,y)\boldsymbol{j}$ 为向量值函数，$\mathrm{d}\boldsymbol{r} = \mathrm{d}x\boldsymbol{i} + \mathrm{d}y\boldsymbol{j}$．

前面讨论的变力 $\boldsymbol{F}$ 所作的功可以表达成

$$W = \int_{L} P(x,y)\mathrm{d}x + Q(x,y)\mathrm{d}y ,$$

或

$$W = \int_{L} \boldsymbol{F}(x,y) \cdot \mathrm{d}\boldsymbol{r} .$$

类似地，将

$$\int_{\Gamma} P(x,y,z)\mathrm{d}x + \int_{\Gamma} Q(x,y,z)\mathrm{d}y + \int_{\Gamma} R(x,y,z)\mathrm{d}z$$

简写成

$$\int_{\Gamma} P(x,y,z)\mathrm{d}x + Q(x,y,z)\mathrm{d}y + R(x,y,z)\mathrm{d}z ,$$

或

$$\int_{\Gamma} \boldsymbol{A}(x,y,z) \cdot \mathrm{d}\boldsymbol{r} ,$$

其中 $\boldsymbol{A}(x,y,z) = P(x,y,z)\boldsymbol{i} + Q(x,y,z)\boldsymbol{j} + R(x,y,z)\boldsymbol{k}$，$\mathrm{d}\boldsymbol{r} = \mathrm{d}x\boldsymbol{i} + \mathrm{d}y\boldsymbol{j} + \mathrm{d}z\boldsymbol{k}$．

如果 L（或 Γ）是分段光滑的，我们规定函数在有向曲线弧 L（或 Γ）上对坐标的曲线积分等于在光滑的各段上对坐标的曲线积分之和．

根据上述第二类曲线积分的定义，可以推出第二类曲线积分类似于定积分的一些性质，下面仅列出三条常用的性质．

性质 1（线性性质） 设 α, β 为常数，则

$$\int_{L} \alpha P\mathrm{d}x + \beta Q\mathrm{d}y = \alpha \int_{L} P\mathrm{d}x + \beta \int_{L} Q\mathrm{d}y .$$

性质 2（积分弧段可加性） 设有向曲线 L 由 L_1 和 L_2 两段光滑有向曲线弧组成（记为 $L = L_1 + L_2$），则

$$\int_{L} P\mathrm{d}x + Q\mathrm{d}y = \int_{L_1} P\mathrm{d}x + Q\mathrm{d}y + \int_{L_2} P\mathrm{d}x + Q\mathrm{d}y .$$

性质 3（积分弧段有向性） 设 L 是有向光滑曲线弧，L^- 是与 L 方向相反的有向曲线弧，则

$$\int_{L^-} P \, \mathrm{d}x + Q \, \mathrm{d}y = -\int_L P \, \mathrm{d}x + Q \, \mathrm{d}y .$$

即对坐标的曲线积分与积分弧的方向有关，此性质也是对坐标曲线积分所特有的，对弧长的曲线积分不具有这一性质，而对弧长的曲线积分所具有的性质 3，对坐标的曲线积分也不具有类似的性质．

11.2.2 对坐标的曲线积分的计算法

设有向曲线弧 L 的参数方程为

$$\begin{cases} x = \varphi(t), \\ y = \psi(t), \end{cases}$$

其中 $\varphi(t), \psi(t)$ 在以 α 及 β 为端点的闭区间上具有一阶连续导数，当参数 t 单调地由 α 变到 β 时，点 $M(x, y)$ 从 L 的起点 A 沿 L 移动到终点 B．如果 $P(x, y), Q(x, y)$ 在有向曲线弧 $L = \widehat{AB}$ 上有定义且连续，则

$$\int_L P(x, y) \, \mathrm{d}x + Q(x, y) \, \mathrm{d}y = \int_\alpha^\beta \{ P[\varphi(t), \psi(t)] \varphi'(t) + Q[\varphi(t), \psi(t)] \psi'(t) \} \, \mathrm{d}t . \quad （11.2.1）$$

如果曲线 L 的方程为 $y = \psi(x)$，起点为 a，终点为 b，则

$$\int_L P \, \mathrm{d}x + Q \, \mathrm{d}y = \int_a^b \{ P[x, \psi(x)] + Q[x, \psi(x)] \psi'(x) \} \, \mathrm{d}x .$$

如果曲线 L 的方程为 $x = \varphi(y)$，起点为 c，终点为 d，则

$$\int_L P \, \mathrm{d}x + Q \, \mathrm{d}y = \int_c^d \{ P[\varphi(y), y] \varphi'(y) + Q[\varphi(y), y] \} \, \mathrm{d}y .$$

公式（11.2.1）可推广到空间曲线 $\varGamma$ 由参数方程

$$\begin{cases} x = \varphi(t), \\ y = \psi(t), \\ z = \omega(t) \end{cases}$$

给出的情形，此时有

$$\int_\varGamma P \, \mathrm{d}x + Q \, \mathrm{d}y + R \, \mathrm{d}z = \int_\alpha^\beta \{ P[\varphi(t), \psi(t), \omega(t)] \varphi'(t)$$
$$+ Q[\varphi(t), \psi(t), \omega(t)] \psi'(t) + R[\varphi(t), \psi(t), \omega(t)] \omega'(t) \} \, \mathrm{d}t ,$$

其中下限 α 对应 $\varGamma$ 的起点，上限 β 对应 $\varGamma$ 的终点．

例 1 计算 $\int_L xy \, \mathrm{d}x$，其中 L 为抛物线 $y^2 = x$ 上从点 $A(1, -1)$ 到点 $B(1, 1)$ 的一段弧（如图 11.6 所示）．

解法一 将所给积分化为对坐标 x 的定积分来计算，由于 $y = \pm\sqrt{x}$ 不是单值函数，所以要将 L 分为 $\widehat{AO}$ 和 $\widehat{OB}$ 两部分．在 $\widehat{AO}$ 上，$y = -\sqrt{x}$，x 从 1 变到 0；在 $\widehat{OB}$

上，$y = \sqrt{x}$ ，x 从 0 变到 1，所以

$$\int_L xy\,\mathrm{d}x = \int_{\widehat{AO}} xy\,\mathrm{d}x + \int_{\widehat{OB}} xy\,\mathrm{d}x$$

$$= \int_1^0 x\left(-\sqrt{x}\right)\mathrm{d}x + \int_0^1 x\sqrt{x}\,\mathrm{d}x$$

$$= 2\int_0^1 x^{\frac{3}{2}}\,\mathrm{d}x = \frac{4}{5}.$$

解法二 将所给积分化为对坐标 y 的定积分来计算，由于 $x = y^2$ ，y 从 -1 变到 1，所以

$$\int_L xy\,\mathrm{d}x = \int_{-1}^1 y^2 y(y^2)'\,\mathrm{d}y = 2\int_{-1}^1 y^4\,\mathrm{d}y = \frac{2}{5}y^5\Big|_{-1}^1 = \frac{4}{5}.$$

例2 计算 $\int_L y^2\,\mathrm{d}x$ ，其中 L 为（如图 11.7 所示）：

（1）半径为 a ，圆心为原点，按逆时针方向绕行的上半圆周；

（2）从点 $A(a,0)$ 沿 x 轴到点 $B(-a,0)$.

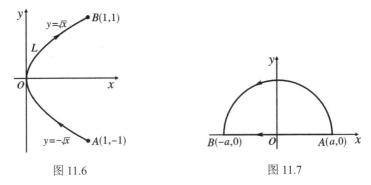

图 11.6

图 11.7

解 （1）L 的参数方程为

$$x = a\cos\theta,\ y = a\sin\theta ,$$

其中参数 θ 从 0 变到 π ，所以

$$\int_L y^2\,\mathrm{d}x = \int_0^\pi a^2\sin^2\theta(-a\sin\theta)\mathrm{d}\theta = a^3\int_0^\pi (1-\cos^2\theta)\mathrm{d}\cos\theta$$

$$= a^3\left(\cos\theta - \frac{1}{3}\cos^3\theta\right)\Big|_0^\pi = -\frac{4}{3}a^3 ;$$

（2）L 的方程为 $y = 0$ ，x 从 a 变到 $-a$ ，所以

$$\int_L y^2\,\mathrm{d}x = \int_a^{-a} 0\,\mathrm{d}x = 0 .$$

本例说明，尽管两个曲线积分的被积函数相同，起点和终点也相同，但沿不同路径的积分值并不一定相等.

例3 计算 $\int_L 2xy\,\mathrm{d}x + x^2\,\mathrm{d}y$，其中 L 为（如图 11.8 所示）：

（1）抛物线 $y = x^2$ 上从 $O(0,0)$ 到 $B(1,1)$ 的一段弧；

（2）抛物线 $x = y^2$ 上从 $O(0,0)$ 到 $B(1,1)$ 的一段弧；

（3）有向折线 OAB，这里 O,A,B 依次为点 $(0,0),(1,0),(1,1)$.

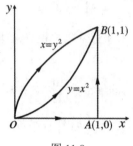

图 11.8

解 （1）化为对坐标 x 的定积分，$L:\ y = x^2$，x 从 0 变到 1，所以

$$\int_L 2xy\,\mathrm{d}x + x^2\,\mathrm{d}y = \int_0^1 (2x \cdot x^2 + x^2 \cdot 2x)\,\mathrm{d}x = 4\int_0^1 x^3\,\mathrm{d}x = 1;$$

（2）化为对坐标 y 的定积分，$L:\ x = y^2$，y 从 0 变到 1，所以

$$\int_L 2xy\,\mathrm{d}x + x^2\,\mathrm{d}y = \int_0^1 (2y^2 \cdot y \cdot 2y + y^4)\,\mathrm{d}y = 5\int_0^1 y^4\,\mathrm{d}y = 1;$$

（3）$\int_L 2xy\,\mathrm{d}x + x^2\,\mathrm{d}y = \int_{OA} 2xy\,\mathrm{d}x + x^2\,\mathrm{d}y + \int_{AB} 2xy\,\mathrm{d}x + x^2\,\mathrm{d}y$，在 OA 上，$y = 0$，x 从 0 变到 1，所以

$$\int_{OA} 2xy\,\mathrm{d}x + x^2\,\mathrm{d}y = \int_0^1 (2x \cdot 0 + x^2 \cdot 0)\,\mathrm{d}x = 0,$$

在 AB 上，$x = 1$，y 从 0 变到 1，所以

$$\int_{AB} 2xy\,\mathrm{d}x + x^2\,\mathrm{d}y = \int_0^1 (2y \cdot 0 + 1)\,\mathrm{d}y = 1,$$

从而

$$\int_L 2xy\,\mathrm{d}x + x^2\,\mathrm{d}y = 0 + 1 = 1.$$

本例说明，尽管沿不同的路径，曲线积分的值是可以相等的.

例4 计算 $\int_\Gamma x^3\,\mathrm{d}x + 3zy^2\,\mathrm{d}y - x^2y\,\mathrm{d}z$，其中 Γ 是从点 $A(3,2,1)$ 到点 $B(0,0,0)$ 的直线段 AB .

解 直线段 AB 的方程为

$$\frac{x}{3} = \frac{y}{2} = \frac{z}{1},$$

化为参数方程得

$$x = 3t, \quad y = 2t, \quad z = t, \quad t \text{ 从 } 1 \text{ 变到 } 0,$$

所以

$$\int_{\Gamma} x^3 \, dx + 3zy^2 \, dy - x^2 y \, dz$$

$$= \int_{1}^{0} [(3t)^3 \cdot 3 + 3t(2t)^2 \cdot 2 - (3t)^2 \cdot 2t] \, dt = 87 \int_{1}^{0} t^3 \, dt = -\frac{87}{4}.$$

例 5 求质点在力 $\boldsymbol{F} = x^2 \boldsymbol{i} - xy \boldsymbol{j}$ 的作用下沿曲线 L（如图 11.9 所示）：$x = \cos t, \ y = \sin t$ 从点 $A(1,0)$ 移动到点 $B(0,1)$ 时所作的功.

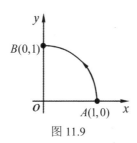

图 11.9

解 因为 L 的起点为 A，终点为 B，参数 t 从 0 变到 $\dfrac{\pi}{2}$，所以

$$W = \int_{L} x^2 \, dx - xy \, dy$$

$$= \int_{0}^{\frac{\pi}{2}} \cos^2 t \, d\cos t - \cos t \sin t \, d\sin t$$

$$= \int_{0}^{\frac{\pi}{2}} (-2\cos^2 t \sin t) \, dt = 2 \frac{\cos^3 t}{3} \Big|_{0}^{\frac{\pi}{2}} = -\frac{2}{3}.$$

11.2.3 两类曲线积分之间的联系

设有向曲线弧 L 的起点为 A，终点为 B，曲线弧 L 的参数方程为

$$\begin{cases} x = \varphi(t), \\ y = \psi(t), \end{cases}$$

L 的起点 A 与终点 B 分别对应参数 α 与 β. 不妨设 $\alpha < \beta$（若 $\alpha > \beta$，可令 $s = -t$，A，B 对应 $s = -\alpha$，$s = -\beta$，就有 $(-\alpha) < (-\beta)$，将下面的讨论针对参数 s 即可），并设函数 $\varphi(t)$ 与 $\psi(t)$ 在闭区间 $[\alpha, \beta]$ 上具有一阶连续导数，且 $\varphi'^2(t) + \psi'^2(t) \neq 0$，又函数 $P(x, y)$ 与 $Q(x, y)$ 在 L 上连续，那么，由对坐标的曲线积分计算公式（11.2.1）有

$$\int_{L} P(x, y) \, dx + Q(x, y) \, dy$$

$$= \int_{\alpha}^{\beta} \{P[\varphi(t), \psi(t)]\varphi'(t) + Q[\varphi(t), \psi(t)]\psi'(t)\} \, dt$$

又由于向量 $\boldsymbol{\tau} = \varphi'(t)\boldsymbol{i} + \psi'(t)\boldsymbol{j}$ 是曲线弧 L 在点 $M(\varphi(t),\psi(t))$ 处的一个切向量，它的指向与参数 t 的增长方向一致，当 $\alpha < \beta$ 时，这个指向就是有向曲线弧 L 的方向．以后，我们称这种指向与有向曲线弧的方向一致的切向量为有向曲线弧的切向量，于是，有向曲线弧 L 的切向量为

$$\boldsymbol{\tau} = \varphi'(t)\boldsymbol{i} + \psi'(t)\boldsymbol{j},$$

它的方向余弦为 $\cos\alpha = \dfrac{\varphi'(t)}{\sqrt{\varphi'^2(t)+\psi'^2(t)}}$，$\cos\beta = \dfrac{\psi'(t)}{\sqrt{\varphi'^2(t)+\psi'^2(t)}}$，由对弧长的曲线积分的计算公式可得

$$\int_L [P(x,y)\cos\alpha + Q(x,y)\cos\beta]\mathrm{d}s$$

$$= \int_\alpha^\beta \left\{ P[\varphi(t),\psi(t)]\frac{\varphi'(t)}{\sqrt{\varphi'^2(t)+\psi'^2(t)}} \right.$$

$$\left. + Q[\varphi(t),\psi(t)]\frac{\psi'(t)}{\sqrt{\varphi'^2(t)+\psi'^2(t)}} \right\} \sqrt{\varphi'^2(t)+\psi'^2(t)}\,\mathrm{d}t$$

$$= \int_\alpha^\beta \left\{ P[\varphi(t),\psi(t)]\varphi'(t) + Q[\varphi(t),\psi(t)]\psi'(t) \right\}\mathrm{d}t.$$

由此可见，平面曲线弧 L 的两类曲线积分之间有如下联系：

$$\int_L P\mathrm{d}x + Q\mathrm{d}y = \int_L (P\cos\alpha + Q\cos\beta)\mathrm{d}s,$$

其中 $\alpha(x,y)$ 与 $\beta(x,y)$ 为有向曲线弧 L 在点 (x,y) 处的切向量的方向角．

类似地，空间曲线弧 Γ 上的两类曲线积分之间有如下联系：

$$\int_\Gamma P\mathrm{d}x + Q\mathrm{d}y + R\mathrm{d}z = \int_\Gamma (P\cos\alpha + Q\cos\beta + R\cos\gamma)\mathrm{d}s.$$

其中 $\alpha(x,y,z)$，$\beta(x,y,z)$，$\gamma(x,y,z)$ 为有向曲线弧 Γ 在点 (x,y,z) 处切向量的方向角．

两类曲线积分之间的联系也可用向量的形式表达．例如，空间曲线弧 Γ 上的两类曲线积分之间的联系可写成如下形式：

$$\int_\Gamma \boldsymbol{A}\cdot\mathrm{d}\boldsymbol{r} = \int_\Gamma \boldsymbol{A}\cdot\boldsymbol{\tau}\,\mathrm{d}s$$

或

$$\int_\Gamma \boldsymbol{A}\cdot\mathrm{d}\boldsymbol{r} = \int_\Gamma A_\tau\,\mathrm{d}s,$$

其中 $\boldsymbol{A} = (P,Q,R)$，$\boldsymbol{\tau} = (\cos\alpha,\cos\beta,\cos\gamma)$ 为有向曲线弧 Γ 在点 (x,y,z) 处的单位切向量，$\mathrm{d}\boldsymbol{r} = \boldsymbol{\tau}\mathrm{d}s = (\mathrm{d}x,\mathrm{d}y,\mathrm{d}z)$，称为有向曲线元，$A_\tau$ 为向量 $\boldsymbol{A}$ 在向量 $\boldsymbol{\tau}$ 上的投影．

习题 11.2

1. 计算下列对坐标的曲线积分．

（1）$\int_L (x^2 - y^2)\mathrm{d}x$，其中 L 是抛物线 $y = x^2$ 上从点 $(0,0)$ 到点 $(2,4)$ 的一段弧；

（2）$\oint_L xy\mathrm{d}x$，其中 L 为圆周 $(x-a)^2 + y^2 = a^2 (a > 0)$ 及 x 轴所围成的在第一象限内的区域的整个边界（按逆时针方向绕行）；

（3）$\int_L y\mathrm{d}x + x\mathrm{d}y$，其中 L 为圆周 $x = R\cos t$，$y = R\sin t$ 上对应 t 从 0 变到 $\dfrac{\pi}{2}$ 的一段弧；

（4）$\oint_L \dfrac{(x+y)\mathrm{d}x - (x-y)\mathrm{d}y}{x^2 + y^2}$，其中 L 为圆周 $x^2 + y^2 = a^2$ （按逆时针方向绕行）；

（5）$\int_\Gamma x^2\mathrm{d}x + z\mathrm{d}y - y\mathrm{d}z$，其中 Γ 为曲线 $x = k\theta$，$y = a\cos\theta$，$z = a\sin\theta$ 上对应 θ 从 0 变到 π 的一段弧；

（6）$\int_\Gamma x\mathrm{d}x + y\mathrm{d}y + (x+y-1)\mathrm{d}z$，其中 Γ 是从点 $(1,1,1)$ 到点 $(2,3,4)$ 的一段直线；

（7）$\int_L (x^2 - 2xy)\mathrm{d}x + (y^2 - 2xy)\mathrm{d}y$，其中 L 是抛物线 $y = x^2$ 上从点 $(-1,1)$ 到点 $(1,1)$ 的一段弧.

2．计算 $\int_L (x+y)\mathrm{d}x + (y-x)\mathrm{d}y$，其中 L 是：

（1）抛物线 $y^2 = x$ 上从点 $(1,1)$ 到点 $(4,2)$ 的一段弧；

（2）从点 $(1,1)$ 到点 $(4,2)$ 的直线段；

（3）先沿直线从点 $(1,1)$ 到点 $(1,2)$，然后再沿直线到点 $(4,2)$ 的折线；

（4）曲线 $x = 2t^2 + t + 1$，$y = t^2 + 1$ 上从点 $(1,1)$ 到点 $(4,2)$ 的一段弧.

3．一力场由沿横轴正方向的恒力 $\boldsymbol{F}$ 所构成，试求当一质量为 m 的质点沿圆周 $x^2 + y^2 = R^2$ 按逆时针方向移动位于第一象限的那一段弧时场力所作的功.

4．设 z 轴与重力的方向一致，求质量为 m 的质点从位置 (x_1, y_1, z_1) 沿直线移动到 (x_2, y_2, z_2) 时重力所作的功.

11.3　格林公式及其应用

11.3.1　格林公式

在一元函数积分学中，牛顿-莱布尼茨公式

$$\int_a^b F'(x)\mathrm{d}x = F(b) - F(a)$$

表示：$F'(x)$ 在区间 $[a,b]$ 上的积分可以通过它的原函数 $F(x)$ 在这个区间端点上的值来表达.

下面要介绍的格林（Green）公式告诉我们：在平面闭区域 D 上的二重积分可

以通过沿闭区域 D 的边界曲线 L 上的曲线积分来表达.

在介绍格林公式之前，我们先要介绍平面区域连通性的概念.

设 D 为一平面区域，如果区域 D 内任一闭曲线所围成的部分都属于 D，则称 D 为平面单连通区域，否则称为复连通区域. 从几何直观上看，平面单连通区域就是不含有"洞"（包括点"洞"）的区域，复连通区域是含有"洞"（或点"洞"）的区域.

例如，平面上的圆形区域 $\{(x,y)\,|\,x^2+y^2<4\}$、半平面 $\{(x,y)\,|\,x>0\}$ 都是单连通区域，而圆环形区域 $\{(x,y)\,|\,1<x^2+y^2<4\}$、$\{(x,y)\,|\,0<x^2+y^2<1\}$ 都是复连通区域.

设平面区域 D 由曲线 L 所围成，我们规定 L 的正向为：当观察者沿着曲线 L 的这个方向前进时，能保持区域 D 总在他的左侧，与曲线 L 的正向相反的方向称为 L 的负向.

例如，在如图 11.10 所示的复连通区域中，作为 D 的正向边界，L 的正向是逆时针方向，而 l 的正向是顺时针方向.

定理 1 设闭区域 D 由分段光滑的曲线 L 围成，若函数 $P(x,y)$ 及 $Q(x,y)$ 在 D 上具有一阶连续偏导数，则有

$$\iint\limits_{D}\left(\frac{\partial Q}{\partial x}-\frac{\partial P}{\partial y}\right)\mathrm{d}x\,\mathrm{d}y=\oint_{L}P\,\mathrm{d}x+Q\,\mathrm{d}y,\tag{11.3.1}$$

其中 L 是 D 的取正向的边界曲线.

公式（11.3.1）称为格林公式.

证 根据区域 D 的不同形状，分三种情形来证明.

（1）若区域 D 既是 X - 型的又是 Y - 型的（如图 11.11 所示），这时区域 D 可表示为

$$a\leqslant x\leqslant b,\quad \varphi_1(x)\leqslant y\leqslant \varphi_2(x),$$

或 $$c\leqslant y\leqslant d,\quad \psi_1(y)\leqslant x\leqslant \psi_2(y),$$

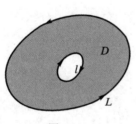

图 11.10

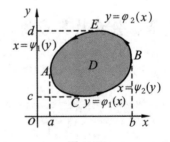

图 11.11

于是，根据二重积分的计算方法，有

$$\iint\limits_{D}\frac{\partial Q}{\partial x}\mathrm{d}x\,\mathrm{d}y=\int_{c}^{d}\mathrm{d}y\int_{\psi_1(y)}^{\psi_2(y)}\frac{\partial Q}{\partial x}\mathrm{d}x$$

$$= \int_c^d Q(\psi_2(y), y)\,\mathrm{d}y - \int_c^d Q(\psi_1(y), y)\,\mathrm{d}y$$

$$= \int_{CBE} Q(x, y)\,\mathrm{d}y - \int_{CAE} Q(x, y)\,\mathrm{d}y$$

$$= \int_{CBE} Q(x, y)\,\mathrm{d}y + \int_{EAC} Q(x, y)\,\mathrm{d}y = \oint_L Q(x, y)\,\mathrm{d}y.$$

同理可证

$$-\iint_D \frac{\partial P}{\partial y}\,\mathrm{d}x\,\mathrm{d}y = \oint_L P(x, y)\,\mathrm{d}x,$$

两式相加，得

$$\iint_D \left(\frac{\partial Q}{\partial x} - \frac{\partial P}{\partial y}\right)\mathrm{d}x\,\mathrm{d}y = \oint_L P\,\mathrm{d}x + Q\,\mathrm{d}y.$$

（2）若区域 D 由一条分段光滑的闭曲线 L 所围成，则可用几段辅助曲线将 D 分成有限个既是 X - 型的又是 Y - 型的区域，然后逐个应用（1）中的方法证得格林公式，再将它们相加，并抵消沿几条辅助曲线的积分（因取向相反，它们的积分值正好相互抵消），就可证明格林公式（11.3.1）. 如图 11.12 所示，可将区域 D 分成三个既是 X - 型的又是 Y - 型的区域 D_1, D_2, D_3，于是

$$\iint_D \left(\frac{\partial Q}{\partial x} - \frac{\partial P}{\partial y}\right)\mathrm{d}x\,\mathrm{d}y = \left(\iint_{D_1} + \iint_{D_2} + \iint_{D_3}\right)\left(\frac{\partial Q}{\partial x} - \frac{\partial P}{\partial y}\right)\mathrm{d}x\,\mathrm{d}y$$

$$= \oint_{\overline{MCBAM}} P\,\mathrm{d}x + Q\,\mathrm{d}y + \oint_{\overline{ABPA}} P\,\mathrm{d}x + Q\,\mathrm{d}y + \oint_{\overline{BCNB}} P\,\mathrm{d}x + Q\,\mathrm{d}y$$

$$= \oint_{L_1 + L_2 + L_3} P\,\mathrm{d}x + Q\,\mathrm{d}y = \oint_L P\,\mathrm{d}x + Q\,\mathrm{d}y.$$

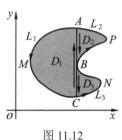

图 11.12

（3）一般地，如果区域 D 由几条闭曲线所围成（如图 11.13 所示），可添加直线段 AB, CE，使 D 的边界曲线由 $AB, L_2, BA, AFC, CE, L_3, EC$ 及 CGA 构成. 于是，由（2）知

$$\iint_D \left(\frac{\partial Q}{\partial x} - \frac{\partial P}{\partial y}\right)\mathrm{d}x\,\mathrm{d}y$$

$$= \left\{\int_{AB} + \int_{L_2} + \int_{BA} + \int_{AFC} + \int_{CE} + \int_{L_3} + \int_{EC} + \int_{CGA}\right\}(P\,\mathrm{d}x + Q\,\mathrm{d}y)$$

$$= \left(\oint_{L_2} + \oint_{L_3} + \oint_{L_1} \right)(P\,\mathrm{d}x + Q\,\mathrm{d}y = \oint_L P\,\mathrm{d}x + Q\,\mathrm{d}y \,.$$

综上所述，我们就证明了格林公式（11.3.1）.

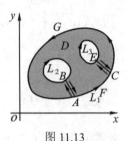

图 11.13

格林公式沟通了曲线积分与二重积分之间的联系，为方便记忆，格林公式也可以借助行列式来表达

$$\oint_L P\,\mathrm{d}x + Q\,\mathrm{d}y = \iint_D \begin{vmatrix} \dfrac{\partial}{\partial x} & \dfrac{\partial}{\partial y} \\ P & Q \end{vmatrix} \mathrm{d}x\,\mathrm{d}y \,.$$

注：对于复连通区域 D，格林公式（11.3.1）左端应包括沿区域 D 的全部边界的曲线积分，且边界的方向对区域 D 来说都是正向.

下面介绍格林公式的一个简单应用.

在公式（11.3.1）中，取 $P = -y$，$Q = x$，即得

$$\oint_L x\,\mathrm{d}y - y\,\mathrm{d}x = 2\iint_D \mathrm{d}x\,\mathrm{d}y \,,$$

上式右端是闭区域 D 的面积 A 的两倍，因此有

$$A = \frac{1}{2}\oint_L x\,\mathrm{d}y - y\,\mathrm{d}x \,. \tag{11.3.2}$$

例 1 计算 $\oint_L x^2 y\,\mathrm{d}x - xy^2\,\mathrm{d}y$，其中 L 为正向圆周 $x^2 + y^2 = a^2$.

解 令 $P = x^2 y$，$Q = -xy^2$，则

$$\frac{\partial Q}{\partial x} - \frac{\partial P}{\partial y} = -y^2 - x^2 \,,$$

因此，由公式（11.3.1）有

$$\oint_L x^2 y\,\mathrm{d}x - xy^2\,\mathrm{d}y = -\iint_D (x^2 + y^2)\,\mathrm{d}x\,\mathrm{d}y = -\int_0^{2\pi}\mathrm{d}\theta \int_0^a \rho^3\,\mathrm{d}\rho = -\frac{\pi}{2}a^4 \,.$$

例 2 计算 $\displaystyle\int_{\overset{\frown}{ABO}} (\mathrm{e}^x \sin y - my)\,\mathrm{d}x + (\mathrm{e}^x \cos y - m)\,\mathrm{d}y$，其中 $\overset{\frown}{ABO}$ 为由点 $A(a,0)$ 到点 $O(0,0)$ 的上半圆周 $x^2 + y^2 = ax$ （如图 11.14 所示）.

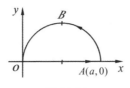

图 11.14

解 在 x 轴作连接点 $O(0,0)$ 与点 $A(a,0)$ 的辅助线, 它与上半圆周便构成封闭的半圆形 $ABOA$, 于是

$$\int_{\overarc{ABO}} = \oint_{ABOA} - \int_{\overline{OA}},$$

根据格林公式, 有

$$\oint_{ABOA} (e^x \sin y - my) \, dx + (e^x \cos y - m) \, dy$$

$$= \iint_D [e^x \cos y - (e^x \cos y - m)] \, dx \, dy$$

$$= \iint_D m \, dx \, dy = m \cdot \frac{1}{2} \cdot \pi \left(\frac{a}{2}\right)^2 = \frac{\pi m a^2}{8},$$

由于 $\overline{OA}$ 的方程为 $y = 0$, 所以

$$\int_{\overline{OA}} (e^x \sin y - my) \, dx + (e^x \cos y - m) \, dy = 0,$$

综上所述, 得

$$\int_{\overarc{ABO}} (e^x \sin y - my) \, dx + (e^x \cos y - m) \, dy = \frac{\pi m a^2}{8}.$$

注: 本例中, 我们通过添加一段简单的辅助线, 使它与所给曲线构成一个封闭曲线, 然后利用格林公式将所求曲线积分化为二重积分来计算. 在利用格林公式计算曲线积分时, 这是常用的一种方法.

例 3 计算 $\iint_D e^{-y^2} \, dx \, dy$, 其中 D 是以 $O(0,0)$, $A(1,1)$, $B(0,1)$ 为顶点的三角形闭区域 (如图 11.15 所示).

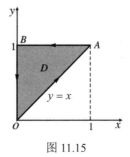

图 11.15

解 令 $P=0$，$Q=x\mathrm{e}^{-y^2}$，则

$$\frac{\partial Q}{\partial x}-\frac{\partial P}{\partial y}=\mathrm{e}^{-y^2}.$$

因此，由公式（11.3.1）有

$$\iint\limits_{D}\mathrm{e}^{-y^2}\,\mathrm{d}x\,\mathrm{d}y=\int_{OA+AB+BO}x\mathrm{e}^{-y^2}\,\mathrm{d}y=\int_{OA}x\mathrm{e}^{-y^2}\,\mathrm{d}y$$

$$=\int_0^1 x\mathrm{e}^{-x^2}\,\mathrm{d}x=\frac{1}{2}(1-\mathrm{e}^{-1}).$$

例4 求椭圆 $x=a\cos\theta$，$y=b\sin\theta$ 所围成图形的面积 A．

解 根据公式（11.3.2）有

$$A=\frac{1}{2}\oint_L x\,\mathrm{d}y-y\,\mathrm{d}x=\frac{1}{2}\int_0^{2\pi}(ab\cos^2\theta+ab\sin^2\theta)\mathrm{d}\theta$$

$$=\frac{1}{2}ab\int_0^{2\pi}\mathrm{d}\theta=\pi ab.$$

例5 计算 $\oint_L \dfrac{x\,\mathrm{d}y-y\,\mathrm{d}x}{x^2+y^2}$，其中 L 为一条无重点[①]、分段光滑且不经过原点的

连续闭曲线，L 的方向为逆时针方向．

解 令 $P=\dfrac{-y}{x^2+y^2}$，$Q=\dfrac{x}{x^2+y^2}$，当 $x^2+y^2\neq 0$ 时，有

$$\frac{\partial Q}{\partial x}=\frac{y^2-x^2}{(x^2+y^2)^2}=\frac{\partial P}{\partial y},$$

记 L 所围成的闭区域为 D，当 $(0,0)\notin D$ 时，由公
式（11.3.1）便得

$$\oint_L \frac{x\,\mathrm{d}y-y\,\mathrm{d}x}{x^2+y^2}=0;$$

当 $(0,0)\in D$ 时，选取适当小的 $r>0$，作位于
D 内的圆周 l：$x^2+y^2=r^2$，记 L 和 l 所围成的闭
区域为 D_1（如图 11.16 所示），对复连通区域 D_1 应
用格林公式，得

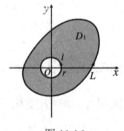

图 11.16

$$\oint_L \frac{x\,\mathrm{d}y-y\,\mathrm{d}x}{x^2+y^2}-\oint_l \frac{x\,\mathrm{d}y-y\,\mathrm{d}x}{x^2+y^2}=0,$$

---

① 对于连续曲线 $L: x=\varphi(t), y=\psi(t), \alpha\leqslant t\leqslant\beta$，如果除了 $t=\alpha$，$t=\beta$ 外，当 $t_1\neq t_2$ 时，
$(\varphi(t_1),\psi(t_1))$ 与 $(\varphi(t_2),\psi(t_2))$ 总是相异的，那么称 L 是无重点的曲线．

其中 l 的方向取逆时针方向. 于是

$$\oint_L \frac{x\,\mathrm{d}y - y\,\mathrm{d}x}{x^2 + y^2} = \oint_l \frac{x\,\mathrm{d}y - y\,\mathrm{d}x}{x^2 + y^2}$$

$$= \int_0^{2\pi} \frac{r^2 \cos^2\theta + r^2 \sin^2\theta}{r^2}\,\mathrm{d}\theta = 2\pi.$$

11.3.2　平面曲线积分与路径无关的定义与条件

从 11.2 中的例 2、3，我们看到，沿着具有相同起点和终点，但积分路径不同的第二类曲线积分，其积分值可能相等，也可能不相等. 在物理、力学中要研究所谓势场，就是要研究场力所作的功与路径无关的情形，在什么条件下场力所作的功与路径无关？这个问题在数学上就是要研究曲线积分与路径无关的条件. 为此首先给出平面曲线积分与路径无关的概念.

设函数 $P(x,y)$ 及 $Q(x,y)$ 在平面区域 D 内具有一阶连续偏导数，若对于 D 内任意指定的两点 A，B 及 D 内从点 A 到点 B 的任意两条曲线 L_1，L_2（如图 11.17 所示），有

$$\int_{L_1} P\,\mathrm{d}x + Q\,\mathrm{d}y = \int_{L_2} P\,\mathrm{d}x + Q\,\mathrm{d}y,$$

则称曲线积分 $\int_L P\,\mathrm{d}x + Q\,\mathrm{d}y$ 在 D 内与路径无关，否则，称为与路径有关.

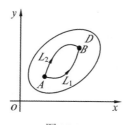

图 11.17

定理 2　设开区域 D 是一个单连通域，函数 $P(x,y)$ 及 $Q(x,y)$ 在 D 内具有一阶连续偏导数，则下列命题等价：

（1）曲线积分 $\int_L P\,\mathrm{d}x + Q\,\mathrm{d}y$ 在 D 内与路径无关；

（2）表达式 $P\,\mathrm{d}x + Q\,\mathrm{d}y$ 为某二元函数 $u(x,y)$ 的全微分；

（3）$\dfrac{\partial P}{\partial y} = \dfrac{\partial Q}{\partial x}$ 在 D 内恒成立；

（4）对 D 内任一闭曲线 L，$\oint_L P\,\mathrm{d}x + Q\,\mathrm{d}y = 0$.

证　（1）$\Rightarrow$（2）任意取定 D 内一点 (x_0, y_0)，考虑从 (x_0, y_0) 到 D 内任一点 (x,y)

的曲线积分 $\int_L P\,\mathrm{d}x+Q\,\mathrm{d}y$ ，由于曲线积分与路径无关，故可将这个积分写成

$$\int_{(x_0,y_0)}^{(x,y)} P\,\mathrm{d}x+Q\,\mathrm{d}y ,$$

并且它仅是终点坐标 x,y 的函数. 记

$$u(x,y)=\int_{(x_0,y_0)}^{(x,y)} P\,\mathrm{d}x+Q\,\mathrm{d}y .$$

下面来求 $\dfrac{\partial u}{\partial x}$ ，让 y 保持不动， x 从 x_1 变成 x （如图 11.18 所示），则

$$u(x,y)-u(x_1,y)=\int_{(x_0,y_0)}^{(x,y)} P\,\mathrm{d}x+Q\,\mathrm{d}y-\int_{(x_0,y_0)}^{(x_1,y)} P\,\mathrm{d}x+Q\,\mathrm{d}y .$$

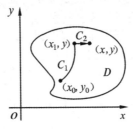

图 11.18

由于积分与路径无关，我们不妨取 (x_0,y_0) 到 (x_1,y) 的任一路径 C_1 ，而 (x_0,y_0) 到 (x,y) 的路径则由 C_1 和 (x_1,y) 到 (x,y) 的直线 C_2 构成，于是

$$u(x,y)-u(x_1,y)=\int_{C_2} P\,\mathrm{d}x+Q\,\mathrm{d}y .$$

又由于在 C_2 上 $\mathrm{d}y=0$ ，因此

$$\int_{C_2} P\,\mathrm{d}x+Q\,\mathrm{d}y=\int_{C_2} P\,\mathrm{d}x=\int_{x_1}^{x} P(x,y)\,\mathrm{d}x$$
$$=P(\xi,y)(x-x_1) \quad （\xi \text{介于} x_1 \text{和} x \text{之间}），$$

于是 $\qquad \dfrac{\partial u}{\partial x}\bigg|_{(x,y)}=\lim_{x_1\to x}\dfrac{u(x,y)-u(x_1,y)}{x-x_1}=\lim_{x_1\to x}P(\xi,y)=P(x,y) .$

上面最后一个等式成立是因为 P 是连续函数，由于点 (x,y) 是 D 内任取的一点，因此有

$$\frac{\partial u}{\partial x}=P(x,y), \ \forall(x,y)\in D .$$

同理，可证明 $\dfrac{\partial u}{\partial y}=Q,\forall(x,y)\in D$ ，从而

$$\mathrm{d}u=\frac{\partial u}{\partial x}\mathrm{d}x+\frac{\partial u}{\partial y}\mathrm{d}y=P\,\mathrm{d}x+Q\,\mathrm{d}y .$$

（2）$\Rightarrow$（3）　设二元函数 $u(x,y)$ 满足 $\mathrm{d}u = P(x,y)\,\mathrm{d}x + Q(x,y)\,\mathrm{d}y$，则

$$\frac{\partial u}{\partial x} = P(x,y), \quad \frac{\partial u}{\partial y} = Q(x,y),$$

由于 P,Q 的一阶偏导数连续，因此

$$\frac{\partial P}{\partial y} = \frac{\partial^2 u}{\partial x \partial y} = \frac{\partial^2 u}{\partial y \partial x} = \frac{\partial Q}{\partial x}.$$

（3）$\Rightarrow$（4）　设 L 为 D 内任一闭曲线，L 所围成的区域为 D'，则由格林公式，得

$$\oint_L P\,\mathrm{d}x + Q\,\mathrm{d}y = \pm\iint_{D'}\left(\frac{\partial Q}{\partial x} - \frac{\partial P}{\partial y}\right)\mathrm{d}x\,\mathrm{d}y = 0.$$

（4）$\Rightarrow$（1）　设 A,B 为 D 内任意两点，L_1 和 L_2 为 D 内从点 A 到点 B 的任意两条曲线，则 $L_1 + L_2^-$ 形成 D 内一闭曲线，从而

$$\oint_{L_1 + L_2^-} P\,\mathrm{d}x + Q\,\mathrm{d}y = 0,$$

即

$$\int_{L_1} P\,\mathrm{d}x + Q\,\mathrm{d}y = \int_{L_2} P\,\mathrm{d}x + Q\,\mathrm{d}y.$$

综上所述，定理 2 得证.

由定理 2 的证明过程可见，若函数 $P(x,y)$，$Q(x,y)$ 满足定理的条件，则二元函数

$$u(x,y) = \int_{(x_0,y_0)}^{(x,y)} P(x,y)\,\mathrm{d}x + Q(x,y)\,\mathrm{d}y, \tag{11.3.3}$$

满足

$$\mathrm{d}u(x,y) = P(x,y)\,\mathrm{d}x + Q(x,y)\,\mathrm{d}y.$$

称 $u(x,y)$ 为表达式 $P(x,y)\,\mathrm{d}x + Q(x,y)\,\mathrm{d}y$ 的一个原函数. 此时，因为式（11.3.3）右端的曲线积分与路径无关，故可选取从 (x_0,y_0) 到 (x,y) 的路径为图 11.19 中的折线 $M_0 M_1 M$，于是

$$u(x,y) = \int_{x_0}^x P(x,y_0)\,\mathrm{d}x + \int_{y_0}^y Q(x,y)\,\mathrm{d}y + C \tag{11.3.4}$$

为 $P\,\mathrm{d}x + Q\,\mathrm{d}y$ 的全体原函数.

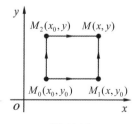

图 11.19

在图 11.19 中，若选取折线 M_0M_2M 为积分路径，可得

$$u(x,y) = \int_{y_0}^{y} Q(x_0,y)\,\mathrm{d}y + \int_{x_0}^{x} P(x,y)\,\mathrm{d}x + C. \qquad (11.3.5)$$

若 $(0,0) \in D$，可选 (x_0,y_0) 为 $(0,0)$.

此外，设 (x_1,y_1)，(x_2,y_2) 是 D 内任意两点，$u(x,y)$ 是 $P\mathrm{d}x + Q\mathrm{d}y$ 的任一原函数，则由式（11.3.3）得

$$\int_{(x_1,y_1)}^{(x_2,y_2)} P\mathrm{d}x + Q\mathrm{d}y = u(x_2,y_2) - u(x_1,y_1), \qquad (11.3.6)$$

式（11.3.6）称为曲线积分的牛顿-莱布尼茨公式.

例 6 计算 $I = \int_L (\mathrm{e}^y + x)\mathrm{d}x + (x\mathrm{e}^y - 2y)\mathrm{d}y$，其中 L 为如图 11.20 所示的圆弧段 $\overset{\frown}{OABC}$.

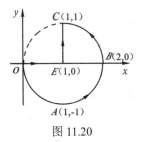

图 11.20

解 因为 $P = \mathrm{e}^y + x$，$Q = x\mathrm{e}^y - 2y$，所以

$$\frac{\partial P}{\partial y} = \frac{\partial}{\partial y}(\mathrm{e}^y + x) = \mathrm{e}^y,$$

$$\frac{\partial Q}{\partial x} = \frac{\partial}{\partial x}(x\mathrm{e}^y - 2y) = \mathrm{e}^y,$$

故题设曲线积分与路径无关，从而可选取折线 $\overline{OEC}$ 为新的积分路径，因而

$$I = \int_{\overline{OEC}} (\mathrm{e}^y + x)\mathrm{d}x + (x\mathrm{e}^y - 2y)\mathrm{d}y = \int_0^1 (1+x)\mathrm{d}x + \int_0^1 (\mathrm{e}^y - 2y)\mathrm{d}y$$

$$= \left(x + \frac{x^2}{2}\right)\bigg|_0^1 + (\mathrm{e}^y - y^2)\bigg|_0^1 = \mathrm{e} - \frac{1}{2}.$$

例 7 计算 $\int_{(1,0)}^{(6,8)} \dfrac{x\mathrm{d}x + y\mathrm{d}y}{\sqrt{x^2 + y^2}}$，积分沿不通过坐标原点的路径.

解 显然，当 $(x,y) \neq (0,0)$ 时，$\dfrac{x\mathrm{d}x + y\mathrm{d}y}{\sqrt{x^2 + y^2}} = \mathrm{d}\sqrt{x^2 + y^2}$，于是

$$\int_{(1,0)}^{(6,8)} \frac{x\,\mathrm{d}x + y\,\mathrm{d}y}{\sqrt{x^2+y^2}} = \int_{(1,0)}^{(6,8)} \mathrm{d}\sqrt{x^2+y^2} = \sqrt{x^2+y^2}\,\Big|_{(1,0)}^{(6,8)} = 9 .$$

例 8 验证：在整个 xOy 面内，$xy^2\,\mathrm{d}x + x^2 y\,\mathrm{d}y$ 是某个函数的全微分，并求出一个这样的函数.

解 令 $P = xy^2$，$Q = x^2 y$，且

$$\frac{\partial P}{\partial y} = 2xy = \frac{\partial Q}{\partial x},$$

在整个 xOy 面内恒成立，因此在整个 xOy 面内，$xy^2\,\mathrm{d}x + x^2 y\,\mathrm{d}y$ 是某个二元函数的全微分.

取积分路径如图 11.21 所示，利用公式（11.3.3）式，得所求函数为

$$u(x,y) = \int_{(0,0)}^{(x,y)} xy^2\,\mathrm{d}x + x^2 y\,\mathrm{d}y$$

$$= \int_{OA} xy^2\,\mathrm{d}x + x^2 y\,\mathrm{d}y + \int_{AB} xy^2\,\mathrm{d}x + x^2 y\,\mathrm{d}y$$

$$= 0 + \int_0^y x^2 y\,\mathrm{d}y = x^2 \int_0^y y\,\mathrm{d}y = \frac{x^2 y^2}{2} .$$

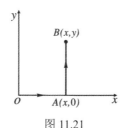

图 11.21

*全微分方程

利用二元函数的全微分的求积，还能解决一类特殊的一阶微分方程——全微分方程.

如果方程

$$P(x,y)\,\mathrm{d}x + Q(x,y)\,\mathrm{d}y = 0 \tag{11.3.7}$$

的左端恰好是某个函数 $u(x,y)$ 的全微分，

$$\mathrm{d}u(x,y) = P(x,y)\,\mathrm{d}x + Q(x,y)\,\mathrm{d}y ,$$

则称方程（11.3.7）为全微分方程. 此时，方程（11.3.7）可写成

$$\mathrm{d}u(x,y) = 0 ,$$

因而

$$u(x,y) = C$$

就是方程（11.3.7）的隐式通解，其中 C 是任意常数.

这样，求解方程（11.3.7）实质就归结为求全微分函数 $u(x,y)$. 根据定理 2 及

其证明之后的论述，有：

定理 3　设开区域 D 是一个单连通域，函数 $P(x, y)$ 及 $Q(x, y)$ 在 D 内具有一阶连续偏导数，则方程（11.3.7）为全微分方程的充分必要条件是在 D 内处处有

$$\frac{\partial P}{\partial y} = \frac{\partial Q}{\partial x} \qquad (11.3.8)$$

成立.

并且此时，全微分方程（11.3.7）的通解为

$$u(x, y) = \int_{x_0}^{x} P(x, y_0) \, \mathrm{d}x + \int_{y_0}^{y} Q(x, y) \, \mathrm{d}y + C \qquad (11.3.9)$$

或

$$u(x, y) = \int_{x_0}^{x} P(x, y) \, \mathrm{d}x + \int_{y_0}^{y} Q(x_0, y) \, \mathrm{d}y + C , \qquad (11.3.10)$$

其中 (x_0, y_0) 是 D 内任意一点.

例 9　求方程 $(x^3 - 3xy^2) \, \mathrm{d}x + (y^3 - 3x^2 y) \, \mathrm{d}y = 0$ 的通解.

解　因为 $\dfrac{\partial P}{\partial y} = -6xy = \dfrac{\partial Q}{\partial x}$，所以题设方程是全微分方程. 取 $x_0 = 0$，$y_0 = 0$，根据公式（11.3.10），有

$$u(x, y) = \int_0^x (x^3 - 3xy^2) \, \mathrm{d}x + \int_0^y y^3 \, \mathrm{d}y = \frac{x^4}{4} - \frac{3}{2} x^2 y^2 + \frac{y^4}{4} ,$$

于是，题设方程的通解为

$$\frac{x^4}{4} - \frac{3}{2} x^2 y^2 + \frac{y^4}{4} = C .$$

在判定方程是全微分方程后，有时可采用"分项组合"的方法，先将那些本身已经构成全微分的项分离出来，再将剩下的项凑成全微分.

例 10　求方程 $\dfrac{2x}{y^3} \, \mathrm{d}x + \dfrac{y^2 - 3x^2}{y^4} \, \mathrm{d}y = 0$ 的通解.

解　因为 $\dfrac{\partial P}{\partial y} = -\dfrac{6x}{y^4} = \dfrac{\partial Q}{\partial x}$，所以题设方程是全微分方程，将其左端重新组合

$$\frac{1}{y^2} \, \mathrm{d}y + \left(\frac{2x}{y^3} \, \mathrm{d}x - \frac{3x^2}{y^4} \, \mathrm{d}y \right) = \mathrm{d}\left(-\frac{1}{y} \right) + \mathrm{d}\left(\frac{x^2}{y^3} \right) = \mathrm{d}\left(-\frac{1}{y} + \frac{x^2}{y^3} \right) .$$

于是，题设方程的通解为

$$-\frac{1}{y} + \frac{x^2}{y^3} = C .$$

求解全微分方程除了利用定理 3 中的两个计算公式，还可以利用下面的方法. 以上面的例 10 为例. 因为要求的方程通解为 $u(x, y) = C$，其中 $u(x, y)$ 满足

$$\frac{\partial u}{\partial x} = P(x, y) = \frac{2x}{y^3} ,$$

故
$$u(x,y)=\int \frac{2x}{y^3}\mathrm{d}x = \frac{x^2}{y^3}+\varphi(y),$$

其中 $\varphi(y)$ 是以 y 为自变量的待定函数. 由此, 得

$$\frac{\partial u}{\partial y}=\frac{-3x^2}{y^4}+\varphi'(y),$$

又 $u(x,y)$ 必须满足

$$\frac{\partial u}{\partial y}=Q(x,y)=\frac{y^2-3x^2}{y^4},$$

故

$$\varphi'(y)=\frac{1}{y^2},\quad \varphi(y)=\int \frac{1}{y^2}\mathrm{d}y = -\frac{1}{y}+C,$$

所以, 原方程的通解为

$$-\frac{1}{y}+\frac{x^2}{y^3}=C.$$

习题 11.3

1. 计算下列曲线积分, 并验证格林公式的正确性.

（1）$\oint_L (2xy-x^2)\mathrm{d}x+(x+y^2)\mathrm{d}y$, 其中 L 是由抛物线 $y=x^2$ 和 $x=y^2$ 所围成的区域的正向边界曲线;

（2）$\oint_L (x^2-xy^3)\mathrm{d}x+(y^2-2xy+)\mathrm{d}y$, 其中 L 是四个顶点分别为 $(0,0)$, $(2,0)$, $(0,2)$ 和 $(2,2)$ 的正方形区域的正向边界.

2. 利用曲线积分, 求下列曲线所围成的图形的面积.

（1）椭圆 $9x^2+16y^2=144$;

（2）圆 $x^2+y^2=2ax$.

3. 计算曲线积分 $\oint_L \frac{y\mathrm{d}x-x\mathrm{d}y}{2(x^2+y^2)}$, 其中 L 为圆周 $(x-1)^2+y^2=2$, L 的方向为逆时针方向.

4. 确定闭曲线 C, 使曲线积分 $\oint_C \left(x+\frac{y^3}{3}\right)\mathrm{d}x+\left(y+x-\frac{2}{3}x^3\right)\mathrm{d}y$ 达到最大值.

5. 证明下列曲线积分在整个 xOy 面内与路径无关, 并计算积分值.

（1）$\int_{(1,1)}^{(2,3)}(x+y)\mathrm{d}x+(x-y)\mathrm{d}y$;

（2）$\displaystyle\int_{(1,2)}^{(3,4)}(6xy^2-y^3)\mathrm{d}x+(6x^2y-3xy^2)\mathrm{d}y$；

（3）$\displaystyle\int_{(1,0)}^{(2,1)}(2xy-y^4+3)\mathrm{d}x+(x^2-4xy^3)\mathrm{d}y$．

6．利用格林公式，计算下列曲线积分．

（1）$\displaystyle\oint_L(2x-y+4)\mathrm{d}x+(5y+3x-6)\mathrm{d}y$，其中 L 是三顶点分别为 $(0,0)$，$(3,0)$ 和 $(3,2)$ 的三角形正向边界；

（2）$\displaystyle\oint_L(x^2y\cos x+2xy\sin x-y^2\mathrm{e}^x)\mathrm{d}x+(x^2\sin x-2y\mathrm{e}^x)\mathrm{d}y$，其中 L 为正向星形线 $x^{\frac{2}{3}}+y^{\frac{2}{3}}=a^{\frac{2}{3}}$ $(a>0)$；

（3）$\displaystyle\int_L(2xy^3-y^2\cos x)\mathrm{d}x+(1-2y\sin x+3x^2y^2)\mathrm{d}y$，其中 L 为在抛物线 $2x=\pi y^2$ 上由点 $(0,0)$ 到 $\left(\dfrac{\pi}{2},1\right)$ 的一段弧；

（4）$\displaystyle\int_L(x^2-y)\mathrm{d}x-(x+\sin^2 y)\mathrm{d}y$，其中 L 是在圆周 $y=\sqrt{2x-x^2}$ 上由点 $(0,0)$ 到点 $(1,1)$ 的一段弧．

7．验证下列 $P(x,y)\mathrm{d}x+Q(x,y)\mathrm{d}y$ 在整个 xOy 面内是某一函数 $u(x,y)$ 的全微分，并求这样的一个 $u(x,y)$．

（1）$(x+2y)\mathrm{d}x+(2x+y)\mathrm{d}y$；

（2）$2xy\mathrm{d}x+x^2\mathrm{d}y$；

（3）$4\sin x\sin 3y\cos x\mathrm{d}x-3\cos 3y\cos 2x\mathrm{d}y$；

（4）$(3x^2y+8xy^2)\mathrm{d}x+(x^3+8x^2y+12y\mathrm{e}^y)\mathrm{d}y$；

（5）$(2x\cos y+y^2\cos x)\mathrm{d}x+(2y\sin x-x^2\sin y)\mathrm{d}y$．

8．设有一变力在坐标轴上的投影为 $P=x^2+y^2$，$Q=2xy-8$，这变力确定了一个力场．证明质点在此场内移动时，场力所作的功与路径无关．

9．判断下列方程中哪些是全微分方程？对于全微分方程，求出它的通解．

（1）$(3x^2+6xy^2)\mathrm{d}x+(6x^2y+4y^2)\mathrm{d}y=0$；

（2）$(a^2-2xy-y^2)\mathrm{d}x-(x+y)^2\mathrm{d}y=0$（$a$ 常数）；

（3）$\mathrm{e}^y\mathrm{d}x+(x\mathrm{e}^y-2y)\mathrm{d}y=0$；

（4）$(x\cos y+\cos x)y'-y\sin x+\sin y=0$；

（5）$(x^2-y)\mathrm{d}x-x\mathrm{d}y=0$；

（6）$y(x-2y)\mathrm{d}x-x^2\mathrm{d}y=0$；

（7）$(1+\mathrm{e}^{2y})\mathrm{d}x+2x\mathrm{e}^{2y}\mathrm{d}y=0$；

（8）$(x^2+y^2)\mathrm{d}x+xy\mathrm{d}y=0$．

*11.4 对面积的曲面积分

11.4.1 对面积的曲面积分的概念与性质

在本章 11.1.1 节的质量问题中，如果将曲线改为曲面[①]，并相应地将线密度 $\mu(x,y)$ 改为 $\mu(x,y,z)$，小段曲线的弧长 Δs_i 改为小块曲面的面积 ΔS_i，而第 i 小段曲线上的任一点 (ξ_i,η_i) 改为第 i 小块曲面上的一点 (ξ_i,η_i,ζ_i)，那么，在面密度 $\mu(x,y,z)$ 连续的前提下，所求的质量 m 就是下列和的极限：

$$m = \lim_{\lambda \to 0} \sum_{i=1}^{n} \mu(\xi_i,\eta_i,\zeta_i)\Delta S_i,$$

其中 λ 表示 n 个小块曲面的直径[②]的最大值.

这种和式的极限在研究其他问题时也会遇到. 抽去它们的具体意义，就得出对面积的曲面积分的概念.

定义 设曲面 Σ 是光滑的[③]，函数 $f(x,y,z)$ 在 Σ 上有界. 将 Σ 任意分成 n 个小块 ΔS_i（ΔS_i 同时也代表第 i 小块曲面的面积），设 (ξ_i,η_i,ζ_i) 是 ΔS_i 上任意取定的一点，作乘积 $f(\xi_i,\eta_i,\zeta_i)\Delta S_i$（$i=1,2,\cdots,n$），并作和 $\sum_{i=1}^{n} f(\xi_i,\eta_i,\zeta_i)\Delta S_i$，如果当各小块曲面的直径的最大值 $\lambda \to 0$ 时，这和式的极限总是存在，且与曲面 Σ 分法和点 (ξ_i,η_i,ζ_i) 的取法无关，那么称此极限为函数 $f(x,y,z)$ 在曲面 Σ 上对面积的曲面积分或第一类曲面积分，记作 $\iint\limits_{\Sigma} f(x,y,z)\mathrm{d}S$，即

$$\iint\limits_{\Sigma} f(x,y,z)\mathrm{d}S = \lim_{\lambda \to 0} \sum_{i=1}^{n} f(\xi_i,\eta_i,\zeta_i)\Delta S_i, \tag{11.4.1}$$

其中 $f(x,y,z)$ 叫作被积函数，Σ 叫作积分曲面.

式（11.4.1）中右端和式的极限存在的一个充分条件是函数 $f(x,y,z)$ 在曲面 Σ 上连续（证明略），因此，以后我们总假定函数 $f(x,y,z)$ 在曲面 Σ 上是连续的. 在此条件下，对面积的曲面积分总是存在的.

根据上述定义，面密度为连续函数 $\mu(x,y,z)$ 的光滑曲面 Σ 的质量 m，可表示为 $\mu(x,y,z)$ 在 Σ 上对面积的曲面积分

$$m = \iint\limits_{\Sigma} \mu(x,y,z)\mathrm{d}S.$$

---

① 以后都假定曲面的边界曲线是分段光滑的闭曲线，且曲面有界.

② 曲面的直径是指曲面上任意两点间距离的最大者.

③ 所谓曲面是光滑的，就是说，曲面上各点处都具有切平面，且当点在曲面上连续移动时，切平面也连续转动.

如果 Σ 是分片光滑的[①]，我们规定函数在 Σ 上对面积的曲面积分等于函数在光滑的各片曲面上对面积的曲面积分之和. 例如，设 Σ 可分成两片光滑曲面 Σ_1 及 Σ_2（记作 $\Sigma = \Sigma_1 + \Sigma_2$），就规定

$$\iint\limits_{\Sigma_1+\Sigma_2} f(x,y,z)\,\mathrm{d}S = \iint\limits_{\Sigma_1} f(x,y,z)\,\mathrm{d}S + \iint\limits_{\Sigma_2} f(x,y,z)\,\mathrm{d}S.$$

由对面积的曲面积分的定义可知，它具有与弧长的曲线积分相类似的性质，这里不再赘述.

11.4.2 对面积的曲面积分的计算法

设光滑曲面 Σ 的方程为 $z = z(x,y)$，曲面 Σ 在 xOy 面上的投影区域为 D_{xy}，并设所求总量为 $U = \iint\limits_{\Sigma} f(x,y,z)\,\mathrm{d}S$，则

$$\mathrm{d}U = f(x,y,z)\,\mathrm{d}S.$$

在曲面 Σ 上任取微元 $\mathrm{d}S$（其面积也记为 $\mathrm{d}S$），将其向 xOy 面投影得小投影区域 $\mathrm{d}\sigma$（这个小区域的面积也记为 $\mathrm{d}\sigma$），在 $\mathrm{d}\sigma$ 上任取一点 (x,y)，对应地，在微元 $\mathrm{d}S$ 内有一点 $M(x,y,z(x,y))$，设曲面在点 M 处的切平面为 T（如图 11.22（a）所示），以小区域 $\mathrm{d}\sigma$ 的边界为准线作母线平行于 z 轴的柱面，这个柱面在切平面 T 上截下一小片平面 $\mathrm{d}A$（其面积也记为 $\mathrm{d}A$），由于 $\mathrm{d}\sigma$ 的直径很小，故可用小平面的面积 $\mathrm{d}A$ 近似代替微元的面积 $\mathrm{d}S$（如图 11.22（b）所示）.

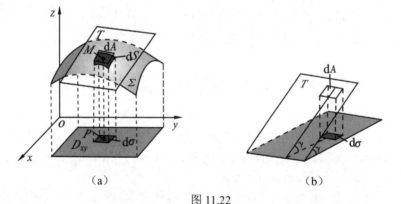

（a）　　　　　　　　　　　　　（b）

图 11.22

由曲面 Σ 的方程为 $z = z(x,y)$，易写出曲面在点 M 处的法向量为 $\boldsymbol{n} = \pm\{z_x, z_y, -1\}$，$\boldsymbol{n}$ 与 z 轴正向的夹角 γ（取为锐角）的余弦为

$$\cos\gamma = \frac{1}{\sqrt{1+z_x^2+z_y^2}},$$

[①] 分片光滑曲面是指由有限个光滑曲面所组成的曲面，以后总假定曲面是光滑的或分片光滑的.

于是，有 $d\sigma = \cos\gamma\, dS$，或

$$dS = \frac{1}{\cos\gamma}d\sigma = \sqrt{1+z_x^2+z_y^2}\, d\sigma,$$

这就是曲面 Σ 的面积微元．从而

$$dU = f(x,y,z(x,y))\sqrt{1+z_x^2+z_y^2}\, d\sigma,$$

$$\iint\limits_{\Sigma} f(x,y,z)\, dS = U = \iint\limits_{D_{xy}} f(x,y,z(x,y))\sqrt{1+z_x^2+z_y^2}\, dx\, dy. \qquad （11.4.2）$$

这样，就将第一类曲面积分的计算转化为二重积分的计算．

特别地，当 $f(x,y,z) \equiv 1$ 时，得到曲面 Σ 的面积 S 的计算公式

$$S = \iint\limits_{\Sigma} dS = \iint\limits_{D_{xy}} \sqrt{1+z_x^2+z_y^2}\, d\sigma.$$

如果积分曲面 Σ 由方程 $x = x(y,z)$ 或 $y = y(x,z)$ 给出，也可类似地将第一类曲面积分化为相应的二重积分．

若曲面 Σ 的方程为 $y = y(z,x)$，则

$$\iint\limits_{\Sigma} f(x,y,z)\, dS = \iint\limits_{D_{zx}} f[x,y(x,z),z]\sqrt{1+y_x^2+y_z^2}\, dx\, dz; \qquad （11.4.3）$$

若曲面 Σ 的方程为 $x = x(y,z)$，则

$$\iint\limits_{\Sigma} f(x,y,z)\, dS = \iint\limits_{D_{yz}} f[x(y,z),y,z]\sqrt{1+x_y^2+x_z^2}\, dy\, dz. \qquad （11.4.4）$$

例 1 计算曲面积分 $\iint\limits_{\Sigma} \dfrac{dS}{z}$，其中 Σ 是球面 $x^2+y^2+z^2 = a^2$ 被平面 $z = h$

$(0 < h < a)$ 截出的顶部（如图 11.23 所示）．

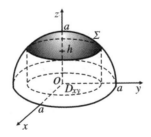

图 11.23

解 积分曲面 Σ 的方程为

$$z = \sqrt{a^2-x^2-y^2},$$

Σ 在 xOy 面上的投影区域 D_{xy} 为圆形闭区域 $\left\{(x,y)\,\middle|\, x^2+y^2 \leqslant a^2-h^2\right\}$，又

$$\sqrt{1+z_x^2+z_y^2}=\frac{a}{\sqrt{a^2-x^2-y^2}},$$

根据公式（11.4.2），有

$$\iint\limits_{\Sigma}\frac{\mathrm{d}S}{z}=\iint\limits_{\Sigma}\frac{a\,\mathrm{d}x\,\mathrm{d}y}{a^2-x^2-y^2},$$

利用极坐标，得

$$\iint\limits_{\Sigma}\frac{\mathrm{d}S}{z}=\iint\limits_{\Sigma}\frac{a\rho\,\mathrm{d}\rho\,\mathrm{d}\theta}{a^2-\rho^2}=a\int_0^{2\pi}\mathrm{d}\theta\int_0^{\sqrt{a^2-h^2}}\frac{\rho\,\mathrm{d}\rho}{a^2-\rho^2}$$

$$=2\pi a\left[-\frac{1}{2}\ln(a^2-\rho^2)\right]\Bigg|_0^{\sqrt{a^2-h^2}}=2\pi a\ln\frac{a}{h}.$$

例 2　计算 $\oiint\limits_{\Sigma}xyz\,\mathrm{d}S$，其中 Σ 是由平面 $x=0$，$y=0$，$z=0$ 及 $x+y+z=1$ 所围

成的四面体的整个边界曲面（如图 11.24 所示）.

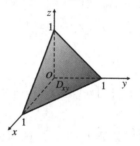

图 11.24

解　整个边界曲面 Σ 在平面 $x=0$，$y=0$，$z=0$ 及 $x+y+z=1$ 上的部分依次
记为 $\Sigma_1,\Sigma_2,\Sigma_3$ 及 Σ_4，于是

$$\oiint\limits_{\Sigma}xyz\,\mathrm{d}S=\iint\limits_{\Sigma_1}xyz\,\mathrm{d}S+\iint\limits_{\Sigma_2}xyz\,\mathrm{d}S+\iint\limits_{\Sigma_3}xyz\,\mathrm{d}S+\iint\limits_{\Sigma_4}xyz\,\mathrm{d}S.$$

因为在 $\Sigma_1,\Sigma_2,\Sigma_3$ 上，被积函数 $f(x,y,z)=xyz$ 均为零，所以

$$\iint\limits_{\Sigma_1}xyz\,\mathrm{d}S=\iint\limits_{\Sigma_2}xyz\,\mathrm{d}S=\iint\limits_{\Sigma_3}xyz\,\mathrm{d}S=0.$$

在 Σ_4 上，$z=1-x-y$，所以

$$\sqrt{1+z_x^2+z_y^2}=\sqrt{1+(-1)^2+(-1)^2}=\sqrt{3},$$

从而

$$\oiint\limits_{\Sigma}xyz\,\mathrm{d}S=\iint\limits_{\Sigma_4}xyz\,\mathrm{d}S=\iint\limits_{D_{xy}}\sqrt{3}xy(1-x-y)\,\mathrm{d}x\,\mathrm{d}y,$$

其中 D_{xy} 是 Σ_4 在 xOy 面上的投影区域，即由直线 $x=0$，$y=0$ 及 $x+y=1$ 所围成的

闭区域. 因此

$$\oiint_\Sigma xyz\,\mathrm{d}S = \sqrt{3}\int_0^1 x\,\mathrm{d}x\int_0^{1-x} y(1-x-y)\,\mathrm{d}y$$

$$= \sqrt{3}\int_0^1 x\left[(1-x)\frac{y^2}{2}-\frac{y^3}{3}\right]\Big|_0^{1-x}\mathrm{d}x$$

$$= \sqrt{3}\int_0^1 x\cdot\frac{(1-x)^3}{6}\,\mathrm{d}x$$

$$= \frac{\sqrt{3}}{6}\int_0^1 (x-3x^2+3x^3-x^4)\,\mathrm{d}x = \frac{\sqrt{3}}{120}.$$

习题 11.4

1. 计算曲面积分 $\displaystyle\iint_\Sigma f(x,y,z)\,\mathrm{d}S$ ，其中 Σ 为抛物面 $z=2-(x^2-y^2)$ 在 xOy 面上方的

部分， $f(x,y,z)$ 分别如下：

（1） $f(x,y,z)=1$ ；（2） $f(x,y,z)=x^2+y^2$ ；（3） $f(x,y,z)=3z$.

2. 计算 $\displaystyle\iint_\Sigma (x^2+y^2)\,\mathrm{d}S$ ，其中 Σ 是

（1）锥面 $z=\sqrt{x^2+y^2}$ 及平面 $z=1$ 所围成的区域的整个边界曲面；

（2）锥面 $z^2=3(x^2+y^2)$ 被平面 $z=0$ 和 $z=3$ 所截得的部分.

3. 计算下列对面积的曲面积分.

（1） $\displaystyle\iint_\Sigma\left(2x+\frac{4}{3}y+z\right)\mathrm{d}S$ ，其中 Σ 为平面 $\dfrac{x}{2}+\dfrac{y}{3}+\dfrac{z}{4}=1$ 在第一卦限中的部分；

（2） $\displaystyle\iint_\Sigma(2xy-2x^2-x+z)\,\mathrm{d}S$ ，其中 Σ 为平面 $2x+2y+z=6$ 在第一卦限中的部分；

（3） $\displaystyle\iint_\Sigma(x+y+z)\,\mathrm{d}S$ ，其中 Σ 为球面 $x^2+y^2+z^2=a^2$ 上 $z\geqslant h$ $(0<h<a)$ 的部分；

（4） $\displaystyle\iint_\Sigma(xy+yz+zx)\,\mathrm{d}S$ ，其中 Σ 为锥面 $z=\sqrt{x^2+y^2}$ 被柱面 $x^2+y^2=2ax$ 所截得的

有限部分.

4. 求抛物面壳 $z=\dfrac{1}{2}(x^2+y^2)$ $(0\leqslant z\leqslant 1)$ 的质量，此壳的面密度为 $\mu=z$.

*11.5 对坐标的曲面积分

11.5.1 对坐标的曲面积分的概念与性质

在讨论对坐标的曲面积分之前，我们先要建立有向曲面及其投影的概念.

假设曲面 Σ 是光滑的，在曲面 Σ 上任意取定一点 P（如图 11.25 所示），并在该点处引一法线，该法线有两个可能的方向，我们选定其中一个方向，则当点 P 在曲面 Σ 上连续变动时，相应的法向量也随之连续变动．如果点 P 在曲面 Σ 上沿任一路径连续地变动后（不跨越曲面的边界）回到原来的位置时，相应的法向量的方向与原方向相同，就称 Σ 是一个双侧曲面；如果相应的法向量的方向与原方向相反，就称 Σ 是一个单侧曲面．通常我们遇到的曲面大多都是双侧的，如球面、旋转抛物面、马鞍面等．但是单侧曲面也是存在的，所谓的莫比乌斯带就是一个典型的单侧曲面的例子．如果将一长方形纸条的一端扭转 $180°$，再与另一端粘起来就可得到莫比乌斯带（如图 11.26 所示）．

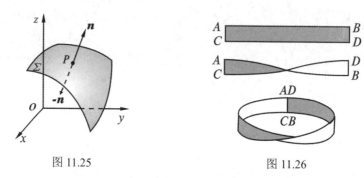

图 11.25   图 11.26

我们不讨论单侧曲面，所以以后总假定所考虑的曲面是双侧的．对于双侧曲面，只要在它上面某一点处指定一个法向量后，通过该点的连续变动就可以得到其余所有点处的法向量，从而我们可通过选定曲面上的一个法向量来规定曲面的侧．反之，我们也可通过选定曲面的侧来规定曲面上各点处的法向量指向．

例如，由方程 $z = z(x, y)$ 表示的曲面，有上侧和下侧之分，如果取它的法向量 n 指向朝上，我们就认为取定曲面的上侧（如图 11.27 所示）；又如，对于闭曲面，有外侧和内侧之分，如果取定它的法向量指向朝外，我们就认为取定曲面的外侧（如图 11.28 所示）．这种取定了侧的曲面称为有向曲面．

图 11.27   图 11.28

设 Σ 是有向曲面．在 Σ 上取定一小块曲面 ΔS，将 ΔS 投影到 xOy 面上得一投影区域，记该投影区域的面积为 $(\Delta\sigma)_{xy}$．假定 ΔS 上各点处的法向量与 z 轴的夹角 γ 的余弦 $\cos\gamma$ 有相同的符号（即 $\cos\gamma$ 都是正的或是负的）．我们规定 ΔS 在 xOy 面上的投影

$$(\Delta S)_{xy} = \begin{cases} (\Delta \sigma)_{xy}, & \cos\gamma > 0, \\ -(\Delta \sigma)_{xy}, & \cos\gamma < 0, \\ 0, & \cos\gamma \equiv 0. \end{cases}$$

类似地，可以定义 ΔS 在 yOz 及 zOx 面上的投影 $(\Delta S)_{yz}$ 及 $(\Delta S)_{zx}$.

下面以流体的流量为例，引入第二类曲面积分的概念.

引例 设稳定流动[①]的不可压缩流体（假定密度为 1）的流速场由
$$v(x, y, z) = P(x, y, z)\boldsymbol{i} + Q(x, y, z)\boldsymbol{j} + R(x, y, z)\boldsymbol{k}$$
给出，Σ 是流速场中的一片有向光滑曲面，函数 $P(x, y, z), Q(x, y, z), R(x, y, z)$ 都在 Σ 上连续，求在单位时间内流向曲面 Σ 指定侧的流体的质量，即流量 Φ.

先看一种特殊情形. 设流体流过平面上面积为 A 的一个闭区域，且流体在该闭区域上各点处的流速为常向量 v，又设 n 为该平面的单位法向量（如图 11.29 所示），则单位时间内流过该闭区域的流体组成一个底面积为 A、斜高为 $|v|$ 的斜柱体，该斜柱体的体积为 $A|v|\cos\theta = Av \cdot n$，即在单位时间内流体通过区域 A 流向 n 所指一侧的流量为
$$\Phi = Av \cdot n.$$

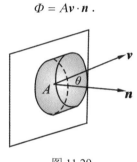

图 11.29

对于引例所提的问题，现在我们采用微元法来解决.

（1）分割. 将曲面 Σ 任意分成 n 小块 $\Delta S_1, \Delta S_2, \cdots, \Delta S_n$，$\Delta S_i$ 的面积仍记为 ΔS_i，在 Σ 是光滑的和 v 是连续的前提下，只要 ΔS_i 的直径很小，就可以用 ΔS_i 上任一点 (ξ_i, η_i, ζ_i) 处的流速
$$\begin{aligned} \boldsymbol{v}_i &= \boldsymbol{v}(\xi_i, \eta_i, \zeta_i) \\ &= P(\xi_i, \eta_i, \zeta_i)\boldsymbol{i} + Q(\xi_i, \eta_i, \zeta_i)\boldsymbol{j} + R(\xi_i, \eta_i, \zeta_i)\boldsymbol{k} \end{aligned}$$
代替 ΔS_i 上其他各点处的流速，以该点 (ξ_i, η_i, ζ_i) 处曲面 Σ 的单位法向量
$$\boldsymbol{n}_i = \cos\alpha_i \boldsymbol{i} + \cos\beta_i \boldsymbol{j} + \cos\gamma_i \boldsymbol{k}$$
代替 ΔS_i 上其他各点处的单位法向量（如图 11.30 所示）.

于是，通过 ΔS_i 流向曲面指定侧的流量近似为
$$\boldsymbol{v}_i \cdot \boldsymbol{n}_i \Delta S_i \ (i = 1, 2, \cdots, n).$$

---

① 所谓稳定流动，就是速度与时间 t 无关.

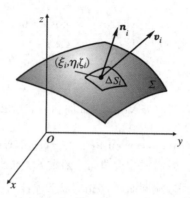

图 11.30

（2）求和. 通过 Σ 流向指定侧的流量的近似值为

$$\Phi \approx \sum_{i=1}^{n} \boldsymbol{v}_i \cdot \boldsymbol{n}_i \Delta S_i$$

$$= \sum_{i=1}^{n} [P(\xi_i, \eta_i, \zeta_i) \cos \alpha_i + Q(\xi_i, \eta_i, \zeta_i) \cos \beta_i + R(\xi_i, \eta_i, \zeta_i) \cos \gamma_i] \Delta S_i,$$

而 $\qquad \cos \alpha_i \cdot \Delta S_i \approx (\Delta S_i)_{yz}, \cos \beta_i \cdot \Delta S_i \approx (\Delta S_i)_{zx}, \cos \gamma_i \cdot \Delta S_i \approx (\Delta S_i)_{xy},$

因此上式可以写成

$$\Phi \approx \sum_{i=1}^{n} [P(\xi_i, \eta_i, \zeta_i)(\Delta S_i)_{yz} + Q(\xi_i, \eta_i, \zeta_i)(\Delta S_i)_{zx} + R(\xi_i, \eta_i, \zeta_i)(\Delta S_i)_{xy}].$$

（3）取极限. 通过 Σ 流向指定侧的流量的精确值为

$$\Phi = \lim_{\lambda \to 0} \sum_{i=1}^{n} \boldsymbol{v}_i \cdot \boldsymbol{n}_i \Delta S_i$$

$$= \lim_{\lambda \to 0} \sum_{i=1}^{n} [P(\xi_i, \eta_i, \zeta_i)(\Delta S_i)_{yz} + Q(\xi_i, \eta_i, \zeta_i)(\Delta S_i)_{zx} + R(\xi_i, \eta_i, \zeta_i)(\Delta S_i)_{xy}],$$

其中 $\lambda = \max\{\Delta S_1, \Delta S_2, \cdots, \Delta S_n\}$. 上式中和式的极限称为向量函数 $\boldsymbol{v}(x, y, z)$ 在曲面 Σ 上对坐标的曲面积分或第二类曲面积分. 类似这样的和式的极限还会在其他问题中遇到，抽去它们的具体意义，给出对坐标的曲面积分的定义.

定义 设 Σ 为有向光滑曲面，函数 $R(x, y, z)$ 在 Σ 上有界，将曲面 Σ 任意分成 n 块小曲面 $\Delta S_1, \Delta S_2, \cdots, \Delta S_n$（$\Delta S_i$ 同时又表示第 i 块小曲面的面积），ΔS_i 在 xOy 面上的投影区域为 $(\Delta S_i)_{xy}$，在 ΔS_i 上任取一点 (ξ_i, η_i, ζ_i)，作乘积 $R(\xi_i, \eta_i, \zeta_i)(\Delta S_i)_{xy}$ $(i = 1, 2, \cdots, n)$，并作和 $\sum_{i=1}^{n} R(\xi_i, \eta_i, \zeta_i)(\Delta S_i)_{xy}$，如果当各小块曲面的直径的最大值 $\lambda \to 0$ 时，这和的极限总存在，且与曲面 Σ 的分法及点 (ξ_i, η_i, ζ_i) 的取法无关，那么称此极限为函数 $R(x, y, z)$ 在有向曲面 Σ 上对坐标 x, y 的曲面积分，记作

$\iint\limits_{\Sigma} R(x,y,z)\,\mathrm{d}x\,\mathrm{d}y$ ，即

$$\iint\limits_{\Sigma} R(x,y,z)\,\mathrm{d}x\,\mathrm{d}y = \lim_{\lambda\to 0}\sum_{i=1}^{n} R(\xi_i,\eta_i,\zeta_i)(\Delta S_i)_{xy},$$

其中 $R(x,y,z)$ 叫作被积函数，Σ 叫作积分曲面.

类似地，可以定义函数 $P(x,y,z)$ 在有向曲面 Σ 上对坐标 y,z 的曲面积分 $\iint\limits_{\Sigma} P(x,y,z)\,\mathrm{d}y\,\mathrm{d}z$ 及函数 $Q(x,y,z)$ 在有向曲面 Σ 上对坐标 z,x 的曲面积分 $\iint\limits_{\Sigma} Q(x,y,z)\,\mathrm{d}z\,\mathrm{d}x$ ，分别为

$$\iint\limits_{\Sigma} P(x,y,z)\,\mathrm{d}y\,\mathrm{d}z = \lim_{\lambda\to 0}\sum_{i=1}^{n} P(\xi_i,\eta_i,\zeta_i)(\Delta S_i)_{yz},$$

$$\iint\limits_{\Sigma} Q(x,y,z)\,\mathrm{d}z\,\mathrm{d}x = \lim_{\lambda\to 0}\sum_{i=1}^{n} Q(\xi_i,\eta_i,\zeta_i)(\Delta S_i)_{zx}.$$

以上三个曲面积分也称为第二类曲面积分.

可证明当 $P(x,y,z),Q(x,y,z)$ 与 $R(x,y,z)$ 在有向光滑曲面 Σ 上连续时，对坐标的曲面积分是存在的，以后总假定 P,Q 与 R 都在 Σ 上连续.

在应用上出现较多的是

$$\iint\limits_{\Sigma} P(x,y,z)\,\mathrm{d}y\,\mathrm{d}z + \iint\limits_{\Sigma} Q(x,y,z)\,\mathrm{d}z\,\mathrm{d}x + \iint\limits_{\Sigma} R(x,y,z)\,\mathrm{d}x\,\mathrm{d}y$$

这种合并起来的形式. 为简便起见，我们将它写成

$$\iint\limits_{\Sigma} P(x,y,z)\,\mathrm{d}y\,\mathrm{d}z + Q(x,y,z)\,\mathrm{d}z\,\mathrm{d}x + R(x,y,z)\,\mathrm{d}x\,\mathrm{d}y.$$

例如，上述流向 Σ 指定侧的流量 Φ 可表示为

$$\Phi = \iint\limits_{\Sigma} P(x,y,z)\,\mathrm{d}y\,\mathrm{d}z + Q(x,y,z)\,\mathrm{d}z\,\mathrm{d}x + R(x,y,z)\,\mathrm{d}x\,\mathrm{d}y.$$

如果 Σ 是分片光滑的有向曲面，我们规定函数在 Σ 上对坐标的曲面积分等于函数在各片光滑曲面上对坐标的曲面积分之和.

对坐标的曲面积分具有与对坐标的曲线积分相类似的一些性质. 例如：

（1）如果将 Σ 分成 Σ_1 和 Σ_2 ，那么

$$\iint\limits_{\Sigma} P\,\mathrm{d}y\,\mathrm{d}z + Q\,\mathrm{d}z\,\mathrm{d}x + R\,\mathrm{d}x\,\mathrm{d}y$$

$$= \iint\limits_{\Sigma_1} P\,\mathrm{d}y\,\mathrm{d}z + Q\,\mathrm{d}z\,\mathrm{d}x + R\,\mathrm{d}x\,\mathrm{d}y + \iint\limits_{\Sigma_2} P\,\mathrm{d}y\,\mathrm{d}z + Q\,\mathrm{d}z\,\mathrm{d}x + R\,\mathrm{d}x\,\mathrm{d}y. \qquad (11.5.1)$$

公式（11.5.1）可以推广到 Σ 分成 $\Sigma_1,\Sigma_2,\cdots,\Sigma_n$ 这 n 部分的情形.

（2）设 Σ 是有向曲面，Σ^- 表示与 Σ 取相反侧的有向曲面，则

$$\iint_{\Sigma^-} P(x,y,z)\,\mathrm{d}y\,\mathrm{d}z = -\iint_{\Sigma} P(x,y,z)\,\mathrm{d}y\,\mathrm{d}z\ ,$$

$$\iint_{\Sigma^-} Q(x,y,z)\,\mathrm{d}z\,\mathrm{d}x = -\iint_{\Sigma} Q(x,y,z)\,\mathrm{d}z\,\mathrm{d}x\ , \qquad (11.5.2)$$

$$\iint_{\Sigma^-} R(x,y,z)\,\mathrm{d}x\,\mathrm{d}y = -\iint_{\Sigma} R(x,y,z)\,\mathrm{d}x\,\mathrm{d}y\ .$$

（11.5.2）式表示，当积分曲面改变为相反侧时，对坐标的曲面积分要改变符号．因此关于对坐标的曲面积分，必须注意积分曲面所取的侧．

11.5.2 对坐标的曲面积分的计算法

我们先考察积分 $\displaystyle\iint_{\Sigma} R(x,y,z)\,\mathrm{d}x\,\mathrm{d}y$ 的计算问题，其他情形以此类推．

设光滑曲面 Σ：$z = z(x,y)$ 与平行于 z 轴的直线至多交于一点（更复杂的情形可分片考虑），它在 xOy 面上的投影区域为 D_{xy}，则

$$\iint_{\Sigma} R(x,y,z)\,\mathrm{d}x\,\mathrm{d}y = \iint_{\Sigma} R(x,y,z)\cos\gamma\,\mathrm{d}S$$

$$= \iint_{D_{xy}} R[x,y,z(x,y)]\frac{\cos\gamma}{|\cos\gamma|}\,\mathrm{d}\sigma \left(\gamma \neq \frac{\pi}{2}\right).$$

于是

$$\iint_{\Sigma} R(x,y,z)\,\mathrm{d}x\,\mathrm{d}y = \pm\iint_{D_{xy}} R[x,y,z(x,y)]\,\mathrm{d}x\,\mathrm{d}y\ , \qquad (11.5.3)$$

上式右端取"＋"号或"－"号要根据 γ 是锐角还是钝角来定．

当 $\gamma = \dfrac{\pi}{2}$ 时，有 $\qquad \displaystyle\iint_{\Sigma} R(x,y,z)\,\mathrm{d}x\,\mathrm{d}y = 0$．

同理，如果曲面 Σ 由 $x = x(y,z)$ 给出，则有

$$\iint_{\Sigma} P(x,y,z)\,\mathrm{d}y\,\mathrm{d}z = \pm\iint_{D_{yz}} P[x(y,z),y,z]\,\mathrm{d}y\,\mathrm{d}z\ .$$

当 $\alpha = \dfrac{\pi}{2}$ 时，有 $\qquad \displaystyle\iint_{\Sigma} P(x,y,z)\,\mathrm{d}y\,\mathrm{d}z = 0$．

如果曲面 Σ 由 $y = y(z,x)$ 给出，则有

$$\iint_{\Sigma} Q(x,y,z)\,\mathrm{d}z\,\mathrm{d}x = \pm\iint_{D_{zx}} Q[x,y(z,x),z]\,\mathrm{d}z\,\mathrm{d}x\ .$$

当 $\beta = \dfrac{\pi}{2}$ 时，有 $\qquad \displaystyle\iint_{\Sigma} Q(x,y,z)\,\mathrm{d}z\,\mathrm{d}x = 0$．

例 1 计算曲面积分

$$\iint\limits_{\Sigma} x^2 \mathrm{d}y\mathrm{d}z + y^2 \mathrm{d}z\mathrm{d}x + z^2 \mathrm{d}x\mathrm{d}y,$$

其中 Σ 是长方体 $\Omega = \left\{(x,y,z) \big| 0 \le x \le a, 0 \le y \le b, 0 \le z \le c\right\}$ 的整个表面的外侧.

解 将有向曲面 Σ 分成 6 部分:

Σ_1: $z = c$ $(0 \le x \le a,\ 0 \le y \le b)$ 的上侧;

Σ_2: $z = 0$ $(0 \le x \le a,\ 0 \le y \le b)$ 的下侧;

Σ_3: $x = a$ $(0 \le y \le b,\ 0 \le z \le c)$ 的前侧;

Σ_4: $x = 0$ $(0 \le y \le b,\ 0 \le z \le c)$ 的后侧;

Σ_5: $y = b$ $(0 \le x \le a,\ 0 \le z \le c)$ 的右侧;

Σ_6: $y = 0$ $(0 \le x \le a,\ 0 \le z \le c)$ 的左侧.

除 Σ_3, Σ_4 外,其余四片曲面在 yOz 面上的投影为零,因此

$$\iint\limits_{\Sigma} x^2 \mathrm{d}y\mathrm{d}z = \iint\limits_{\Sigma_3} x^2 \mathrm{d}y\mathrm{d}z + \iint\limits_{\Sigma_4} x^2 \mathrm{d}y\mathrm{d}z = \iint\limits_{D_{yz}} a^2 \mathrm{d}y\mathrm{d}z - \iint\limits_{D_{yz}} 0^2 \mathrm{d}y\mathrm{d}z = a^2bc.$$

类似地,可得 $\iint\limits_{\Sigma} y^2 \mathrm{d}z\mathrm{d}x = b^2ac$, $\iint\limits_{\Sigma} z^2 \mathrm{d}x\mathrm{d}y = c^2ab$.

于是,所求曲面积分为 $(a+b+c)abc$.

例 2 计算 $\iint\limits_{\Sigma} xyz \mathrm{d}x\mathrm{d}y$,其中 Σ 是球面 $x^2 + y^2 + z^2 = 1$ 外侧在 $x \ge 0$, $y \ge 0$ 的部分.

解 如图 11.31 所示,将 Σ 分成 Σ_1 和 Σ_2 两部分,则

Σ_1 的方程为 $\qquad z_1 = \sqrt{1-x^2-y^2}$,

Σ_2 的方程为 $\qquad z_2 = -\sqrt{1-x^2-y^2}$.

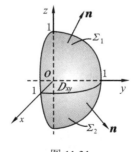

图 11.31

按题意,球面 Σ 取外侧,即 Σ_1 应取上侧,Σ_2 应取下侧,故

$$\iint\limits_{\Sigma} xyz \mathrm{d}x\mathrm{d}y = \iint\limits_{\Sigma_1} xyz \mathrm{d}x\mathrm{d}y + \iint\limits_{\Sigma_2} xyz \mathrm{d}x\mathrm{d}y$$

$$= \iint\limits_{D_{xy}} xy\sqrt{1-x^2-y^2}\,\mathrm{d}x\,\mathrm{d}y - \iint\limits_{D_{xy}} xy(-\sqrt{1-x^2-y^2})\,\mathrm{d}x\,\mathrm{d}y$$

$$= 2\iint\limits_{D_{xy}} xy\sqrt{1-x^2-y^2}\,\mathrm{d}x\,\mathrm{d}y = 2\iint\limits_{D_{xy}} r^2\sin\theta\cos\theta\sqrt{1-r^2}\,r\,\mathrm{d}r\,\mathrm{d}\theta$$

$$= \int_0^{\frac{\pi}{2}} \sin 2\theta\,\mathrm{d}\theta \int_0^1 r^3\sqrt{1-r^2}\,\mathrm{d}r = \frac{2}{15}.$$

11.5.3 两类曲面积分之间的联系

设有向曲面 Σ 由方程 $z=z(x,y)$ 给出，Σ 在 xOy 面上的投影区域为 D_{xy}，函数 $z=z(x,y)$ 在 D_{xy} 上具有一阶连续偏导数，$R(x,y,z)$ 在 Σ 上连续. 如果 Σ 取上侧，那么由对坐标的曲面积分计算公式（11.5.3）有

$$\iint\limits_{\Sigma} R(x,y,z)\,\mathrm{d}x\,\mathrm{d}y = \iint\limits_{D_{xy}} R[x,y,z(x,y)]\,\mathrm{d}x\,\mathrm{d}y.$$

另一方面，因上述有向曲面 Σ 的法向量的方向余弦为

$$\cos\alpha = \frac{-z_x}{\sqrt{1+z_x^2+z_y^2}},\ \cos\beta = \frac{-z_y}{\sqrt{1+z_x^2+z_y^2}},\ \cos\gamma = \frac{1}{\sqrt{1+z_x^2+z_y^2}},$$

故由对面积的曲面积分计算公式有

$$\iint\limits_{\Sigma} R(x,y,z)\cos\gamma\,\mathrm{d}S = \iint\limits_{D_{xy}} R[x,y,z(x,y)]\,\mathrm{d}x\,\mathrm{d}y.$$

由此可见，有

$$\iint\limits_{\Sigma} R(x,y,z)\,\mathrm{d}x\,\mathrm{d}y = \iint\limits_{\Sigma} R(x,y,z)\cos\gamma\,\mathrm{d}S. \tag{11.5.4}$$

如果 Σ 取下侧，那么由式（11.5.3）有

$$\iint\limits_{\Sigma} R(x,y,z)\,\mathrm{d}x\,\mathrm{d}y = -\iint\limits_{D_{xy}} R[x,y,z(x,y)]\,\mathrm{d}x\,\mathrm{d}y.$$

但这时 $\cos\gamma = \dfrac{-1}{\sqrt{1+z_x^2+z_y^2}}$，因此（11.5.4）式仍成立.

类似地，可推得

$$\iint\limits_{\Sigma} P(x,y,z)\,\mathrm{d}y\,\mathrm{d}z = \iint\limits_{\Sigma} P(x,y,z)\cos\alpha\,\mathrm{d}S, \tag{11.5.5}$$

$$\iint\limits_{\Sigma} Q(x,y,z)\,\mathrm{d}z\,\mathrm{d}x = \iint\limits_{\Sigma} Q(x,y,z)\cos\beta\,\mathrm{d}S, \tag{11.5.6}$$

合并（11.5.4）、（11.5.5）、（11.5.6）三式，得到两类曲面积分之间的如下联系：

$$\iint\limits_{\Sigma} P\,\mathrm{d}y\,\mathrm{d}z + Q\,\mathrm{d}z\,\mathrm{d}x + R\,\mathrm{d}x\,\mathrm{d}y = \iint\limits_{\Sigma} (P\cos\alpha + Q\cos\beta + R\cos\gamma)\,\mathrm{d}S, \tag{11.5.7}$$

其中 $\cos\alpha$，$\cos\beta$ 与 $\cos\gamma$ 是有向曲面 Σ 在点 (x,y,z) 处的法向量的方向余弦.

两类曲面积分之间的联系也可写成如下的向量形式：

$$\iint_{\Sigma} \boldsymbol{A} \cdot \mathrm{d}\boldsymbol{S} = \iint_{\Sigma} \boldsymbol{A} \cdot \boldsymbol{n}\, \mathrm{d}S \qquad (11.5.8)$$

或

$$\iint_{\Sigma} \boldsymbol{A} \cdot \mathrm{d}\boldsymbol{S} = \iint_{\Sigma} A_n\, \mathrm{d}S , \qquad (11.5.9)$$

其中 $\boldsymbol{A} = (P,Q,R)$，$\boldsymbol{n} = (\cos\alpha, \cos\beta, \cos\gamma)$ 为有向曲面 Σ 在点 (x,y,z) 处的单位法向量，$\mathrm{d}\boldsymbol{S} = \boldsymbol{n}\,\mathrm{d}S = (\mathrm{d}y\,\mathrm{d}z, \mathrm{d}z\,\mathrm{d}x, \mathrm{d}x\,\mathrm{d}y)$ 称为有向曲面元，A_n 为向量 $\boldsymbol{A}$ 在向量 $\boldsymbol{n}$ 上的投影.

例1 计算 $\iint_{\Sigma}(z^2 + x)\,\mathrm{d}y\,\mathrm{d}z - z\,\mathrm{d}x\,\mathrm{d}y$，其中 Σ 是旋转抛物面 $z = \dfrac{1}{2}(x^2 + y^2)$ 介于平面 $z = 0$ 及 $z = 2$ 之间部分的下侧.

解 由两类曲面积分之间的联系（11.5.7），可得

$$\iint_{\Sigma}(z^2 + x)\,\mathrm{d}y\,\mathrm{d}z = \iint_{\Sigma}(z^2 + x)\cos\alpha\,\mathrm{d}S = \iint_{\Sigma}(z^2 + x)\frac{\cos\alpha}{\cos\gamma}\mathrm{d}x\,\mathrm{d}y ,$$

在曲面 Σ 上，有

$$\cos\alpha = \frac{x}{\sqrt{1 + x^2 + y^2}},\ \cos\gamma = \frac{-1}{\sqrt{1 + x^2 + y^2}} .$$

所以

$$\iint_{\Sigma}(z^2 + x)\,\mathrm{d}y\,\mathrm{d}z - z\,\mathrm{d}x\,\mathrm{d}y = \iint_{\Sigma}\left[(z^2 + x)(-x) - z\right]\mathrm{d}x\,\mathrm{d}y .$$

再按对坐标的曲面积分的计算法，便得

$$\iint_{\Sigma}(z^2 + x)\,\mathrm{d}y\,\mathrm{d}z - z\,\mathrm{d}x\,\mathrm{d}y$$

$$= -\iint_{D_{xy}}\left\{\left[\frac{1}{4}(x^2 + y^2)^2 + x\right]\cdot(-x) - \frac{1}{2}(x^2 + y^2)\right\}\mathrm{d}x\,\mathrm{d}y ,$$

注意到

$$\iint_{D_{xy}}\frac{1}{4}x(x^2 + y^2)^2\,\mathrm{d}x\,\mathrm{d}y = 0 ,$$

故

$$\iint_{\Sigma}(z^2 + x)\,\mathrm{d}y\,\mathrm{d}z - z\,\mathrm{d}x\,\mathrm{d}y = \iint_{D_{xy}}\left[x^2 + \frac{1}{2}(x^2 + y^2)\right]\mathrm{d}x\,\mathrm{d}y$$

$$= \int_0^{2\pi}\mathrm{d}\theta\int_0^2\left(r^2\cos^2\theta + \frac{1}{2}r^2\right)r\,\mathrm{d}r = 8\pi .$$

习题 11.5

1. 计算下列各题.

（1）$\iint\limits_{\Sigma} x^2 y^2 z \, dx \, dy$，其中 Σ 是球面 $x^2 + y^2 + z^2 = R^2$ 的下半部分的下侧；

（2）$\iint\limits_{\Sigma} z \, dx \, dy + x \, dy \, dz + y \, dz \, dx$，其中 Σ 是柱面 $x^2 + y^2 = 1$ 被平面 $z = 0$ 及 $z = 3$ 所截得的在第一卦限内的部分的前侧；

（3）$\iint\limits_{\Sigma} [f(x,y,z) + x] \, dy \, dz + [2f(x,y,z) + y] \, dz \, dx + [f(x,y,z) + z] \, dx \, dy$，其中 $f(x,y,z)$ 为连续函数，Σ 是平面 $x - y + z = 1$ 在第四卦限部分的上侧；

（4）$\oiint\limits_{\Sigma} xz \, dx \, dy + xy \, dy \, dz + yz \, dz \, dx$，其中 Σ 是平面 $x = 0$，$y = 0$，$z = 0$ 及 $x + y + z = 1$ 所围成的空间区域的整个边界曲面的外侧.

2. 将对坐标的曲面积分 $\iint\limits_{\Sigma} P(x,y,z) \, dy \, dz + Q(x,y,z) \, dz \, dx + R(x,y,z) \, dx \, dy$ 化成对面积的曲面积分，其中

（1）Σ 是平面 $3x + 2y + 2\sqrt{3}z = 6$ 在第一卦限的部分的上侧；

（2）Σ 是抛物面 $z = 8 - \left(x^2 + y^2\right)$ 在 xOy 面上的部分的上侧.

*11.6 高斯公式

11.6.1 高斯①公式

格林公式揭示了平面区域上的二重积分与该区域边界曲线上的曲线积分之间的关系. 本节要介绍的高斯公式则揭示了空间闭区域上的三重积分与其边界曲面上的曲面积分之间的关系. 高斯公式可以认为是格林公式在三维空间中的推广.

定理 1 设空间闭区域 Ω 由分片光滑的闭曲面 Σ 围成，若函数 $P(x,y,z)$，$Q(x,y,z)$ 与 $R(x,y,z)$ 在 Ω 上具有一阶连续偏导数，则有

$$\iiint\limits_{\Omega} \left(\frac{\partial P}{\partial x} + \frac{\partial Q}{\partial y} + \frac{\partial R}{\partial z}\right) dv = \oiint\limits_{\Sigma} P \, dy \, dz + Q \, dz \, dx + R \, dx \, dy \qquad (11.6.1)$$

或

$$\iiint\limits_{\Omega} \left(\frac{\partial P}{\partial x} + \frac{\partial Q}{\partial y} + \frac{\partial R}{\partial z}\right) dv = \oiint\limits_{\Sigma} (P\cos\alpha + Q\cos\beta + R\cos\gamma) \, dS . \qquad (11.6.2)$$

---

① 高斯（CFGauss，1777-1855），德国数学家.

这里 Σ 是 Ω 的整个边界曲面的外侧，$\cos\alpha$，$\cos\beta$ 与 $\cos\gamma$ 是 Σ 在点 (x,y,z) 处的法向量的方向余弦. 公式（11.6.1）或（11.6.2）叫作高斯公式（证明略）.

例 1 利用高斯公式计算曲面积分

$$\iint\limits_{\Sigma}(x-y)\,\mathrm{d}x\,\mathrm{d}y+(y-z)x\,\mathrm{d}y\,\mathrm{d}z.$$

其中 Σ 为柱面 $x^2+y^2=1$ 及平面 $z=0$，$z=3$ 所围成的空间区域 Ω 的整个边界曲面的外侧（如图 11.32 所示）.

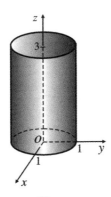

图 11.32

解 这里 $P=(y-z)x$，$Q=0$，$R=x-y$，故

$$\frac{\partial P}{\partial x}=y-z,\ \frac{\partial Q}{\partial y}=0,\ \frac{\partial R}{\partial z}=0\ ,$$

$$\iint\limits_{\Sigma}(x-y)\,\mathrm{d}x\,\mathrm{d}y+(y-z)x\,\mathrm{d}y\,\mathrm{d}z=\iiint\limits_{\Omega}(y-z)\,\mathrm{d}x\,\mathrm{d}y\,\mathrm{d}z.$$

所以，利用高斯公式及柱面坐标，得

$$原式=\int_0^{2\pi}\mathrm{d}\theta\int_0^1\mathrm{d}r\int_0^3(r\sin\theta-z)r\,\mathrm{d}z=-\frac{9\pi}{2}.$$

例 2 利用高斯公式计算曲面积分

$$\iint\limits_{\Sigma}(x^2\cos\alpha+y^2\cos\beta+z^2\cos\gamma)\,\mathrm{d}S\ ,$$

其中 Σ 为锥面 $x^2+y^2=z^2$ 介于平面 $z=0$ 及平面 $z=h\,(h>0)$ 之间的部分的下侧，$\cos\alpha$，$\cos\beta$ 与 $\cos\gamma$ 是 Σ 在点 (x,y,z) 处的法向量的方向余弦.

解 因曲面 Σ 不是封闭曲面，故不能直接利用高斯公式. 现作一辅助平面

$$\Sigma_1:\ z=h\ (x^2+y^2\leqslant h^2),$$

取 Σ_1 的上侧，则 $\Sigma+\Sigma_1$ 一起构成一个封闭曲面（如图 11.33 所示）. 设它所围成的空间闭区域为 Ω，在 Ω 上应用高斯公式，得

$$\oiint_{\Sigma+\Sigma_1}(x^2\cos\alpha+y^2\cos\beta+z^2\cos\gamma)\,\mathrm{d}S$$

$$=2\iiint_{\Omega}(x+y+z)\,\mathrm{d}v=2\iint_{D_{xy}}\mathrm{d}x\,\mathrm{d}y\int_{\sqrt{x^2+y^2}}^{h}(x+y+z)\,\mathrm{d}z,$$

其中 $D_{xy}=\left\{(x,y)\,\big|\,x^2+y^2\leqslant h^2\right\}$. 注意到

$$\iint_{D_{xy}}\mathrm{d}x\,\mathrm{d}y\int_{\sqrt{x^2+y^2}}^{h}(x+y)\,\mathrm{d}z=0$$

所以

$$\oiint_{\Sigma+\Sigma_1}(x^2\cos\alpha+y^2\cos\beta+z^2\cos\gamma)\,\mathrm{d}S$$

$$=2\iint_{D_{xy}}\mathrm{d}x\,\mathrm{d}y\int_{\sqrt{x^2+y^2}}^{h}z\,\mathrm{d}z=\iint_{D_{xy}}(h^2-x^2-y^2)\,\mathrm{d}x\,\mathrm{d}y=\frac{1}{2}\pi h^4.$$

而

$$\iint_{\Sigma_1}(x^2\cos\alpha+y^2\cos\beta+z^2\cos\gamma)\,\mathrm{d}S=\iint_{\Sigma_1}z^2\,\mathrm{d}x\,\mathrm{d}y=\iint_{D_{xy}}h^2\,\mathrm{d}x\,\mathrm{d}y=\pi h^4,$$

故

$$\iint_{\Sigma}(x^2\cos\alpha+y^2\cos\beta+z^2\cos\gamma)\,\mathrm{d}S=\frac{1}{2}\pi h^4-\pi h^4=-\frac{1}{2}\pi h^4.$$

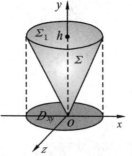

图 11.33

11.6.2 沿任意闭曲面的曲面积分为零的条件

前面我们讨论过平面上曲线积分与路径无关的条件，本节讨论相类似的问题，即在怎样的条件下，曲面积分

$$\iint_{\Sigma}P\,\mathrm{d}y\,\mathrm{d}z+Q\,\mathrm{d}z\,\mathrm{d}x+R\,\mathrm{d}x\,\mathrm{d}y$$

与曲面 Σ 无关，只取决于 Σ 的边界曲线？这问题相当于在怎样的条件下，沿任意闭曲面的曲面积分为零？这问题可用高斯公式来解决.

先介绍空间二维单连通区域及一维单连通区域的概念.对空间区域 G,如果 G 内任一闭曲面所围成的区域全属于 G,则称 G 是空间二维单连通区域;如果 G 内任一闭曲线总可以围成一片完全属于 G 的曲面,则称 G 为空间一维单连通区域.例如球面所围成的区域既是空间二维单连通的,又是空间一维单连通的;环面所围成的区域是空间二维单连通的,但不是空间一维单连通的;两个同心球面之间的区域是空间一维单连通的,但不是空间二维单连通的.

对于沿任意闭曲面的曲面积分为零的条件,我们有以下结论.

定理 2 设 G 是空间二维单连通区域,若函数 $P(x,y,z),Q(x,y,z)$ 与 $R(x,y,z)$ 在 G 内具有一阶连续偏导数,则曲面积分

$$\iint_{\Sigma} P\,\mathrm{d}y\mathrm{d}z + Q\,\mathrm{d}z\mathrm{d}x + R\,\mathrm{d}x\mathrm{d}y$$

在 G 内与所取曲面 Σ 无关,而只取决于 Σ 的边界曲线(或沿 G 内任一闭曲面的曲面积分为零)的充分必要条件是

$$\frac{\partial P}{\partial x} + \frac{\partial Q}{\partial y} + \frac{\partial R}{\partial z} = 0 \tag{11.6.3}$$

在 G 内恒成立.

证 若等式(11.6.3)在 G 内恒成立,则由高斯公式(11.6.1)立即可看出沿 G 内的任意闭曲面的曲面积分为零,因此条件(11.6.3)是充分的.反之,设沿 G 内的任意闭曲面的曲面积分为零,若等式(11.6.3)在 G 内不恒成立,就是说在 G 内至少有一点 M_0 使得

$$\left(\frac{\partial P}{\partial x} + \frac{\partial Q}{\partial y} + \frac{\partial R}{\partial z}\right)_{M_0} \neq 0,$$

仿照讨论平面上曲线积分与路径无关的条件的方法,就可得出 G 内存在着闭曲面使得沿该闭曲面的曲面积分不等于零,这与假设矛盾.因此条件(11.6.3)是必要的.证毕.

习题 11.6

利用高斯公式计算曲面积分.

(1) $\oiint_{\Sigma} x^2\,\mathrm{d}y\mathrm{d}z + y^2\,\mathrm{d}z\mathrm{d}x + z^2\,\mathrm{d}x\mathrm{d}y$,其中 Σ 为平面 $x=0,\ y=0,\ z=0,\ x=a$, $y=a,\ z=a$ 所围成的立体的表面的外侧;

(2) $\oiint_{\Sigma} x^3\,\mathrm{d}y\mathrm{d}z + y^3\,\mathrm{d}z\mathrm{d}x + z^3\,\mathrm{d}x\mathrm{d}y$,其中 Σ 为球面 $x^2 + y^2 + z^2 = a^2$ 的外侧;

(3) $\oiint_{\Sigma} xz^2\,\mathrm{d}y\mathrm{d}z + (x^2y - z^3)\,\mathrm{d}z\mathrm{d}x + (2xy + y^2z)\,\mathrm{d}x\mathrm{d}y$,其中 Σ 为上半球体 $0 \leqslant z \leqslant \sqrt{a^2 - x^2 - y^2}$,$x^2 + y^2 \leqslant a^2$ 的表面的外侧;

（4）$\oiint\limits_{\Sigma} x\,dy\,dz + y\,dz\,dx + z\,dx\,dy$，其中 Σ 是界于 $z=0$ 和 $z=3$ 之间的圆柱体

$x^2 + y^2 \leqslant 9$ 的整个表面的外侧；

（5）$\oiint\limits_{\Sigma} 4xz\,dy\,dz - y^2\,dz\,dx + yz\,dx\,dy$，其中 Σ 是平面 $x=0$，$y=0$，$z=0$，$x=1$，

$y=1$，$z=1$ 所围成的立方体的全表面的外侧.

*11.7 斯托克斯公式

11.7.1 斯托克斯[①]公式

斯托克斯公式是格林公式的推广，格林公式建立了平面区域上的二重积分与其边界曲线上的曲线积分之间的联系，而斯托克斯公式则建立了沿空间曲面 Σ 的曲面积分与沿 Σ 的边界曲线 Γ 的曲线积分之间的联系.

在引入斯托克斯公式之前，我们先对有向曲面 Σ 的侧与其边界曲线 Γ 的方向作如下规定：当观察者站在曲面 Σ 上指定的一侧沿着 Γ 行走时，指定的侧总是在观察者的左方，则观察者前进的方向就是边界曲线 Γ 的正向（如图 11.34 所示）. 这个规定也称为右手法则.

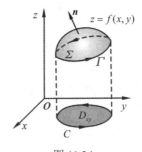

图 11.34

定理 1　设 Γ 为分段光滑的空间有向闭曲线，Σ 是以 Γ 为边界的分片光滑的有向曲面，Γ 的正向与 Σ 的侧符合右手法则，函数 $P(x,y,z)$，$Q(x,y,z)$ 与 $R(x,y,z)$ 在包含曲面 Σ 在内的一个空间区域内具有一阶连续偏导数，则有

$$\iint\limits_{\Sigma}\left(\frac{\partial R}{\partial y} - \frac{\partial Q}{\partial z}\right)dy\,dz + \left(\frac{\partial P}{\partial z} - \frac{\partial R}{\partial x}\right)dz\,dx + \left(\frac{\partial Q}{\partial x} - \frac{\partial P}{\partial y}\right)dx\,dy$$

$$= \oint_{\Gamma} P\,dx + Q\,dy + R\,dz . \tag{11.7.1}$$

公式（11.7.1）称为斯托克斯公式（证明略）.

---

① 斯托克斯（GGStokes，1819-1903），英国数学家.

为了便于记忆，斯托克斯公式常写成如下形式

$$\iint_{\Sigma} \begin{vmatrix} \mathrm{d}y\mathrm{d}z & \mathrm{d}z\mathrm{d}x & \mathrm{d}x\mathrm{d}y \\ \dfrac{\partial}{\partial x} & \dfrac{\partial}{\partial y} & \dfrac{\partial}{\partial z} \\ P & Q & R \end{vmatrix} = \oint_{\Gamma} P\mathrm{d}x + Q\mathrm{d}y + R\mathrm{d}z.$$

利用两类曲面积分之间的关系，斯托克斯公式也可写成

$$\iint_{\Sigma} \begin{vmatrix} \cos\alpha & \cos\beta & \cos\gamma \\ \dfrac{\partial}{\partial x} & \dfrac{\partial}{\partial y} & \dfrac{\partial}{\partial z} \\ P & Q & R \end{vmatrix} \mathrm{d}S = \oint_{\Gamma} P\mathrm{d}x + Q\mathrm{d}y + R\mathrm{d}z.$$

其中 $\boldsymbol{n} = \{\cos\alpha, \cos\beta, \cos\gamma\}$ 为有向曲面 Σ 的单位法向量.

例 1 计算曲线积分 $\oint_{\Gamma} z\mathrm{d}x + x\mathrm{d}y + y\mathrm{d}z$，其中 Γ 是平面 $x + y + z = 1$ 被三坐标面所截成的三角形的整个边界，它的正向与这个三角形上侧的法向量之间符合右手法则（如图 11.35 所示）.

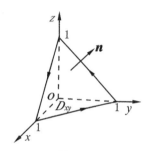

图 11.35

解 由斯托克斯公式，有

$$\oint_{\Gamma} z\mathrm{d}x + x\mathrm{d}y + y\mathrm{d}z = \iint_{\Sigma} \mathrm{d}y\mathrm{d}z + \mathrm{d}z\mathrm{d}x + \mathrm{d}x\mathrm{d}y,$$

因为 Σ 的法向量的三个方向余弦都为正，再根据对称性，有

$$\iint_{\Sigma} \mathrm{d}y\mathrm{d}z + \mathrm{d}z\mathrm{d}x + \mathrm{d}x\mathrm{d}y = 3\iint_{D_{xy}} \mathrm{d}\sigma,$$

注意到 D_{xy} 为 xOy 面上由直线 $x + y = 1$ 与两条坐标轴所围成的三角形闭区域，所以

$$\oint_{\Gamma} z\mathrm{d}x + x\mathrm{d}y + y\mathrm{d}z = \frac{3}{2}.$$

例 2 计算

$$\oint_{\Gamma} (y^2 + z^2)\mathrm{d}x + (x^2 + z^2)\mathrm{d}y + (x^2 + y^2)\mathrm{d}z,$$

式中 Γ 是 $x^2 + y^2 + z^2 = 2Rx$ 与 $x^2 + y^2 = 2rx\,(0 < r < R,\ z > 0)$ 的交线，此曲线是顺

着如下方向前进的：由它所包围在球面 $x^2 + y^2 + z^2 = 2Rx$ 上的最小区域保持在左方（如图 11.36 所示）.

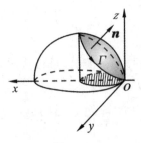

图 11.36

解　球面的法线的方向余弦为

$$\cos\alpha = \frac{x-R}{R}, \ \cos\beta = \frac{y}{R}, \ \cos\gamma = \frac{z}{R},$$

由斯托克斯公式，有

原式 $= 2\iint\limits_{\Sigma}\left[(y-z)\cos\alpha + (z-x)\cos\beta + (x-y)\cos\gamma\right]dS$

$$= 2\iint\limits_{\Sigma}\left[(y-z)\left(\frac{x}{R}-1\right) + (z-x)\frac{y}{R} + (x-y)\frac{z}{R}\right]dS = 2\iint\limits_{\Sigma}(y-z)dS,$$

由于曲面 Γ 关于 xOz 平面对称，故有

$$\iint\limits_{\Sigma} y\,dS = 0 .$$

所以，　　原式 $= \iint\limits_{\Sigma} z\,dS = \iint\limits_{\Sigma} R\cos\gamma\,dS = \iint\limits_{\Sigma} R\,dx\,dy = R\iint\limits_{x^2+y^2\le 2rx} d\sigma = \pi r^2 R .$

11.7.2　空间曲线积分与路径无关的条件

在 11.3 节中，利用格林公式推出了平面曲线积分与路径无关的条件. 完全类似地利用斯托克斯公式，可以推出空间曲线积分与路径无关的条件.

定理 2　设空间区域 G 是一维单连通区域，若函数 $P(x,y,z), Q(x,y,z)$ 与 $R(x,y,z)$ 在 G 内具有一阶连续偏导数，则下列四个条件是等价的：

（1）对于 G 内任一分段光滑的封闭曲线 Γ，有

$$\oint_{\Gamma} P\,dx + Q\,dy + R\,dz = 0 ;$$

（2）对于 G 内任一分段光滑的曲线 Γ，曲线积分

$$\int_{\Gamma} P\,dx + Q\,dy + R\,dz$$

与路径无关，仅与起点、终点有关；

（3）$P\mathrm{d}x+Q\mathrm{d}y+R\mathrm{d}z$ 是 G 内某一三元函数 $u(x,y,z)$ 的全微分，即
$$\mathrm{d}u=P\mathrm{d}x+Q\mathrm{d}y+R\mathrm{d}z\,;$$

（4）$\dfrac{\partial P}{\partial y}=\dfrac{\partial Q}{\partial x},\ \dfrac{\partial Q}{\partial z}=\dfrac{\partial R}{\partial y},\ \dfrac{\partial R}{\partial x}=\dfrac{\partial P}{\partial z}$ 在 G 内处处成立.

这个定理的证明类似于平面曲线积分与路径无关性的证明，而且定理的应用也类似于平面曲线积分与路径无关的应用.

若曲线积分 $I=\displaystyle\int_{\Gamma}P\mathrm{d}x+Q\mathrm{d}y+R\mathrm{d}z$ 与路径无关，则沿着折线段 $ACDB$（如图 11.37 所示）积分，有
$$I=\int_{x_0}^{x_1}P(x,y_0,z_0)\mathrm{d}x+\int_{y_0}^{y_1}Q(x_1,y,z_0)\mathrm{d}y+\int_{z_0}^{z_1}R(x_1,y_1,z)\mathrm{d}z\,.$$

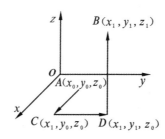

图 11.37

若函数 $P(x,y,z),Q(x,y,z)$ 与 $R(x,y,z)$ 在 G 内具有一阶连续偏导数，且
$$\frac{\partial P}{\partial y}=\frac{\partial Q}{\partial x},\ \frac{\partial Q}{\partial z}=\frac{\partial R}{\partial y},\ \frac{\partial R}{\partial x}=\frac{\partial P}{\partial z}\,,\quad (x,y,z)\in G\,,$$
则 $P\mathrm{d}x+Q\mathrm{d}y+R\mathrm{d}z$ 的全体原函数为
$$u=\int_{x_0}^{x}P(x,y_0,z_0)\mathrm{d}x+\int_{y_0}^{y}Q(x,y,z_0)\mathrm{d}y+\int_{z_0}^{z}R(x,y,z)\mathrm{d}z\,.$$
若 $(0,0,0)\in G$，则通常取 $(x_0,y_0,z_0)=(0,0,0)$.

习题 11.7

1. 计算 $\displaystyle\oint_{\Gamma}y\mathrm{d}x+z\mathrm{d}y+x\mathrm{d}z$，其中 Γ 为圆周 $x^2+y^2+z^2=1,\ x+y+z=1$，若从 y 轴正向看去，Γ 取逆时针方向.

2. 计算 $\displaystyle\oint_{\Gamma}(y-z)\mathrm{d}x+(z-x)\mathrm{d}y+(x-y)\mathrm{d}z$，其中 Γ 为椭圆 $x^2+y^2=a^2$，$\dfrac{x}{a}+\dfrac{z}{b}=1$ $(a>0,\ b>0)$，若从 x 轴正向看去，Γ 取逆时针方向.

3. 计算 $\displaystyle\oint_{\Gamma}3y\mathrm{d}x-xz\mathrm{d}y+yz^2\mathrm{d}z$，其中 Γ 为圆周 $x^2+y^2=2z,\ z=2$，若从 z 轴正向看去，Γ 取逆时针方向.

4. 计算 $\displaystyle\int_{\overset{\frown}{AmB}}(x^2-yz)\mathrm{d}x+(y^2-xz)\mathrm{d}y+(z^2-xy)\mathrm{d}z$，其中 $\overset{\frown}{AmB}$ 是螺旋线 $x=a\cos\theta$，$y=a\sin\theta$，$z=\dfrac{h\theta}{2\pi}$ 从 $A(a,0,0)$ 到 $B(a,0,h)$ 的一段曲线.

5. 计算 $\displaystyle\oint_{\Gamma}y^2\mathrm{d}x+x^2\mathrm{d}z$，其中 Γ 为曲线 $z=x^2+y^2$，$x^2+y^2=2ay$，方向取从 z 轴正向看去为顺时针方向.

6. 验证曲线积分 $\displaystyle\int_{(1,1,2)}^{(3,5,10)}yz\mathrm{d}x+zx\mathrm{d}y+xy\mathrm{d}z$ 与路径无关，并求其值.

7. 验证曲线积分 $\displaystyle\int_{(-1,0,1)}^{(1,2,\frac{\pi}{3})}2xe^{-y}\mathrm{d}x+(\cos z-x^2e^{-y})\mathrm{d}y-y\sin z\mathrm{d}z$ 与路径无关，并求其值.

8. 证明 $yz(2x+y+z)\mathrm{d}x+xz(x+2y+z)\mathrm{d}y+xy(x+y+2z)\mathrm{d}z$ 为全微分，并求其原函数.

本 章 小 结

1. 两类曲线积分如采用直接计算法，本质上都化为定积分，第一类曲线积分计算时，定积分下限一定小于上限，无方向性；而对坐标的曲线积分，必须注意积分曲线 L 的方向，定积分下限对应 L 的起点，上限对应 L 的终点.

2. 两类曲面积分如采用直接计算法，都是化为积分曲面在某坐标面的投影区域上的二重积分，第一类曲面积分无方向性；而对坐标的曲面积分（第二类曲面积分），则须注意积分曲面所取的侧，即必须考虑曲面的方向.

3. 格林公式和高斯公式是本章的两个重要公式，在应用时要注意这两个公式成立的条件. 如格林公式 $\displaystyle\oint_{L}P\mathrm{d}x+Q\mathrm{d}y=\iint_{D}\left(\frac{\partial Q}{\partial x}-\frac{\partial P}{\partial y}\right)\mathrm{d}x\mathrm{d}y$ 有三个条件：① L 是封闭曲线；② L 为 D 的正向边界曲线；③ P 和 Q 在 D 上具有一阶连续偏导数.

高斯公式 $\displaystyle\oiint_{\Sigma}P\mathrm{d}y\mathrm{d}z+Q\mathrm{d}z\mathrm{d}x+R\mathrm{d}x\mathrm{d}y=\iiint_{\Omega}\left(\frac{\partial P}{\partial x}+\frac{\partial Q}{\partial y}+\frac{\partial R}{\partial z}\right)\mathrm{d}v$ 也有三个条件：① Σ 是封闭曲面；② Σ 为 Ω 的边界曲面的外侧；③ P,Q,R 在 Ω 上具有一阶连续偏导数.

4. 格林公式中 D 可以是单连通域，也可以是复连通域，而平面上曲线积分与路径无关的几个等价条件所考虑的平面区域是单连通区域.

5. 在计算曲线积分和曲面积分时，可以将曲线方程或曲面方程代入到被积函数中，但若利用格林公式或高斯公式将原积分化为二重积分或三重积分时，曲线方程或曲面方程不能代入到重积分的被积函数中.

6. 各种积分之间的联系

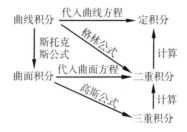

复习题 11

1. 填空题.

（1）第二类曲线积分 $\int_{\Gamma} P\mathrm{d}x + Q\mathrm{d}y + R\mathrm{d}z$ 化成第一类曲线积分是_____，其中 α,β,γ 为有向曲线弧 Γ 在点 (x,y,z) 处的_____的方向角；

（2）第二类曲面积分 $\iint_{\Sigma} P\mathrm{d}y\mathrm{d}z + Q\mathrm{d}z\mathrm{d}x + R\mathrm{d}x\mathrm{d}y$ 化成第一类曲面积分是

_____，其中 α,β,γ 为有向曲面 Σ 在点 (x,y,z) 处的_____的方向角.

2. 下题中给出了四个结论，从中选出一个正确的结论.

设曲面 Σ 是上半球面：$x^2 + y^2 + z^2 = R^2 (z \geqslant 0)$，曲面 Σ_1 是曲面 Σ 在第一卦限中的部分，则有（　　）.

A. $\iint_{\Sigma} x\mathrm{d}S = 4\iint_{\Sigma_1} x\mathrm{d}S$ 　　　　　 B. $\iint_{\Sigma} y\mathrm{d}S = 4\iint_{\Sigma_1} x\mathrm{d}S$

C. $\iint_{\Sigma} z\mathrm{d}S = 4\iint_{\Sigma_1} x\mathrm{d}S$ 　　　　　 D. $\iint_{\Sigma} xyz\mathrm{d}S = 4\iint_{\Sigma_1} xyz\mathrm{d}S$

3. 计算下列曲线积分.

（1）$\oint_L \sqrt{x^2 + y^2}\,\mathrm{d}s$，其中 L 为圆周 $x^2 + y^2 = ax$；

（2）$\int_{\Gamma} z\mathrm{d}s$，其中 Γ 为曲线（圆锥螺线）$x = t\cos t$，$y = t\sin t$，$z = t$ $(0 \leqslant t \leqslant t_0)$；

（3）$\int_L (2a - y)\mathrm{d}x + x\mathrm{d}y$，其中 L 为摆线 $x = a(t - \sin t)$，$y = a(1 - \cos t)$ 上对应 t 从 0 到 2π 的一段弧；

（4）$\int_{\Gamma} (y^2 - z^2)\mathrm{d}x + 2yz\mathrm{d}y - x^2\mathrm{d}z$，其中 Γ 是曲线 $x = t$，$y = t^2$，$z = t^3$ 上由 $t_1 = 0$ 到 $t_2 = 1$ 的一段弧；

（5）$\int_L (e^x \sin y - 2y)\mathrm{d}x + (e^x \cos y - 2)\mathrm{d}y$，其中 L 为上半圆周 $(x - a)^2 + y^2 = a^2$，$y \geqslant 0$ 沿逆时针方向；

（6）$\oint_{\Gamma} xyz\mathrm{d}z$，其中 Γ 是用平面 $y = z$ 截球面 $x^2 + y^2 + z^2 = 1$ 所得的截痕，从 z 轴的

正向看去沿逆时针方向.

4. 计算下列曲面积分.

（1）$\iint\limits_{\Sigma} \dfrac{\mathrm{d}S}{x^2+y^2+z^2}$，其中 Σ 是界于平面 $z=0$ 及 $z=H$ 之间的圆柱面 $x^2+y^2=R^2$；

（2）$\iint\limits_{\Sigma}(y^2-z)\mathrm{d}y\mathrm{d}z+(z^2-x)\mathrm{d}z\mathrm{d}x+(x^2-y)\mathrm{d}x\mathrm{d}y$，其中 Σ 为锥面 $z=\sqrt{x^2+y^2}$

$(0 \leqslant z \leqslant h)$ 的外侧；

（3）$\iint\limits_{\Sigma}x\mathrm{d}y\mathrm{d}z+y\mathrm{d}z\mathrm{d}x+z\mathrm{d}x\mathrm{d}y$，其中 Σ 为半球面 $z=\sqrt{R^2-x^2-y^2}$ 的上侧；

（4）$\iint\limits_{\Sigma}xyz\mathrm{d}x\mathrm{d}y$，其中 Σ 为球面 $x^2+y^2+z^2=1$ $(x \geqslant 0,\ y \geqslant 0)$ 的外侧.

5. 证明：$\dfrac{x\mathrm{d}x+y\mathrm{d}y}{x^2+y^2}$ 在整个 xOy 面除去 y 的负半轴及原点的区域 G 内是某个二元函数的全微分，并求出一个这样的二元函数.

6. 设在半平面 $x>0$ 内有力 $\boldsymbol{F}=-\dfrac{k}{\rho^3}(x\boldsymbol{i}-y\boldsymbol{j})$ 构成力场，其中 k 为常数，$\rho=\sqrt{x^2+y^2}$，

证明在此力场中场力所作的功与所取的路径无关.

7. 设函数 $f(x)$ 在 $(-\infty,+\infty)$ 内具有一阶连续导数，L 是半平面 $(y>0)$ 内的有向分段光滑曲线，其起点为 (a,b)，终点为 (c,d)，记

$$I=\int_L \frac{1}{y}[1+y^2f(xy)]\mathrm{d}x+\frac{x}{y^2}[y^2f(xy)-1]\mathrm{d}y.$$

（1）证明曲线积分 I 与路径无关；

（2）当 $ab=cd$ 时，求 I 的值.

8. 求力 $\boldsymbol{F}=y\boldsymbol{i}+z\boldsymbol{j}+x\boldsymbol{k}$ 沿有向闭曲线 Γ 所作的功，其中 Γ 为平面 $x+y+z=1$ 被三个坐标面所截成的三角形的整个边界，从 z 轴正向看去，沿顺时针方向.

自 测 题 11

1. 计算 $\oint_L (x+y)\mathrm{d}s$，其中 L 为以 $O(0,0),A(1,0),B(0,1)$ 为顶点的三角形边界.

2. 计算 $\oint_L \mathrm{e}^{\sqrt{x^2+y^2}}\mathrm{d}s$，其中 L 为圆周 $x^2+y^2=a^2$，直线 $y=x$ 及 x 轴在第一象限中所围成图形的边界.

3. 计算 $\int_\Gamma x^2yz\mathrm{d}s$，其中 Γ 是点 $A(1,0,2)$ 与点 $B(3,2,1)$ 之间的直线段.

4. 计算 $\int_L (x^2-y^2)\mathrm{d}x+(x^2+y^2)\mathrm{d}y$，其中 L 分别为下列三种情形：

（1）抛物线 $y=x^2$ 从点 $(0,0)$ 到点 $(2,4)$ 的一段弧；

（2）抛物线 $y^2=8x$ 从点 $(0,0)$ 到点 $(2,4)$ 的一段弧；

（3）直线 $y = 2x$ 从点 $(0,0)$ 到点 $(2,4)$ 的一段.

5. 计算 $\int_L x\,\mathrm{d}y + y\,\mathrm{d}x$，其中 L 分别为下列三种情形：

（1）从点 $(0,0)$ 到点 $(1,2)$ 的直线段；

（2）抛物线 $y = 2x^2$ 上从点 $(0,0)$ 到点 $(1,2)$ 的一段弧；

（3）从点 $(0,0)$ 到点 $(1,0)$，再从点 $(1,0)$ 到点 $(1,2)$ 的折线.

6. 计算 $\int_\Gamma y\,\mathrm{d}x - x\,\mathrm{d}y + (x^2 + y^2)\,\mathrm{d}z$，其中 Γ 为曲线 $x = \mathrm{e}^t$，$y = \mathrm{e}^{-t}$，$z = at$（$0 \leqslant t \leqslant 1$）依参数增加方向进行.

7. 利用格林公式计算下列曲线积分.

（1）$\oint_L (x^2 y - 2y)\,\mathrm{d}x + \left(\dfrac{x^3}{3} - x\right)\mathrm{d}y$，$L$ 为以直线 $x = 1$，$y = x$，$y = 2x$ 为边的三角形的正向边界；

（2）$\oint_L (x + y)\,\mathrm{d}x - (x - y)\,\mathrm{d}y$，$L$ 为正向椭圆 $\dfrac{x^2}{a^2} + \dfrac{y^2}{b^2} = 1$；

（3）$\oint_L \mathrm{e}^x[(1 - \cos y)\,\mathrm{d}x - (y - \sin y)\,\mathrm{d}y]$，$L$ 为区域 $0 \leqslant x \leqslant \pi$，$0 \leqslant y \leqslant \sin x$ 的边界.

8. 利用曲线积分计算摆线 $x = a(t - \sin t)$，$y = a(1 - \cos t)$ 一拱的面积.

9. 计算 $\int_{(0,0)}^{(1,2)} (x^4 + 4xy^3)\,\mathrm{d}x + (6x^2 y^2 - 5y^4)\,\mathrm{d}y$.

10. 证明 $\int_L \left(1 - \dfrac{y^2}{x^2}\cos\dfrac{y}{x}\right)\mathrm{d}x + \left(\sin\dfrac{y}{x} + \dfrac{y}{x}\cos\dfrac{y}{x}\right)\mathrm{d}y$ 与积分路径无关，其中 L 不与 y 轴相交，并求起点为 $(1,\pi)$，终点为 $(2,\pi)$，不与 y 轴相交的路径曲线积分的值.

11. 验证 $(x^2 + 2xy - y^2)\,\mathrm{d}x + (x^2 - 2xy - y^2)\,\mathrm{d}y$ 在整个 xOy 平面内是某一函数 $u(x,y)$ 的全微分，并求这样的一个 $u(x,y)$.

12. 计算 $\iint\limits_{\Sigma} z\,\mathrm{d}S$，其中 Σ 为曲面 $x^2 + y^2 = 2az$（$a > 0$）被曲面 $z = \sqrt{x^2 + y^2}$ 所割出的部分.

13. 计算 $\iint\limits_{\Sigma} xz\,\mathrm{d}y\,\mathrm{d}z + z^2\,\mathrm{d}z\,\mathrm{d}x + xyz\,\mathrm{d}x\,\mathrm{d}y$，其中 Σ 是 $x^2 + z^2 = a^2$ 在 $x \geqslant 0$ 的一半中被 $y = 0$ 和 $y = h$（$h > 0$）所截下部分的外侧.

第 12 章　级数

本章学习目标

- 理解级数收敛与发散的概念，掌握级数收敛的必要条件及收敛级数的基本性质
- 熟悉等比级数与 p 级数的敛散性，掌握正项级数的比较审敛法及其极限形式
- 熟练掌握正项级数的比值审敛法，了解根值审敛法
- 掌握交错级数的莱布尼兹审敛法，理解任意项级数绝对收敛与条件收敛的概念
- 熟练掌握幂级数收敛域的求法，掌握幂级数在其收敛区间内的一些性质，会求简单幂级数的和函数
- 熟记 e^x, $\sin x$, $\cos x$, $\ln(1+x)$, $\dfrac{1}{1+x}$, $\dfrac{1}{1-x}$ 的幂级数的展开式，并能利用这些展开式将一些简单函数展开为幂级数
- 掌握傅里叶级数的收敛定理，能将定义在 $[-\pi, \pi]$ 或 $[-l, l]$ 上的函数展开成傅里叶级数，能将定义在 $[0, l]$ 上的函数展开为正弦级数或余弦级数

12.1　常数项级数的概念与性质

12.1.1　常数项级数的概念

定义 1　设给定数列
$$u_1, u_2, \cdots, u_n, \cdots,$$
表达式
$$u_1 + u_2 + \cdots + u_n + \cdots$$
称为常数项无穷级数，简称数项级数或级数. 记为 $\displaystyle\sum_{n=1}^{\infty} u_n$，即
$$\sum_{n=1}^{\infty} u_n = u_1 + u_2 + \cdots + u_n + \cdots, \tag{12.1.1}$$
其中第 n 项 u_n 称为级数的一般项或通项.

需要指出，（12.1.1）式只是形式上的和式，与通常意义下的加法不同．因为这样的式子是否有和，若有，其和是什么？我们还无法知道，因为到目前为止我们还只会求有限多个数的加法，对于无穷多个数如何相加，还没有讨论过．下面我们从有限项出发，用极限方法来研究这个问题．

作级数 $\sum\limits_{n=1}^{\infty} u_n$ 的前 n 项和

$$s_n = u_1 + u_2 + \cdots + u_n,$$

称 s_n 为级数（12.1.1）的前 n 项部分和．当 n 依次取 $1,2,3,\cdots$ 时，则得到一个新的数列 $\{s_n\}$：

$$s_1 = u_1, \quad s_2 = u_1 + u_2, \quad \cdots, \quad s_n = u_1 + u_2 + \cdots + u_n, \cdots,$$

数列 $\{s_n\}$ 称为级数（12.1.1）的部分和数列．

定义 2 如果级数（12.1.1）的部分和数列 $\{s_n\}$ 有极限，即

$$\lim_{n \to \infty} s_n = s,$$

则称级数（12.1.1）是收敛的，并称 s 为级数的和，记作

$$s = u_1 + u_2 + \cdots + u_n + \cdots = \sum_{n=1}^{\infty} u_n.$$

如果部分和数列 $\{s_n\}$ 没有极限，则称级数（12.1.1）为发散的，发散的级数没有和．

当级数收敛时，其部分和 s_n 是级数的和 s 的近似值，它们的差 $s - s_n$ 称为级数的余项，记作 r_n，即

$$r_n = s - s_n = u_{n+1} + u_{n+2} + \cdots.$$

用级数的部分和 s_n 作为和 s 的近似值，其绝对误差是 $|r_n|$．

例 1 无穷级数

$$\sum_{n=0}^{\infty} aq^n = a + aq + aq^2 + \cdots + aq^n + \cdots$$

叫作等比级数（又称几何级数），其中 $a \neq 0$，q 叫作级数的公比，试讨论此级数的收敛性．

解 如果 $q \neq 1$，那么部分和

$$s_n = a + aq + aq^2 + \cdots + aq^{n-1} = \frac{a - aq^n}{1 - q} = \frac{a}{1 - q} - \frac{aq^n}{1 - q}.$$

当 $|q| < 1$ 时，由于 $\lim\limits_{n \to \infty} q^n = 0$，从而 $\lim\limits_{n \to \infty} s_n = \dfrac{a}{1-q}$，因此这时级数收敛，其和为 $\dfrac{a}{1-q}$；

当 $|q| > 1$ 时，由于 $\lim\limits_{n \to \infty} q^n = \infty$，从而 $\lim\limits_{n \to \infty} s_n = \infty$，这时级数发散；

如果 $|q| - 1$，那么当 $q = 1$ 时，$s_n = na \to \infty$，因此级数发散；当 $q = -1$ 时，级

数为 $a-a+a-a+\cdots$ ，当 n 为奇数时， $s_n=a$ ，当 n 为偶数时， $s_n=0$ ，从而 s_n 的极限不存在，这时级数也发散.

综合上述结果，我们得到：如果等比级数的公比的绝对值 $|q|<1$ ，那么级数收敛，且 $\displaystyle\sum_{n=0}^{\infty}aq^n=\dfrac{a}{1-q}$ ；如果 $|q|\geqslant 1$ ，那么级数发散.

例2 讨论下列级数的收敛性：

（1） $\displaystyle\sum_{n=1}^{\infty}\dfrac{1}{n(n+1)}$ ；（2） $\displaystyle\sum_{n=1}^{\infty}\dfrac{1}{\sqrt{n}}$ ；（3） $\displaystyle\sum_{n=1}^{\infty}(-1)^{n-1}$.

解 （1）因为

$$s_n=\dfrac{1}{1\times 2}+\dfrac{1}{2\times 3}+\cdots+\dfrac{1}{n(n+1)}$$
$$=\left(1-\dfrac{1}{2}\right)+\left(\dfrac{1}{2}-\dfrac{1}{3}\right)+\cdots+\left(\dfrac{1}{n}-\dfrac{1}{n+1}\right)=1-\dfrac{1}{n+1},$$

故 $\lim\limits_{n\to\infty}s_n=1$ ，因此级数 $\displaystyle\sum_{n=1}^{\infty}\dfrac{1}{n(n+1)}$ 收敛，且其和为 1 .

（2）对应级数的部分和

$$s_n=1+\dfrac{1}{\sqrt{2}}+\dfrac{1}{\sqrt{3}}+\cdots+\dfrac{1}{\sqrt{n}}\geqslant\dfrac{1}{\sqrt{n}}+\dfrac{1}{\sqrt{n}}+\cdots+\dfrac{1}{\sqrt{n}}=\sqrt{n},$$

故 $\lim\limits_{n\to\infty}s_n=+\infty$ ，因此级数 $\displaystyle\sum_{n=1}^{\infty}\dfrac{1}{\sqrt{n}}$ 发散.

（3）因为

$$s_{2n}=0, \quad s_{2n+1}=1,$$

所以数列 $\{s_n\}$ 的极限不存在，故级数 $\displaystyle\sum_{n=1}^{\infty}(-1)^{n-1}$ 发散.

通过上面的例子可以看出，判断级数的收敛性本质上就是判断其部分和数列的收敛性，而收敛级数的求和就是求级数部分和数列的极限，因此从数列极限的性质可推出收敛级数的如下性质.

12.1.2 常数项级数的性质

根据级数收敛及发散的定义，可得出如下几个性质：

性质1 两个收敛级数可以逐项相加或相减.

如果级数 $\displaystyle\sum_{n=1}^{\infty}u_n$ 与 $\displaystyle\sum_{n=1}^{\infty}v_n$ 都收敛，其和分别为 s 与 σ ，则级数 $\displaystyle\sum_{n=1}^{\infty}(u_n\pm v_n)$ 也收敛，其和为 $s\pm\sigma$.

性质 2 级数 $\sum\limits_{n=1}^{\infty} u_n$ 的每一项同乘以一个不为零的常数后，其收敛性不变. 即

级数 $\sum\limits_{n=1}^{\infty} u_n$ 与 $\sum\limits_{n=1}^{\infty} k u_n$ （常数 $k \neq 0$），具有相同的收敛性.

特别地，如果级数 $\sum\limits_{n=1}^{\infty} u_n$ 收敛，其和为 s，那么级数 $\sum\limits_{n=1}^{\infty} k u_n$ 也收敛，其和为 ks.

性质 3 增加、去掉、改变级数的有限项，不改变级数的收敛性.

性质 4 如果一个级数收敛，加括号后所形成的级数也收敛，且与原级数有相同的和.

此性质也可等价地叙述为：如果一个级数加括号后发散，那么原级数也发散.

注：发散级数加括号后有可能收敛，因此加括号后级数收敛，原级数未必收敛. 上述性质容易根据级数收敛、发散的定义及极限运算法则证明.

例如，发散级数

$$a - a + a - a + \cdots + a - a + \cdots,$$

相邻两项加括号，得

$$(a - a) + (a - a) + \cdots + (a - a) + \cdots = 0,$$

级数收敛.

反过来说，收敛级数去括号后未必还收敛.

例 1 判断级数 $\sum\limits_{n=1}^{\infty} \left(\dfrac{1}{2^n} - \dfrac{1000}{3^n} \right)$ 的收敛性.

解 根据等比级数收敛性的判别结果，级数 $\sum\limits_{n=1}^{\infty} \dfrac{1}{2^n}$ 与级数 $\sum\limits_{n=1}^{\infty} \dfrac{1}{3^n}$ 收敛. 根据性质 2，级数 $\sum\limits_{n=1}^{\infty} \dfrac{1000}{3^n}$ 也收敛，再根据性质 1，即得原级数 $\sum\limits_{n=1}^{\infty} \left(\dfrac{1}{2^n} - \dfrac{1000}{3^n} \right)$ 收敛.

性质 5（级数收敛的必要条件） 如果级数 $\sum\limits_{n=1}^{\infty} u_n$ 收敛，那么它的一般项 u_n 当 $n \to \infty$ 时趋于零，即

$$\lim_{n \to \infty} u_n = 0.$$

证 设级数 $\sum\limits_{n=1}^{\infty} u_n$ 的部分和为 s_n，且 $s_n \to s (n \to \infty)$，则

$$\lim_{n \to \infty} u_n = \lim_{n \to \infty} (s_n - s_{n-1}) = \lim_{n \to \infty} s_n - \lim_{n \to \infty} s_{n-1} = s - s = 0,$$

由性质 5 可知，如果级数的一般项不趋于零，那么该级数必定发散. 例如，级数

第 12 章 级数

$$\frac{1}{2} - \frac{2}{3} + \frac{3}{4} - \cdots + (-1)^{n-1}\frac{n}{n+1} + \cdots,$$

它的一般项 $u_n = (-1)^{n-1}\dfrac{n}{n+1}$，当 $n \to \infty$ 时不趋于零，因此该级数是发散的.

注：级数的一般项趋于零并不是级数收敛的充分条件，有些级数虽然一般项趋于零，但级数是发散的.

例2 证明调和级数 $\displaystyle\sum_{n=1}^{\infty}\frac{1}{n}$ 发散.

证 用反证法.

假若级数收敛，设它的部分和为 s_n，且 $s_n \to s\,(n \to \infty)$. 显然，对级数的部分和 s_{2n}，也有 $s_{2n} \to s\,(n \to \infty)$.

但另一方面

$$s_{2n} - s_n = \frac{1}{n+1} + \frac{1}{n+2} + \cdots + \frac{1}{2n} > \underbrace{\frac{1}{2n} + \frac{1}{2n} + \cdots + \frac{1}{2n}}_{n\text{项}} = \frac{1}{2},$$

故当 $n \to \infty$ 时，$s_{2n} - s_n$ 不趋于零，与假设级数收敛矛盾，这矛盾说明调和级数必定发散.

习题 12.1

1. 根据级数收敛与发散的定义判别下列级数的收敛性.

（1）$\displaystyle\sum_{n=1}^{\infty}\left(\sqrt{n+1} - \sqrt{n}\right)$；

（2）$\dfrac{1}{1 \cdot 3} + \dfrac{1}{3 \cdot 5} + \dfrac{1}{5 \cdot 7} + \cdots + \dfrac{1}{(2n-1)(2n+1)} + \cdots$；

（3）$\sin\dfrac{\pi}{6} + \sin\dfrac{2\pi}{6} + \cdots + \sin\dfrac{n\pi}{6} + \cdots$；

（4）$\displaystyle\sum_{n=1}^{\infty}\ln\left(1 + \frac{1}{n}\right)$.

2. 判别下列级数的收敛性.

（1）$-\dfrac{8}{9} + \dfrac{8^2}{9^2} - \dfrac{8^3}{9^3} + \cdots + (-1)^n\dfrac{8^n}{9^n} + \cdots$；

（2）$\dfrac{1}{3} + \dfrac{1}{6} + \dfrac{1}{9} + \cdots + \dfrac{1}{3n} + \cdots$；

（3）$\dfrac{1}{3} + \dfrac{1}{\sqrt{3}} + \dfrac{1}{\sqrt[3]{3}} + \cdots + \dfrac{1}{\sqrt[n]{3}} + \cdots$；

（4）$\dfrac{3}{2} + \dfrac{3^2}{2^2} + \dfrac{3^3}{2^3} + \cdots + \dfrac{3^n}{2^n} + \cdots$；

（5）$\left(\dfrac{1}{2}+\dfrac{1}{3}\right)+\left(\dfrac{1}{2^2}+\dfrac{1}{3^2}\right)+\left(\dfrac{1}{2^3}+\dfrac{1}{3^3}\right)+\cdots+\left(\dfrac{1}{2^n}+\dfrac{1}{3^n}\right)+\cdots.$

12.2 常数项级数的敛散性

对无限多个数求和不能像有限个数求和一样一项一项相加，只能通过极限求得，而由于级数构成的复杂性，要给出一个统一的收敛性判别准则是极为困难的，因此，按级数组成项的不同特点分类，分别讨论它们的收敛性. 下面先讨论正项级数.

12.2.1 正项级数及其审敛法

如果级数 $\displaystyle\sum_{n=1}^{\infty}u_n$，满足条件 $u_n \geq 0(n=1,2,\cdots)$，则称为正项级数. 正项级数的部分和数列 $\{s_n\}$ 是单调增加数列，即

$$s_1 \leq s_2 \leq s_3 \leq \cdots \leq s_{n-1} \leq s_n \leq \cdots.$$

由数列极限的存在准则，如果数列 $\{s_n\}$ 有界，则它收敛；否则，它发散.

定理 1　正项级数 $\displaystyle\sum_{n=1}^{\infty}u_n$ 收敛的充分必要条件是其部分和数列 $\{s_n\}$ 有界.

由定理 1 可知，如果正项级数 $\displaystyle\sum_{n=1}^{\infty}u_n$ 发散，那么它的部分和数列 $s_n \to +\infty$

$(n \to \infty)$，即 $\displaystyle\sum_{n=1}^{\infty}u_n = +\infty$.

根据定理 1，可以建立正项级数的一个基本审敛法，也是其他审敛法的基础.

定理 2（比较审敛法）设 $\displaystyle\sum_{n=1}^{\infty}u_n$ 和 $\displaystyle\sum_{n=1}^{\infty}v_n$ 都是正项级数，且 $u_n \leq v_n(n=1,2,\cdots)$.

（1）如果级数 $\displaystyle\sum_{n=1}^{\infty}v_n$ 收敛，则级数 $\displaystyle\sum_{n=1}^{\infty}u_n$ 也收敛；

（2）如果级数 $\displaystyle\sum_{n=1}^{\infty}u_n$ 发散，则级数 $\displaystyle\sum_{n=1}^{\infty}v_n$ 也发散.

根据级数的每一项同乘不为零的常数 k 以及去掉级数前面有限项不影响级数的收敛性，可得到如下推论：

推论： 设 $\displaystyle\sum_{n=1}^{\infty}u_n$ 和 $\displaystyle\sum_{n=1}^{\infty}v_n$ 都是正项级数，如果级数 $\displaystyle\sum_{n=1}^{\infty}v_n$ 收敛，且存在正整数 N，

当 $n \geqslant N$ 时，有 $u_n \leqslant kv_n$（$k>0$）成立，那么级数 $\sum\limits_{n=1}^{\infty} u_n$ 收敛；如果级数 $\sum\limits_{n=1}^{\infty} v_n$ 发散，

且当 $n \geqslant N$ 时，有 $u_n \geqslant kv_n$（$k>0$）成立，那么级数 $\sum\limits_{n=1}^{\infty} u_n$ 发散.

例1 讨论 p 级数

$$\sum_{n=1}^{\infty} \frac{1}{n^p} = 1 + \frac{1}{2^p} + \frac{1}{3^p} + \frac{1}{4^p} + \cdots + \frac{1}{n^p} + \cdots$$

的收敛性，其中常数 $p>0$.

解 当 $p=1$ 时，即为调和级数 $\sum\limits_{n=1}^{\infty} \frac{1}{n}$ 发散；

当 $p<1$ 时，$\frac{1}{n^p} > \frac{1}{n}$，又调和级数 $\sum\limits_{n=1}^{\infty} \frac{1}{n}$ 发散，因此根据比较审敛法，此时级数发散；

当 $p>1$ 时，因为当 $k-1 \leqslant x \leqslant k$ 时，有 $\frac{1}{k^p} \leqslant \frac{1}{x^p}$，所以

$$\frac{1}{k^p} = \int_{k-1}^{k} \frac{1}{k^p} \mathrm{d}x \leqslant \int_{k-1}^{k} \frac{1}{x^p} \mathrm{d}x \, (k=2,3,\cdots),$$

从而级数的部分和

$$s_n = 1 + \sum_{k=2}^{n} \frac{1}{k^p} \leqslant 1 + \sum_{k=2}^{n} \int_{k-1}^{k} \frac{1}{x^p} \mathrm{d}x = 1 + \int_{1}^{n} \frac{1}{x^p} \mathrm{d}x$$

$$= 1 + \frac{1}{p-1}\left(1 - \frac{1}{n^{p-1}}\right) < 1 + \frac{1}{p-1} \, (n=2,3,\cdots),$$

这表明数列 $\{s_n\}$ 有界，因此级数收敛.

由此得到：当 $p>1$ 时，p 级数 $\sum\limits_{n=1}^{\infty} \frac{1}{n^p}$（$p>0$）收敛；当 $p \leqslant 1$ 时，p 级数 $\sum\limits_{n=1}^{\infty} \frac{1}{n^p}$（$p>0$）发散.

应用比较审敛法，需要寻求一个收敛性已知的级数作为比较对象与所要判别的级数作比较. 常用等比级数和 p 级数作为比较对象.

例2 判别级数 $\sum\limits_{n=1}^{\infty} \frac{1}{(n+1)(n+4)}$ 的收敛性.

解 因为一般项 $u_n = \frac{1}{(n+1)(n+4)} < \frac{1}{n^2}$，而 $\sum\limits_{n=1}^{\infty} \frac{1}{n^2}$ 是对应 $p=2$ 的 p 级数，是

收敛的，所以级数 $\displaystyle\sum_{n=1}^{\infty}\frac{1}{(n+1)(n+4)}$ 也是收敛的.

定理 3（比较审敛法的极限形式） 设 $\displaystyle\sum_{n=1}^{\infty}u_n$ 和 $\displaystyle\sum_{n=1}^{\infty}v_n$ 都是正项级数，

（1）如果 $\displaystyle\lim_{n\to\infty}\frac{u_n}{v_n}=l\ (0\leqslant l<+\infty)$，且级数 $\displaystyle\sum_{n=1}^{\infty}v_n$ 收敛，那么级数 $\displaystyle\sum_{n=1}^{\infty}u_n$ 收敛；

（2）如果 $\displaystyle\lim_{n\to\infty}\frac{u_n}{v_n}=l>0$ 或 $\displaystyle\lim_{n\to\infty}\frac{u_n}{v_n}=+\infty$，且级数 $\displaystyle\sum_{n=1}^{\infty}v_n$ 发散，那么级数 $\displaystyle\sum_{n=1}^{\infty}u_n$ 发散.

极限形式的比较审敛法，在两个正项级数的一般项均趋于零的情况下，其实是比较它们的一般项作为无穷小量的阶. 定理 3 表明，当 $n\to\infty$ 时，如果 u_n 是与 v_n 同阶或是比 v_n 高阶的无穷小，而级数 $\displaystyle\sum_{n=1}^{\infty}v_n$ 收敛，那么级数 $\displaystyle\sum_{n=1}^{\infty}u_n$ 也收敛；如果 u_n 是与 v_n 同阶或是比 v_n 低阶的无穷小，而级数 $\displaystyle\sum_{n=1}^{\infty}v_n$ 发散，那么级数 $\displaystyle\sum_{n=1}^{\infty}u_n$ 也发散.

例 3 判别级数 $\displaystyle\sum_{n=1}^{\infty}\sin\frac{1}{n}$ 的收敛性.

解 因为

$$\lim_{n\to\infty}\frac{\sin\dfrac{1}{n}}{\dfrac{1}{n}}=1>0，$$

而级数 $\displaystyle\sum_{n=1}^{\infty}\frac{1}{n}$ 发散，根据定理 3 知此级数发散.

将所给正项级数与等比级数比较，可得到实用上很方便的比值审敛法和根值审敛法.

定理 4（比值审敛法，达朗贝尔（d'Alembert）判别法） 设 $\displaystyle\sum_{n=1}^{\infty}u_n$ 为正项级数，如果

$$\lim_{n\to\infty}\frac{u_{n+1}}{u_n}=\rho，$$

那么（1）当 $\rho<1$ 时，级数 $\displaystyle\sum_{n=1}^{\infty}u_n$ 收敛；

（2）当 $\rho > 1$ $\left(\text{或} \lim\limits_{n \to \infty} \dfrac{u_{n+1}}{u_n} = +\infty\right)$ 时，级数 $\sum\limits_{n=1}^{\infty} u_n$ 发散；

（3）当 $\rho = 1$ 时，级数 $\sum\limits_{n=1}^{\infty} u_n$ 可能收敛，也可能发散.

例 4 判别级数 $\sum\limits_{n=1}^{\infty} \dfrac{1}{3^n}$ 的收敛性.

解 因为 $\lim\limits_{n \to \infty} \dfrac{u_{n+1}}{u_n} = \lim\limits_{n \to \infty} \dfrac{\dfrac{1}{3^{n+1}}}{\dfrac{1}{3^n}} = \dfrac{1}{3} < 1$，所以级数 $\sum\limits_{n=1}^{\infty} \dfrac{1}{3^n}$ 收敛.

例 5 判别级数 $\sum\limits_{n=1}^{\infty} \dfrac{x^n}{n}$ （$x > 0$）的收敛性.

解 因为 $\lim\limits_{n \to \infty} \dfrac{u_{n+1}}{u_n} = \lim\limits_{n \to \infty} \dfrac{x^{n+1}}{n+1} \cdot \dfrac{n}{x^n} = \lim\limits_{n \to \infty} \dfrac{n}{n+1} x = x$，所以当 $0 < x < 1$ 时，级数

$\sum\limits_{n=1}^{\infty} \dfrac{x^n}{n}$ 收敛；

当 $x \geqslant 1$ 时级数发散，当 $x = 1$ 时为调和级数 $\sum\limits_{n=1}^{\infty} \dfrac{1}{n}$ 发散.

例 6 判别级数

$$\frac{1}{10} + \frac{1 \cdot 2}{10^2} + \frac{1 \cdot 2 \cdot 3}{10^3} + \cdots + \frac{n!}{10^n} + \cdots$$

的收敛性.

解 因为

$$\frac{u_{n+1}}{u_n} = \frac{(n+1)!}{10^{n+1}} \cdot \frac{10^n}{n!} = \frac{n+1}{10},$$

所以

$$\lim\limits_{n \to \infty} \frac{u_{n+1}}{u_n} = \lim\limits_{n \to \infty} \frac{n+1}{10} = +\infty.$$

根据比值审敛法可知所给级数发散.

定理 5 （根值审敛法，柯西判别法） 设 $\sum\limits_{n=1}^{\infty} u_n$ 为正项级数，如果

$$\lim\limits_{n \to \infty} \sqrt[n]{u_n} = \rho,$$

那么（1）当 $\rho < 1$ 时，级数 $\sum\limits_{n=1}^{\infty} u_n$ 收敛；

（2）当 $\rho > 1$ 时，级数 $\sum_{n=1}^{\infty} u_n$ 发散；

（3）当 $\rho = 1$ 时，级数 $\sum_{n=1}^{\infty} u_n$ 可能收敛，也可能发散.

例 7 判别级数 $\sum_{n=1}^{\infty} \dfrac{2+(-1)^n}{2^n}$ 的收敛性.

解 $\lim\limits_{n \to \infty} \sqrt[n]{u_n} = \lim\limits_{n \to \infty} \dfrac{1}{2} \sqrt[n]{2+(-1)^n} = \lim\limits_{n \to \infty} \dfrac{1}{2} e^{\frac{1}{n} \ln[2+(-1)^n]}$,

因为 $\ln[2+(-1)^n]$ 有界，故 $\lim\limits_{n \to \infty} \dfrac{1}{n} \ln[2+(-1)^n] = 0$，从而

$$\lim_{n \to \infty} \sqrt[n]{u_n} = \frac{1}{2}.$$

因此根据根值审敛法知所给级数收敛.

将所给正项级数与 p 级数作比较，可得在实用上较方便的极限审敛法.

定理 6（极限审敛法） 设 $\sum_{n=1}^{\infty} u_n$ 为正项级数，

（1）如果 $\lim\limits_{n \to \infty} n u_n = l > 0$（或 $\lim\limits_{n \to \infty} n u_n = +\infty$），那么级数 $\sum_{n=1}^{\infty} u_n$ 发散；

（2）如果 $p > 1$，而 $\lim\limits_{n \to \infty} n^p u_n = l$（$0 \leqslant l < +\infty$），那么级数 $\sum_{n=1}^{\infty} u_n$ 收敛.

例 8 判别级数 $\sum_{n=1}^{\infty} \ln(1+\dfrac{1}{n^2})$ 的收敛性.

解 因为 $\ln(1+\dfrac{1}{n^2}) \sim \dfrac{1}{n^2} \ (n \to \infty)$，故

$$\lim_{n \to \infty} n^2 u_n = \lim_{n \to \infty} n^2 \ln\left(1+\frac{1}{n^2}\right) = \lim_{n \to \infty} n^2 \cdot \frac{1}{n^2} = 1,$$

根据极限审敛法知所给级数收敛.

例 9 判别级数 $\sum_{n=1}^{\infty} \sqrt{n+1}\left(1-\cos\dfrac{\pi}{n}\right)$ 的收敛性.

解 因为

$$\lim_{n \to \infty} n^{\frac{3}{2}} u_n = \lim_{n \to \infty} n^{\frac{3}{2}} \sqrt{n+1}\left(1-\cos\frac{\pi}{n}\right)$$

$$= \lim_{n \to \infty} n^2 \sqrt{\frac{n+1}{n}} \cdot \frac{1}{2}\left(\frac{\pi}{n}\right)^2 = \frac{1}{2}\pi^2,$$

根据极限审敛法知所给级数收敛.

12.2.2 交错级数及其审敛法

形如

$$\sum_{n=1}^{\infty}(-1)^n u_n \quad 或 \quad \sum_{n=1}^{\infty}(-1)^{n-1}u_n \quad （其中 u_n > 0）$$

的级数，称为交错级数.

关于交错级数的收敛性有下面比较完整的结论.

定理 7（莱布尼兹定理）　如果交错级数 $\sum\limits_{n=1}^{\infty}(-1)^{n-1}u_n$ 满足条件：

（1）$u_n \geqslant u_{n+1}$（$n=1,2,\cdots$）；

（2）$\lim\limits_{n\to\infty}u_n = 0$，

则级数 $\sum\limits_{n=1}^{\infty}(-1)^{n-1}u_n$ 收敛，且其和 $s \leqslant u_1$，其余项 r_n 的绝对值 $|r_n| \leqslant u_{n+1}$.

例 10　判别交错级数

$$1-\frac{1}{2}+\frac{1}{3}-\frac{1}{4}+\cdots+(-1)^{n-1}\frac{1}{n}+\cdots$$

的收敛性.

解　由于此级数满足条件

（1）$u_n = \dfrac{1}{n} > \dfrac{1}{n+1} = u_{n+1}$（$n=1,2,\cdots$）；

（2）$\lim\limits_{n\to\infty}u_n = \lim\limits_{n\to\infty}\dfrac{1}{n} = 0$，

所以由莱布尼兹审敛法知，它是收敛的，且其和 $s < 1$. 如果取前 n 项的和

$$s_n = 1-\frac{1}{2}+\frac{1}{3}-\frac{1}{4}+\cdots+(-1)^{n-1}\frac{1}{n}$$

作为 s 的近似值，所产生的误差 $|r_n| \leqslant \dfrac{1}{n+1}$（$= u_{n+1}$）.

12.2.3 绝对收敛与条件收敛

设有级数

$$\sum_{n=1}^{\infty}u_n = u_1 + u_2 + \cdots + u_n + \cdots,$$

其中 u_n（$n=1,2,\cdots$）为任意实数，则此级数称为任意项级数.

如果级数 $\sum\limits_{n=1}^{\infty}|u_n|$ 收敛，则称级数 $\sum\limits_{n=1}^{\infty}u_n$ 为绝对收敛；如果 $\sum\limits_{n=1}^{\infty}|u_n|$ 发散，而 $\sum\limits_{n=1}^{\infty}u_n$

收敛，则称级数 $\sum\limits_{n=1}^{\infty} u_n$ 为条件收敛.

容易看出：级数 $\sum\limits_{n=1}^{\infty} \dfrac{(-1)^{n-1}}{n}$ 是条件收敛，而级数 $\sum\limits_{n=1}^{\infty} \dfrac{(-1)^{n-1}}{n^2}$ 是绝对收敛.

级数绝对收敛与级数收敛有以下重要关系：

定理 8 如果

$$\sum_{n=1}^{\infty} |u_n| = |u_1| + |u_2| + \cdots + |u_n| + \cdots$$

收敛，则级数 $\sum\limits_{n=1}^{\infty} u_n$ 必定收敛.

证 因为 $u_n = u_n + |u_n| - |u_n|$，令 $v_n = u_n + |u_n|$，有 $v_n \leqslant 2|u_n|\ (u_n \leqslant |u_n|)$，由 $\sum\limits_{n=1}^{\infty} 2|u_n|$ 收敛，得 $\sum\limits_{n=1}^{\infty} v_n$ 收敛，再由收敛级数的性质知，$\sum\limits_{n=1}^{\infty} u_n$ 收敛.

定理 8 告诉我们，对于任意项级数，可以考虑每项取绝对值变成的正项级数，如果这个正项级数收敛，则任意项级数一定收敛.

一般说来，如果级数 $\sum\limits_{n=1}^{\infty} |u_n|$ 发散，则不能断定级数 $\sum\limits_{n=1}^{\infty} u_n$ 也发散. 但是，如果用比值审敛法或根值审敛法根据 $\lim\limits_{n \to \infty} \left| \dfrac{u_{n+1}}{u_n} \right| = \rho > 1$ 或 $\lim\limits_{n \to \infty} \sqrt[n]{|u_n|} = \rho > 1$，判定级数 $\sum\limits_{n=1}^{\infty} |u_n|$ 发散，那么可以断定级数 $\sum\limits_{n=1}^{\infty} u_n$ 必定发散. 这是因为从 $\rho > 1$ 可推知当 $n \to \infty$ 时，$|u_n|$ 不趋于零，从而当 $n \to \infty$ 时，u_n 不趋于零，因此级数 $\sum\limits_{n=1}^{\infty} u_n$ 是发散的.

例如，级数 $\sum\limits_{n=1}^{\infty} \dfrac{(-1)^{n-1}}{n}$ 是任意项级数，且是收敛的，但级数 $\sum\limits_{n=1}^{\infty} \left| \dfrac{(-1)^{n-1}}{n} \right| = \sum\limits_{n=1}^{\infty} \dfrac{1}{n}$ 却发散.

例 11 判别级数 $\sum\limits_{n=1}^{\infty} \dfrac{\sin n\alpha}{n^2}$ 的收敛性.

解 因为 $\left| \dfrac{\sin n\alpha}{n^2} \right| \leqslant \dfrac{1}{n^2}$，而级数 $\sum\limits_{n=1}^{\infty} \dfrac{1}{n^2}$ 收敛，所以级数 $\sum\limits_{n=1}^{\infty} \left| \dfrac{\sin n\alpha}{n^2} \right|$ 也收敛.

由定理 8 知，原级数 $\sum\limits_{n=1}^{\infty} \dfrac{\sin n\alpha}{n^2}$ 收敛.

例 12 判别级数 $\sum\limits_{n=1}^{\infty}(-1)^n\dfrac{1}{2^n}\left(1+\dfrac{1}{n}\right)^{n^2}$ 的收敛性.

解 这是交错级数，记 $u_n=\dfrac{1}{2^n}\left(1+\dfrac{1}{n}\right)^{n^2}$，有

$$\sqrt[n]{u_n}=\dfrac{1}{2}\left(1+\dfrac{1}{n}\right)^n\to\dfrac{1}{2}\mathrm{e}\,(n\to\infty),$$

由 $\dfrac{1}{2}\mathrm{e}>1$，可知当 $n\to\infty$ 时，u_n 不趋于零，因此所给级数发散.

例 13 判别级数 $\sum\limits_{n=1}^{\infty}(-1)^n\dfrac{1}{\sqrt{n^2-n}}$ 的收敛性，若收敛，指明是条件收敛还是绝对收敛？

解 此级数为交错级数，因为

$$u_{n+1}=\dfrac{1}{\sqrt{(n+1)^2-(n+1)}}=\dfrac{1}{\sqrt{n^2+n}}<u_n=\dfrac{1}{\sqrt{n^2-n}},$$

且 $\lim\limits_{n\to\infty}u_n=\lim\limits_{n\to\infty}\dfrac{1}{\sqrt{n^2-n}}=0$，所以级数 $\sum\limits_{n=1}^{\infty}(-1)^n\dfrac{1}{\sqrt{n^2-n}}$ 收敛；

但 $\left|(-1)^n\dfrac{1}{\sqrt{n^2-n}}\right|=\dfrac{1}{\sqrt{n^2-n}}>\dfrac{1}{n}$，而 $\sum\limits_{n=1}^{\infty}\dfrac{1}{n}$ 发散，所以 $\sum\limits_{n=1}^{\infty}\left|(-1)^n\dfrac{1}{\sqrt{n^2-n}}\right|$ 发散. 于是

级数 $\sum\limits_{n=1}^{\infty}(-1)^n\dfrac{1}{\sqrt{n^2-n}}$ 为条件收敛.

习题 12.2

1. 用比较审敛法或极限形式的比较审敛法判别下列级数的收敛性.

（1）$1+\dfrac{1}{3}+\dfrac{1}{5}+\cdots+\dfrac{1}{(2n-1)}+\cdots$；

（2）$1+\dfrac{1+2}{1+2^2}+\dfrac{1+3}{1+3^2}+\cdots+\dfrac{1+n}{1+n^2}+\cdots$；

（3）$\sin\dfrac{\pi}{2}+\sin\dfrac{\pi}{2^2}+\sin\dfrac{\pi}{2^3}+\cdots+\sin\dfrac{\pi}{2^n}+\cdots$.

2. 用比值审敛法判别下列级数的收敛性.

（1）$\dfrac{3}{1\cdot2}+\dfrac{3^2}{2\cdot2^2}+\dfrac{3^3}{3\cdot2^3}+\cdots+\dfrac{3^n}{n\cdot2^n}+\cdots$；   （2）$\sum\limits_{n=1}^{\infty}\dfrac{n^2}{3^n}$；

（3）$\sum\limits_{n=1}^{\infty}\dfrac{2^n\cdot n!}{n^n}$；   （4）$\sum\limits_{n=1}^{\infty}n\tan\dfrac{\pi}{2^{n+1}}$.

*3．用根值审敛法判别下列级数的收敛性.

（1）$\sum\limits_{n=1}^{\infty}\left(\dfrac{n}{2n+1}\right)^{n}$；　　　　（2）$\sum\limits_{n=1}^{\infty}\dfrac{1}{[\ln(n+1)]^{n}}$；　　（3）$\sum\limits_{n=1}^{\infty}\left(\dfrac{n}{3n-1}\right)^{2n-1}$．

4．判别下列级数的收敛性.

（1）$\dfrac{3}{4}+2\left(\dfrac{3}{4}\right)^{2}+3\left(\dfrac{3}{4}\right)^{3}+\cdots+n\left(\dfrac{3}{4}\right)^{n}+\cdots$；

（2）$\dfrac{1^{4}}{1!}+\dfrac{2^{4}}{2!}+\dfrac{3^{4}}{3!}+\cdots+\dfrac{n^{4}}{n!}+\cdots$；

（3）$\sum\limits_{n=1}^{\infty}\dfrac{n+1}{n(n+2)}$；

（4）$\sum\limits_{n=1}^{\infty}2^{n}\sin\dfrac{\pi}{3^{n}}$；

（5）$\sqrt{2}+\sqrt{\dfrac{3}{2}}+\cdots+\sqrt{\dfrac{n+1}{n}}+\cdots$．

5．判别下列级数是否收敛？如果是收敛的，是绝对收敛还是条件收敛？

（1）$1-\dfrac{1}{\sqrt{2}}+\dfrac{1}{\sqrt{3}}-\dfrac{1}{\sqrt{4}}+\cdots+\dfrac{(-1)^{n-1}}{\sqrt{n}}+\cdots$；

（2）$\sum\limits_{n=1}^{\infty}(-1)^{n-1}\dfrac{n}{3^{n-1}}$；

（3）$\dfrac{1}{3}\cdot\dfrac{1}{2}-\dfrac{1}{3}\cdot\dfrac{1}{2^{2}}+\dfrac{1}{3}\cdot\dfrac{1}{2^{3}}-\dfrac{1}{3}\cdot\dfrac{1}{2^{4}}+\cdots+(-1)^{n-1}\dfrac{1}{3}\cdot\dfrac{1}{2^{n}}+\cdots$；

（4）$\dfrac{1}{\ln 2}-\dfrac{1}{\ln 3}+\dfrac{1}{\ln 4}-\dfrac{1}{\ln 5}+\cdots+(-1)^{n-1}\dfrac{1}{\ln(n+1)}+\cdots$；

（5）$\sum\limits_{n=1}^{\infty}(-1)^{n+1}\dfrac{2^{n^{2}}}{n!}$．

12.3　幂级数

12.3.1　函数项级数的概念

设给定一个定义在区间 I 上的函数列
$$u_{1}(x),u_{2}(x),\cdots,u_{n}(x),\cdots,$$
则由此函数列构成的表达式
$$\sum_{n=1}^{\infty}u_{n}(x)=u_{1}(x)+u_{2}(x)+\cdots+u_{n}(x)+\cdots \tag{12.3.1}$$

称为定义在区间 I 上的函数项无穷级数，简称（函数项）级数，$u_n(x)$ 称为一般项或通项.

对于每一确定的点 $x_0 \in I$，都对应一个数项级数

$$\sum_{n=1}^{\infty} u_n(x) \Big|_{x=x_0} = \sum_{n=1}^{\infty} u_n(x_0) = u_1(x_0) + u_2(x_0) + \cdots + u_n(x_0) + \cdots. \quad （12.3.2）$$

如果级数 $\sum\limits_{n=1}^{\infty} u_n(x_0)$ 收敛，则称 x_0 是级数 $\sum\limits_{n=1}^{\infty} u_n(x)$ 的收敛点；如果级数 $\sum\limits_{n=1}^{\infty} u_n(x_0)$ 发散，则称 x_0 是级数 $\sum\limits_{n=1}^{\infty} u_n(x)$ 的发散点. 函数项级数 $\sum\limits_{n=1}^{\infty} u_n(x)$ 所有收敛点的全体称为它的收敛域，记为 D，发散点的全体称为它的发散域.

对于收敛域 D 内的任一 x，函数项级数 $\sum\limits_{n=1}^{\infty} u_n(x)$ 为一收敛的常数项级数，因而有一确定的和 s 与 x 相对应，这样级数 $\sum\limits_{n=1}^{\infty} u_n(x)$ 就定义了一个其收敛域 D 上的函数 $s(x)$，称之为级数 $\sum\limits_{n=1}^{\infty} u_n(x)$ 的和函数，即

$$s(x) = \sum_{n=1}^{\infty} u_n(x), \quad x \in D.$$

对任意 $x \in D$，若级数 $\sum\limits_{n=1}^{\infty} u_n(x)$ 的前 n 项部分和为 $s_n(x)$，则

$$\lim_{n \to \infty} s_n(x) = s(x).$$

记 $r_n(x) = s(x) - s_n(x)$，称为级数 $\sum\limits_{n=1}^{\infty} u_n(x)$ 的余项（仅当 $x \in D$ 时，$r_n(x)$ 才有意义），并有

$$\lim_{n \to \infty} r_n(x) = \lim_{n \to \infty} [s(x) - s_n(x)] = 0.$$

12.3.2 幂级数及其收敛性

形如

$$\sum_{n=0}^{\infty} a_n x^n = a_0 + a_1 x + a_2 x^2 + \cdots + a_n x^n + \cdots \quad （12.3.3）$$

的函数项级数称为幂级数，它的一般形式为

$$\sum_{n=0}^{\infty} a_n (x - x_0)^n = a_0 + a_1 (x - x_0) + a_2 (x - x_0)^2 + \cdots + a_n (x - x_0)^n + \cdots. \quad （12.3.4）$$

其中 $a_n\ (n=0,1,2,\cdots)$ 称为幂级数的系数.

下面我们来讨论幂级数的收敛域. 例如幂级数

$$1+x+x^2+\cdots+x^n+\cdots,$$

当 $|x|<1$ 时收敛到 $\dfrac{1}{1-x}$；当 $|x|\geqslant 1$ 时发散，因此上述幂级数的收敛域为开区间 $(-1,1)$.

一般地，我们有如下定理.

定理 1（阿贝尔（Abel）定理） 如果幂级数 $\displaystyle\sum_{n=0}^{\infty}a_n x^n$，则

（1）当 $x=x_0\ (\neq 0)$ 时收敛，则对 $|x|<|x_0|$ 的一切 x，该级数绝对收敛；

（2）当 $x=x_0$ 时发散，则对 $|x|>|x_0|$ 的一切 x，该级数也发散.

定理 1 表明，如果幂级数在 $x=x_0$ 处收敛，那么对于开区间 $\left(-|x_0|,|x_0|\right)$ 内的任何 x，幂级数都收敛，即幂级数的收敛域一般是以原点为中心的区间；如果幂级数在 $x=x_0$ 处发散，那么对于闭区间 $\left[-|x_0|,|x_0|\right]$ 外的任何 x，幂级数都发散.

定义 若存在正数 R，使得当 $|x|<R$ 时，级数 $\displaystyle\sum_{n=0}^{\infty}a_n x^n$ 绝对收敛；当 $|x|>R$ 时，级数 $\displaystyle\sum_{n=0}^{\infty}a_n x^n$ 发散，则称 R 为幂级数 $\displaystyle\sum_{n=0}^{\infty}a_n x^n$ 的收敛半径，开区间 $(-R,R)$ 称为幂级数的收敛区间. 如果幂级数 $\displaystyle\sum_{n=0}^{\infty}a_n x^n$ 对一切实数 x 都绝对收敛，则其收敛半径 $R=+\infty$；如果幂级数 $\displaystyle\sum_{n=0}^{\infty}a_n x^n$ 仅在 $x=0$ 处收敛，则其收敛半径 $R=0$.

再由幂级数在 $x=\pm R$ 处的收敛性就可以确定它的收敛域是 $(-R,R)$，$[-R,R)$，$(-R,R]$ 或 $[-R,R]$ 这四个区间之一.

关于幂级数的收敛半径的求法，有下面的定理.

定理 2 设幂级数 $\displaystyle\sum_{n=0}^{\infty}a_n x^n$ 的收敛半径为 R，若

$$\lim_{n\to\infty}\left|\frac{a_{n+1}}{a_n}\right|=\rho\quad(\rho\text{ 为常数或}+\infty),$$

则 （1）当 $0<\rho<+\infty$ 时，$R=\dfrac{1}{\rho}$；

（2）当 $\rho=0$ 时，$R=+\infty$；

（3）当 $\rho=+\infty$ 时，$R=0$.

类似地，有如下定理.

定理3 设幂级数 $\sum\limits_{n=0}^{\infty} a_n x^n$ 的收敛半径为 R，$\lim\limits_{n\to\infty} \sqrt[n]{|a_n|} = \rho$，则

（1）当 $0 < \rho < +\infty$ 时，$R = \dfrac{1}{\rho}$；

（2）当 $\rho = 0$ 时，$R = +\infty$；

（3）当 $\rho = +\infty$ 时，$R = 0$．

例1 求级数 $\sum\limits_{n=1}^{\infty} (-1)^{n-1} \dfrac{x^n}{n}$ 的收敛半径和收敛域．

解 先求收敛半径．

$$R = \lim_{n\to\infty} \left| \frac{a_n}{a_{n+1}} \right| = \lim_{n\to\infty} \left| \frac{\dfrac{1}{n}}{\dfrac{1}{n+1}} \right| = \lim_{n\to\infty} \frac{n+1}{n} = 1，$$

所以，收敛半径 $R = 1$，收敛区间为 $(-1, 1)$．

在端点 $x = 1$ 处，级数成为交错级数 $\sum\limits_{n=1}^{\infty} (-1)^{n-1} \dfrac{1}{n}$，该级数是收敛的；

在端点 $x = -1$ 处，级数成为 $\sum\limits_{n=1}^{\infty} \left(-\dfrac{1}{n} \right)$，它是发散的．

因此，所给幂级数的收敛域是 $(-1, 1]$．

例2 求幂级数 $\sum\limits_{n=0}^{\infty} \dfrac{x^n}{n!}$ 的收敛域（规定 $0! = 1$）．

解 因为

$$\rho = \lim_{n\to\infty} \left| \frac{a_{n+1}}{a_n} \right| = \lim_{n\to\infty} \left| \frac{n!}{(n+1)!} \right| = \lim_{n\to\infty} \frac{1}{n+1} = 0，$$

所以收敛半径 $R = +\infty$，收敛域为 $(-\infty, +\infty)$．

例3 求幂级数 $\sum\limits_{n=0}^{\infty} n! x^n$ 的收敛半径．

解 因为

$$\rho = \lim_{n\to\infty} \left| \frac{a_{n+1}}{a_n} \right| = \lim_{n\to\infty} \frac{(n+1)!}{n!} = \lim_{n\to\infty} (n+1) = +\infty，$$

所以收敛半径 $R = 0$，即级数仅在点 $x = 0$ 处收敛．

例4 求幂级数 $\sum\limits_{n=0}^{\infty} \dfrac{(2n)!}{(n!)^2} x^{2n}$ 的收敛半径．

解 级数缺少奇次幂的项，定理 2 不能直接应用．根据正项级数的比值审敛法来求收敛半径，因为

$$\lim_{n \to \infty} \left| \frac{\frac{[2(n+1)]!}{[(n+1)!]^2} x^{2(n+1)}}{\frac{(2n)!}{(n!)^2} x^{2n}} \right| = 4|x|^2 ,$$

故当 $4|x|^2 < 1$ ，即 $|x| < \dfrac{1}{2}$ 时，级数收敛；当 $4|x|^2 > 1$ ，即 $|x| > \dfrac{1}{2}$ 时，级数发散．所以收敛半径 $R = \dfrac{1}{2}$ ．

例 5 求幂级数 $\displaystyle\sum_{n=1}^{\infty} \frac{(2x+1)^n}{n}$ 的收敛域．

解 令 $t = 2x+1$ ，则级数变为 $\displaystyle\sum_{n=1}^{\infty} \frac{t^n}{n}$ ，由

$$R = \lim_{n \to \infty} \left| \frac{a_n}{a_{n+1}} \right| = \lim_{n \to \infty} \left| \frac{\frac{1}{n}}{\frac{1}{n+1}} \right| = \lim_{n \to \infty} \frac{n+1}{n} = 1 ,$$

得收敛半径 $R = 1$ ．即当 $|t| < 1$ 时，级数绝对收敛．

故当 $|2x+1| < 1$ ，即 $-1 < 2x+1 < 1$ ，也就是 $-1 < x < 0$ 时，幂级数 $\displaystyle\sum_{n=1}^{\infty} \frac{(2x+1)^n}{n}$ 绝对收敛．

当 $x = -1$ 时，成为交错级数 $\displaystyle\sum_{n=1}^{\infty} (-1)^n \frac{1}{n}$ ，收敛；

当 $x = 0$ 时，成为调和级数 $\displaystyle\sum_{n=1}^{\infty} \frac{1}{n}$ ，发散．

所以，幂级数 $\displaystyle\sum_{n=1}^{\infty} \frac{(2x+1)^n}{n}$ 的收敛域为 $[-1, 0)$ ．

12.3.3 幂级数的运算

（1）设两个幂级数 $\displaystyle\sum_{n=0}^{\infty} a_n x^n$ 及 $\displaystyle\sum_{n=0}^{\infty} b_n x^n$ 的收敛半径分别为 R_1 和 R_2 ，取 $R = \min\{R_1, R_2\}$ ，则有

1）加减法：$\displaystyle\sum_{n=0}^{\infty} a_n x^n \pm \sum_{n=0}^{\infty} b_n x^n = \sum_{n=0}^{\infty} (a_n \pm b_n) x^n$ ，$x \in (-R, R)$ ；

2）乘法：$\left(\sum\limits_{n=0}^{\infty} a_n x^n\right)\left(\sum\limits_{n=0}^{\infty} b_n x^n\right) = a_0 b_0 + (a_0 b_1 + a_1 b_0)x + (a_0 b_2 + a_1 b_1 + a_2 b_0)x^2 + \cdots$

$$+ (a_0 b_n + a_1 b_{n-1} + a_2 b_{n-2} + \cdots + a_n b_0)x^n + \cdots,$$

其中 $x \in (-R, R)$ ，乘积级数的系数仿照多项式的乘法规则作出.

（2）设幂级数 $\sum\limits_{n=0}^{\infty} a_n x^n$ 的收敛半径为 R ，和函数为 $s(x)$ ，则

1）$s(x)$ 在 $(-R, R)$ 内连续；

2）$s(x)$ 在 $(-R, R)$ 内可导，且

$$s'(x) = \left(\sum_{n=0}^{\infty} a_n x^n\right)' = \sum_{n=0}^{\infty} (a_n x^n)' = \sum_{n=1}^{\infty} n a_n x^{n-1} ,$$

即幂级数可以逐项求导；

注：反复应用此结论可得，幂级数 $\sum\limits_{n=0}^{\infty} a_n x^n$ 的和函数 $s(x)$ 在其收敛区间 $(-R, R)$

内具有任意阶导数.

3）$s(x)$ 在 $(-R, R)$ 内可积，且

$$\int_0^x s(x)\mathrm{d}x = \int_0^x \left(\sum_{n=0}^{\infty} a_n x^n\right)\mathrm{d}x = \sum_{n=0}^{\infty} \int_0^x a_n x^n \,\mathrm{d}x = \sum_{n=0}^{\infty} \frac{a_n}{n+1} x^{n+1} ,$$

即幂级数可以逐项积分.

幂级数逐项求导或逐项积分后，收敛半径 R 不变，但在收敛区间的端点处，级数的收敛性可能会改变.

例 6 求幂级数 $\sum\limits_{n=1}^{\infty} n x^{n-1}$ 的收敛域及和函数，并求级数 $\sum\limits_{n=1}^{\infty} \frac{n}{2^n}$ 的和.

解 由

$$R = \lim_{n \to \infty} \left|\frac{a_n}{a_{n+1}}\right| = \lim_{n \to \infty} \left|\frac{n}{n+1}\right| = \lim_{n \to \infty} \frac{n}{n+1} = 1 ,$$

得到收敛半径 $R = 1$.

当 $x = 1$ 时，级数成为 $\sum\limits_{n=1}^{\infty} n$ ，其一般项不趋于 0 ，因此它发散；同理，当 $x = -1$

时，级数也发散. 所以收敛域为 $(-1, 1)$.

设和函数为

$$s(x) = 1 + 2x + 3x^2 + \cdots + n x^{n-1} + \cdots, \quad x \in (-1, 1) ,$$

两边由 0 到 x 积分得

$$\int_0^x s(t)\,\mathrm{d}t = x + x^2 + x^3 + \cdots + x^n + \cdots$$
$$= x(1 + x + x^2 + \cdots + x^{n-1} + \cdots)$$
$$= x \cdot \frac{1}{1-x} = \frac{x}{1-x} = \frac{1}{1-x} - 1 ,$$

两边对 x 求导，即得

$$s(x) = \left(\int_0^x s(t)\,\mathrm{d}t \right)' = \left(\frac{1}{1-x} - 1 \right)' = \frac{1}{(1-x)^2} ,$$

所以

$$s(x) = \sum_{n=1}^{\infty} n x^{n-1} = \frac{1}{(1-x)^2} , \quad x \in (-1,1) .$$

取 $x = \dfrac{1}{2}$ ，则有

$$\sum_{n=1}^{\infty} n \left(\frac{1}{2} \right)^{n-1} = \frac{1}{\left(1 - \dfrac{1}{2} \right)^2} = 4 ,$$

所以

$$\sum_{n=1}^{\infty} \frac{n}{2^n} = \frac{1}{2} \times 4 = 2 .$$

习题 12.3

1. 求下列幂级数的收敛区间.

（1） $x + 2x^2 + 3x^3 + \cdots + n x^n + \cdots$ ；

（2） $1 - x + \dfrac{x^2}{2^2} - \cdots + (-1)^n \dfrac{x^n}{n^2} + \cdots$ ；

（3） $\dfrac{x}{2} + \dfrac{x^2}{2 \cdot 4} + \dfrac{x^3}{2 \cdot 4 \cdot 6} + \cdots + \dfrac{x^n}{2 \cdot 4 \cdots (2n)} + \cdots$ ；

（4） $\dfrac{x}{1 \cdot 3} + \dfrac{x^2}{2 \cdot 3^2} + \dfrac{x^3}{3 \cdot 3^3} + \cdots + \dfrac{x^n}{n \cdot 3^n} + \cdots$ ；

（5） $\dfrac{2}{2} x + \dfrac{2^2}{5} x^2 + \dfrac{2^3}{10} x^3 + \cdots + \dfrac{2^n}{n^2 + 1} x^n + \cdots$ ；

（6） $\displaystyle\sum_{n=1}^{\infty} (-1)^n \dfrac{x^{2n+1}}{2n+1}$ ；

（7） $\displaystyle\sum_{n=1}^{\infty} \dfrac{2n-1}{2^n} x^{2n-2}$ ；

（8） $\displaystyle\sum_{n=1}^{\infty} \dfrac{(x-5)^n}{\sqrt{n}}$.

2. 利用逐项求导或逐项积分，求下列级数的和函数.

（1）$\displaystyle\sum_{n=1}^{\infty} nx^{n-1}$；

（2）$\displaystyle\sum_{n=1}^{\infty} \frac{x^{4n+1}}{4n+1}$；

（3）$x + \dfrac{x^3}{3} + \dfrac{x^5}{5} + \cdots + \dfrac{x^{2n-1}}{2n-1} + \cdots$；

（4）$\displaystyle\sum_{n=1}^{\infty} (n+2)x^{n+3}$.

12.4 函数展开成幂级数

12.4.1 泰勒级数

幂级数在收敛区间内确定了一个和函数. 现在讨论相反的问题，即一个函数是否也可以表示成幂级数的形式.

定理 1（泰勒中值定理）　如果函数 $f(x)$ 在 x_0 的某邻域内有直至 $n+1$ 阶导数，则对此邻域内任意点 x 有

$$f(x) = f(x_0) + \frac{f'(x_0)}{1!}(x-x_0) + \frac{f''(x_0)}{2!}(x-x_0)^2 + \cdots \qquad (12.4.1)$$
$$+ \frac{f^{(n)}(x_0)}{n!}(x-x_0)^n + R_n(x),$$

其中

$$R_n(x) = \frac{f^{(n+1)}(\xi)}{(n+1)!}(x-x_0)^{n+1} \quad (\xi \text{ 在 } x_0 \text{ 与 } x \text{ 之间}). \qquad (12.4.2)$$

（12.4.1）式称为函数 $f(x)$ 的 n 阶泰勒公式.

$$p_n(x) = f(x_0) + \frac{f'(x_0)}{1!}(x-x_0) + \frac{f''(x_0)}{2!}(x-x_0)^2 + \cdots + \frac{f^{(n)}(x_0)}{n!}(x-x_0)^n,$$

称为 $f(x)$ 的 n 阶泰勒多项式.

$$R_n(x) = \frac{f^{(n+1)}(\xi)}{(n+1)!}(x-x_0)^{n+1} \quad (\xi \text{ 在 } x_0 \text{ 与 } x \text{ 之间}),$$

称为 n 阶泰勒公式的拉格朗日型余项，当 $x \to x_0$ 时，它是比 $(x-x_0)^n$ 高阶的无穷小.

函数 $f(x)$ 的 n 阶泰勒公式（12.4.1）为

$$f(x) = p_n(x) + R_n(x). \qquad (12.4.3)$$

函数 $f(x)$ 的泰勒公式可使我们用一个关于 $(x-x_0)$ 的 n 次多项式来近似表达

函数 $f(x)$，并可通过余项估计误差.

泰勒公式（12.4.1）中，当 $x_0 = 0$ 时，公式成为

$$f(x) = f(0) + \frac{f'(0)}{1!}x + \frac{f''(0)}{2!}x^2 + \cdots + \frac{f^{(n)}(0)}{n!}x^n + R_n(x)，\qquad（12.4.4）$$

其中余项 $R_n(x) = \dfrac{f^{(n+1)}(\xi)}{(n+1)!}x^{n+1}$ （ξ 在 0 与 x 之间）.

公式（12.4.4）称为函数 $f(x)$ 的麦克劳林（Maclaurin）公式.

如果函数 $f(x)$ 有各阶导数，则对于任意的正整数 n，泰勒公式（12.4.1）都成立. 当 $n \to \infty$ 时，如果 $R_n(x) \to 0$，则得

$$f(x) = \lim_{n \to \infty}\left[f(x_0) + \frac{f'(x_0)}{1!}(x - x_0) + \frac{f''(x_0)}{2!}(x - x_0)^2 + \cdots + \frac{f^{(n)}(x_0)}{n!}(x - x_0)^n \right].$$

由于上式右端方括号内的式子是级数

$$\sum_{n=0}^{\infty} \frac{f^{(n)}(x_0)}{n!}(x - x_0)^n$$

的前 $n + 1$ 项组成的部分和，所以此级数收敛，且以 $f(x)$ 为和. 因此，函数 $f(x)$ 可以写为

$$f(x) = \sum_{n=0}^{\infty} \frac{f^{(n)}(x_0)}{n!}(x - x_0)^n，\qquad（12.4.5）$$

称（12.4.5）式为函数 $f(x)$ 的泰勒级数.

定理 2 设函数 $f(x)$ 在点 x_0 的某一邻域 $U(x_0)$ 内具有各阶导数，则 $f(x)$ 在该邻域内能展开成泰勒级数的充分必要条件是在该邻域内 $f(x)$ 的泰勒公式中的余项 $R_n(x)$ 当 $n \to \infty$ 时的极限为零，即 $\lim\limits_{n \to \infty} R_n(x) = 0$，$x \in U(x_0)$.

证 由（12.4.3）式及（12.4.5）式有

$$\sum_{n=0}^{\infty} \frac{f^{(n)}(x_0)}{n!}(x - x_0)^n = f(x)，\quad x \in U(x_0)$$

$$\Leftrightarrow \lim_{n \to \infty} p_n(x) = f(x)，\quad x \in U(x_0)$$

$$\Leftrightarrow \lim_{n \to \infty}[f(x) - p_n(x)] = 0，\quad x \in U(x_0)$$

$$\Leftrightarrow \lim_{n \to \infty} R_n(x) = 0，\quad x \in U(x_0).$$

注：只有 $R_n(x)$ 满足 $\lim\limits_{n \to \infty} R_n(x) = 0$ 时，$f(x)$ 才与它的泰勒级数相等，即（12.4.5）式成立. 此时称 $f(x)$ 在 x_0 处可展成幂级数. 当 $f(x)$ 可展成幂级数时，这个幂级数是唯一的.

特别地，当 $x_0 = 0$ 时，公式（12.4.5）成为

$$f(x) = \sum_{n=0}^{\infty} \frac{f^{(n)}(0)}{n!} x^n , \qquad (12.4.6)$$

称为麦克劳林级数.

12.4.2 函数展开成幂级数

1. 直接展开法

下面给出将函数展开成麦克劳林级数的方法，就是直接按公式 $a_n = \dfrac{f^{(n)}(0)}{n!}$

$(n=1,2,\cdots)$ 计算幂级数的系数，再讨论余项 $R_n(x)$ 是否趋于零. 具体步骤：

（1）求出 $f(x)$ 的各阶导数 $f'(x), f''(x), \cdots, f^{(n)}(x), \cdots$，如果在 $x=0$ 处某阶导

数不存在，就停止进行，例如，在 $x=0$ 处， $f(x)=x^{\frac{7}{3}}$ 的三阶导数不存在，它就不

能展开成为 x 的幂级数；

（2）求出函数及其各阶导数在 $x=0$ 处的值；

（3）写出幂级数

$$f(0) + \frac{f'(0)}{1!} x + \frac{f''(0)}{2!} x^2 + \cdots + \frac{f^{(n)}(0)}{n!} x^n + \cdots ,$$

并求其收敛半径 R ；

（4）利用 $R_n(x) = \dfrac{f^{(n+1)}(\xi)}{(n+1)!} x^{n+1}$ （ ξ 在 0 与 x 之间），考察当 x 在区间 $(-R,R)$ 内

时余项 $R_n(x)$ 的极限是否为零，如果为零，那么函数 $f(x)$ 在区间 $(-R,R)$ 内的幂级

数展开式为

$$f(x) = f(0) + \frac{f'(0)}{1!} x + \frac{f''(0)}{2!} x^2 + \cdots + \frac{f^{(n)}(0)}{n!} x^n + \cdots (-R < x < R) .$$

例 1 将 $f(x) = e^x$ 展开成 x 的幂级数.

解 由 $f(x) = e^x$ ， $f^{(n)}(x) = e^x$ $(n=1,2,\cdots)$，所以 $f(0) = f^{(n)}(0) = 1$

$(n=1,2,\cdots)$，于是 e^x 的麦克劳林级数为

$$1 + x + \frac{x^2}{2!} + \frac{x^3}{3!} + \cdots + \frac{x^n}{n!} + \cdots ,$$

其收敛半径 $R = +\infty$.

对于 $(-\infty, +\infty)$ 内任意有限数 x 与 ξ （ ξ 在 0 与 x 之间），余项的绝对值为

$$\left| R_n(x) \right| = \left| \frac{e^{\xi}}{(n+1)!} x^{n+1} \right| < e^{|x|} \cdot \frac{|x|^{n+1}}{(n+1)!} ,$$

因为 $e^{|x|}$ 是有限值，而 $\dfrac{|x|^{n+1}}{(n+1)!}$ 是收敛级数 $\displaystyle\sum_{n=0}^{\infty} \frac{|x|^{n+1}}{(n+1)!}$ 的一般项，所以当 $n \to \infty$ 时，

$e^{|x|} \cdot \dfrac{\left| x \right|^{n+1}}{(n+1)!} \to 0$，即当 $n \to \infty$ 时，有 $\left| R_n(x) \right| \to 0$，因此 $f(x)$ 可展开成麦克劳林级数，即

$$e^x = 1 + x + \frac{x^2}{2!} + \frac{x^3}{3!} + \cdots + \frac{x^n}{n!} + \cdots \quad (-\infty < x < +\infty).$$

例 2 将函数 $f(x) = \sin x$ 展开成 x 的幂级数.

解 函数 $\sin x$ 的各阶导数为 $f^{(n)}(x) = \sin\left(x + n \cdot \dfrac{\pi}{2}\right) (n = 1, 2, \cdots)$，$f^{(n)}(0)$ 顺序循环地取 $0, 1, 0, -1, \cdots (n = 0, 1, 2, 3, \cdots)$，于是得级数

$$x - \frac{x^3}{3!} + \frac{x^5}{5!} - \cdots + (-1)^n \frac{x^{2n+1}}{(2n+1)!} + \cdots,$$

其收敛半径 $R = +\infty$.

对于 $(-\infty, +\infty)$ 内任意有限数 x 与 ξ（ξ 在 0 与 x 之间），余项的绝对值为

$$\left| R_n(x) \right| = \left| \frac{\sin\left(\xi + (n+1) \cdot \dfrac{\pi}{2}\right)}{(n+1)!} x^{n+1} \right| \leqslant \frac{\left| x \right|^{n+1}}{(n+1)!} \to 0 \, (n \to \infty).$$

因此得展开式

$$\sin x = x - \frac{x^3}{3!} + \frac{x^5}{5!} - \cdots + (-1)^n \frac{x^{2n+1}}{(2n+1)!} + \cdots \quad (-\infty < x < +\infty).$$

用直接展开法还可推得下列函数的幂级数展开式

$$(1+x)^m = 1 + mx + \frac{m(m-1)}{2!} x^2 + \cdots + \frac{m(m-1)\cdots(m-n+1)}{n!} x^n + \cdots \quad (-1 < x < 1),$$

其中 m 是实数.

这个级数称为二项式级数. 由于这个级数的收敛区间为 $(-1, 1)$. 当 $x = \pm 1$ 时，展开式是否成立取决于 m 的值.

当 m 为正整数 n 时，由上式看出含 x^n 的项以后各项的系数都为 0. 级数为 x 的 m 次多项式，这就是代数学中的二项式公式. 当 $m = -1$ 时，

$$(1+x)^m = (1+x)^{-1} = \frac{1}{1+x} = 1 - x + x^2 - \cdots + (-1)^n x^n + \cdots \quad (-1 < x < 1).$$

对应于 $m = \dfrac{1}{2}$ 及 $m = -\dfrac{1}{2}$ 的二项展开式分别为

$$\sqrt{1+x} = 1 + \frac{1}{2} x - \frac{1}{2 \cdot 4} x^2 + \frac{1 \cdot 3}{2 \cdot 4 \cdot 6} x^3 - \frac{1 \cdot 3 \cdot 5}{2 \cdot 4 \cdot 6 \cdot 8} x^4 + \cdots +$$

$$(-1)^{n-1} \frac{1 \cdot 3 \cdot 5 \cdots (2n-3)}{2 \cdot 4 \cdot 6 \cdot 8 \cdots (2n)} x^n + \cdots \quad (-1 \leqslant x \leqslant 1),$$

$$\frac{1}{\sqrt{1+x}} = 1 - \frac{1}{2}x + \frac{1\cdot 3}{2\cdot 4}x^2 - \frac{1\cdot 3\cdot 5}{2\cdot 4\cdot 6}x^3 + \frac{1\cdot 3\cdot 5\cdot 7}{2\cdot 4\cdot 6\cdot 8}x^4 - \cdots +$$

$$(-1)^n\frac{1\cdot 3\cdot 5\cdots (2n-1)}{2\cdot 4\cdot 6\cdots (2n)}x^n + \cdots \quad (-1 < x \leqslant 1).$$

通过以上两例不难看出，这种直接展开的方法计算量较大，而且研究余项即使在初等函数中也不是一件容易的事．下面介绍间接展开的方法．

2. 间接展开法

由于函数的幂级数展开式是唯一的，所以可以利用一些已知的函数展开式及幂级数的运算、变量代换等方法，将所给级数展开成幂级数，这种方法称为间接展开法．

例3 将函数 $f(x) = \cos x$ 展开成 x 的幂级数．

解 因为

$$\sin x = x - \frac{x^3}{3!} + \frac{x^5}{5!} - \cdots + (-1)^n\frac{x^{2n+1}}{(2n+1)!} + \cdots \quad (-\infty < x < +\infty),$$

两边对 x 求导，得

$$\cos x = 1 - \frac{x^2}{2!} + \frac{x^4}{4!} - \cdots + (-1)^n\frac{x^{2n}}{(2n)!} + \cdots \quad (-\infty < x < +\infty).$$

例4 将函数 $f(x) = \ln(1+x)$ 展开成 x 的幂级数．

解 因为 $[\ln(1+x)]' = \dfrac{1}{1+x}$，

$$\frac{1}{1+x} = 1 - x + x^2 - \cdots + (-1)^n x^n + \cdots \quad (-1 < x < 1),$$

将上式从 0 到 x 逐项积分得

$$\int_0^x \frac{1}{1+x}\mathrm{d}x = \int_0^x (1 - x + x^2 - \cdots + (-1)^n x^n + \cdots)\mathrm{d}x$$

$$= x - \frac{x^2}{2} + \frac{x^3}{3} - \frac{x^4}{4} + \cdots + (-1)^n\frac{x^{n+1}}{n+1} + \cdots,$$

即

$$\ln(1+x) = x - \frac{x^2}{2} + \frac{x^3}{3} - \frac{x^4}{4} + \cdots + (-1)^n\frac{x^{n+1}}{n+1} + \cdots \quad (-1 < x \leqslant 1).$$

由于上式右端级数在 $x = 1$ 处是收敛的，所以上式对于 $x = 1$ 也是成立的，即有

$$\ln 2 = 1 - \frac{1}{2} + \frac{1}{3} - \frac{1}{4} + \cdots + (-1)^n\frac{1}{n+1} + \cdots.$$

例5 将函数 $f(x) = \sin x$ 展开成 $\left(x - \dfrac{\pi}{4}\right)$ 的幂级数．

解 因为

$$\sin x = \sin\left[\frac{\pi}{4} + \left(x - \frac{\pi}{4}\right)\right]$$

$$= \sin\frac{\pi}{4}\cos\left(x - \frac{\pi}{4}\right) + \cos\frac{\pi}{4}\sin\left(x - \frac{\pi}{4}\right)$$

$$= \frac{1}{\sqrt{2}}\left[\cos\left(x - \frac{\pi}{4}\right) + \sin\left(x - \frac{\pi}{4}\right)\right],$$

$$\cos\left(x - \frac{\pi}{4}\right) = 1 - \frac{\left(x - \frac{\pi}{4}\right)^2}{2!} + \frac{\left(x - \frac{\pi}{4}\right)^4}{4!} - \cdots + \frac{(-1)^n}{(2n)!}\left(x - \frac{\pi}{4}\right)^{2n} + \cdots \ (-\infty < x < +\infty),$$

$$\sin\left(x - \frac{\pi}{4}\right) = \left(x - \frac{\pi}{4}\right) - \frac{\left(x - \frac{\pi}{4}\right)^3}{3!} + \frac{\left(x - \frac{\pi}{4}\right)^5}{5!} - \cdots$$

$$+ \frac{(-1)^n}{(2n+1)!}\left(x - \frac{\pi}{4}\right)^{2n+1} + \cdots (-\infty < x < +\infty),$$

所以

$$\sin x = \frac{1}{\sqrt{2}}\left[1 + \left(x - \frac{\pi}{4}\right) - \frac{\left(x - \frac{\pi}{4}\right)^2}{2!} - \frac{\left(x - \frac{\pi}{4}\right)^3}{3!} + \cdots + \right.$$

$$\left. \frac{(-1)^n}{(2n)!}\left(x - \frac{\pi}{4}\right)^{2n} + \frac{(-1)^n}{(2n+1)!}\left(x - \frac{\pi}{4}\right)^{2n+1} + \cdots\right] (-\infty < x < +\infty).$$

例6 将函数 $f(x) = \dfrac{1}{x^2 + 4x + 3}$ 展开为 $(x-1)$ 的幂级数.

解 因为

$$f(x) = \frac{1}{x^2 + 4x + 3} = \frac{1}{(x+1)(x+3)} = \frac{1}{2(x+1)} - \frac{1}{2(x+3)}$$

$$= \frac{1}{4\left(1 + \dfrac{x-1}{2}\right)} - \frac{1}{8\left(1 + \dfrac{x-1}{4}\right)},$$

而

$$\frac{1}{4\left(1 + \dfrac{x-1}{2}\right)} = \frac{1}{4}\sum_{n=0}^{\infty}\frac{(-1)^n}{2^n}(x-1)^n \quad (-1 < x < 3),$$

$$\frac{1}{8\left(1+\frac{x-1}{4}\right)}=\frac{1}{8}\sum_{n=0}^{\infty}\frac{(-1)^n}{4^n}(x-1)^n \quad (-3<x<5)，$$

所以

$$f(x)=\frac{1}{x^2+4x+3}=\sum_{n=0}^{\infty}(-1)^n\left(\frac{1}{2^{n+2}}-\frac{1}{2^{2n+3}}\right)(x-1)^n \quad (-1<x<3).$$

$\mathrm{e}^x, \sin x, \dfrac{1}{1-x}, \dfrac{1}{1+x}, \cos x, \ln(1+x)$ 这五个函数的幂级数展开式比较重要，记住前三个，后面的也就掌握了，甚至很容易得到 a^x 及 $\arctan x$ 的幂级数展开式，即

$$a^x=\mathrm{e}^{x\ln a}=\sum_{n=0}^{\infty}\frac{(\ln a)^n}{n!}x^n \quad (-\infty<x<+\infty)；$$

将 $\dfrac{1}{1+x}$ 中的 x 换成 x^2 得

$$\frac{1}{1+x^2}=\sum_{n=0}^{\infty}(-1)^n x^{2n} \quad (-1<x<1)，$$

对上式从 0 到 x 积分，可得

$$\arctan x=\sum_{n=0}^{\infty}\frac{(-1)^n}{2n+1}x^{2n+1} \quad (-1\leqslant x\leqslant 1).$$

习题 12.4

1. 将下列函数展开成 x 的幂级数，并求展开式成立的区间.

（1） $\mathrm{sh}\, x=\dfrac{\mathrm{e}^x-\mathrm{e}^{-x}}{2}$；   （2） $\ln(a+x)(a>0)$；

（3） $(1+x)\ln(1+x)$；   （4） $\sin\dfrac{x}{2}$.

2. 将函数 $f(x)=\cos x$ 展开成 $\left(x+\dfrac{\pi}{3}\right)$ 的幂级数.

3. 将函数 $f(x)=\dfrac{1}{x}$ 展开成 $(x-3)$ 的幂级数.

4. 将函数 $f(x)=\dfrac{1}{x^2+3x+2}$ 展开成 $(x+4)$ 的幂级数.

*12.5 傅里叶级数

在上一节中研究了幂级数，在物理学和电子工程技术中，经常还用到另一类重要的函数项级数，这就是三角级数. 三角级数也称为傅里叶（Fourier）级数. 三角级数的一般形式是

$$\frac{a_0}{2} + \sum_{n=1}^{\infty} (a_n \cos nx + b_n \sin nx). \qquad (12.5.1)$$

其中 a_0, a_n, b_n $(n=1,2,\cdots)$ 都是常数，称为系数. 在本节中主要研究三角级数的收敛性以及如何把一个函数展开成三角级数的问题. 为此先讨论三角函数系的正交性.

12.5.1 三角级数

三角级数（12.5.1）可看作是三角函数系
$$\{1, \sin x, \cos x, \sin 2x, \cos 2x, \cdots, \sin nx, \cos nx, \cdots\} \qquad (12.5.2)$$
的线性组合.

三角函数系（12.5.2）具有如下重要的正交性质.

定理 1（三角函数系的正交性） 三角函数系（12.5.2）中任意两个不同的函数乘积在 $[-\pi, \pi]$ 上的积分等于 0，即有

$$\int_{-\pi}^{\pi} \cos nx \, dx = 0 \qquad (n=1,2,\cdots),$$

$$\int_{-\pi}^{\pi} \sin nx \, dx = 0 \qquad (n=1,2,\cdots),$$

$$\int_{-\pi}^{\pi} \cos kx \sin nx \, dx = 0 \qquad (k,n=1,2,\cdots),$$

$$\int_{-\pi}^{\pi} \cos kx \cos nx \, dx = 0 \qquad (k,n=1,2,\cdots, k \neq n),$$

$$\int_{-\pi}^{\pi} \sin kx \sin nx \, dx = 0 \qquad (k,n=1,2,\cdots, k \neq n).$$

这个定理的证明很容易，只要把这五个积分实际求出来即可.

12.5.2 函数展开成傅里叶级数

以 2π 为周期的函数 $f(x)$ 展开成傅里叶（Fourier）级数.

设 $f(x)$ 是周期为 2π 的周期函数，且能展开成三角级数

$$f(x) = \frac{a_0}{2} + \sum_{n=1}^{\infty} (a_n \cos nx + b_n \sin nx), \qquad (12.5.3)$$

将 $f(x)$ 展成三角级数，就是要确定（12.5.3）式中的系数 a_0, a_n, b_n $(n=1,2,\cdots)$. 为此，利用三角函数系的正交性，假设（12.5.3）式是可以逐项积分的，将（12.5.3）式两边同时在 $[-\pi, \pi]$ 上逐项积分：

$$\int_{-\pi}^{\pi} f(x) \, dx = \int_{-\pi}^{\pi} \frac{a_0}{2} \, dx + \sum_{n=1}^{\infty} \left(a_n \int_{-\pi}^{\pi} \cos nx \, dx + b_n \int_{-\pi}^{\pi} \sin nx \, dx \right),$$

由定理 1（三角函数系的正交性），右边除第一项均为 0，所以

$$\int_{-\pi}^{\pi} f(x)\,\mathrm{d}x = \int_{-\pi}^{\pi} \frac{a_0}{2}\,\mathrm{d}x = a_0\pi,$$

即

$$a_0 = \frac{1}{\pi}\int_{-\pi}^{\pi} f(x)\,\mathrm{d}x.$$

类似地，可推得

$$a_n = \frac{1}{\pi}\int_{-\pi}^{\pi} f(x)\cos nx\,\mathrm{d}x \quad (n=1,2,\cdots),$$

$$b_n = \frac{1}{\pi}\int_{-\pi}^{\pi} f(x)\sin nx\,\mathrm{d}x \quad (n=1,2,\cdots).$$

用上述方法求得的系数 a_0，a_n，b_n 称为 $f(x)$ 的傅里叶系数.

综上所述，得如下定理.

定理 2　设 $f(x)$ 是以 2π 为周期的周期函数，则 $f(x)$ 的傅里叶系数为

$$a_n = \frac{1}{\pi}\int_{-\pi}^{\pi} f(x)\cos nx\,\mathrm{d}x \quad (n=0,1,2,\cdots), \tag{12.5.4}$$

$$b_n = \frac{1}{\pi}\int_{-\pi}^{\pi} f(x)\sin nx\,\mathrm{d}x \quad (n=1,2,\cdots). \tag{12.5.5}$$

由 $f(x)$ 的傅里叶系数所确定的三角级数

$$\frac{a_0}{2} + \sum_{n=1}^{\infty}(a_n\cos nx + b_n\sin nx), \tag{12.5.6}$$

称为 $f(x)$ 的傅里叶级数.

对于给定的 $f(x)$ 只要 $f(x)$ 能使公式（12.5.4）和（12.5.5）的积分存在，就可以计算出 $f(x)$ 的傅里叶系数，从而得 $f(x)$ 的傅里叶级数. 但是这个傅里叶级数不一定收敛，即使收敛也不一定收敛于 $f(x)$. 那么 $f(x)$ 还需要附加什么条件，才能确保 $f(x)$ 的傅里叶级数收敛且收敛于 $f(x)$ 呢？下面的定理就回答了这个问题.

定理 3（收敛定理，狄利克雷（Dirichlet）充分条件）　设以 2π 为周期的周期函数 $f(x)$ 在 $[-\pi,\pi]$ 上满足狄利克雷条件：

（1）仅有有限个第一类间断点，或连续；

（2）至多只有有限个极值点，

则 $f(x)$ 的傅里叶级数在 $[-\pi,\pi]$ 上收敛，且有

（1）当 x 是 $f(x)$ 的连续点时，$f(x)$ 的傅里叶级数收敛于 $f(x)$；

（2）当 x 是 $f(x)$ 的间断点时，$f(x)$ 的傅里叶级数收敛于这一点左、右极限的

算术平均值 $\frac{1}{2}\left[f(x^-)+f(x^+)\right]$.

例 1　设 $f(x)$ 是周期为 2π 的周期函数，它在 $[-\pi,\pi]$ 上的表达式为

$$f(x) = \begin{cases} -1, & -\pi \leqslant x < 0, \\ 1, & 0 \leqslant x < \pi, \end{cases}$$

将 $f(x)$ 展开成傅里叶级数，并作出级数的和函数的图形.

解 所给函数满足收敛定理的条件，它在点 $x = k\pi\,(k = 0, \pm 1, \pm 2, \cdots)$ 处不连续，在其他点处连续，从而由收敛定理知 $f(x)$ 的傅里叶级数收敛，并且当 $x = k\pi$ 时级数收敛于

$$\frac{-1+1}{2} = \frac{1+(-1)}{2} = 0 ,$$

当 $x \neq k\pi$ 时级数收敛于 $f(x)$.

计算傅里叶系数的过程如下：

$$\begin{aligned} a_n &= \frac{1}{\pi} \int_{-\pi}^{\pi} f(x) \cos\, nx\, \mathrm{d}x \\ &= \frac{1}{\pi} \int_{-\pi}^{0} (-1) \cos\, nx\, \mathrm{d}x + \frac{1}{\pi} \int_{0}^{\pi} 1 \cdot \cos\, nx\, \mathrm{d}x = 0 \ (n = 0, 1, 2, \cdots) ; \end{aligned}$$

$$\begin{aligned} b_n &= \frac{1}{\pi} \int_{-\pi}^{\pi} f(x) \sin\, nx\, \mathrm{d}x \\ &= \frac{1}{\pi} \int_{-\pi}^{0} (-1) \sin\, nx\, \mathrm{d}x + \frac{1}{\pi} \int_{0}^{\pi} 1 \cdot \sin\, nx\, \mathrm{d}x \ = \frac{1}{\pi} \left[\frac{\cos nx}{n} \right]_{-\pi}^{0} + \frac{1}{\pi} \left[-\frac{\cos nx}{n} \right]_{0}^{\pi} \\ &= \frac{1}{n\pi}[1 - \cos n\pi - \cos n\pi + 1] = \frac{2}{n\pi}[1 - (-1)^n] \\ &= \begin{cases} \dfrac{4}{n\pi}, & n = 1, 3, 5, \cdots, \\ 0, & n = 2, 4, 6, \cdots. \end{cases} \end{aligned}$$

所以，$f(x)$ 的傅里叶级数展开式为

$$\begin{aligned} f(x) &= \frac{4}{\pi} \left(\sin\, x + \frac{1}{3} \sin 3x + \frac{1}{5} \sin\, 5x + \cdots + \frac{1}{2k-1} \sin\, (2k-1)x + \cdots \right) \\ &= \frac{4}{\pi} \sum_{k=1}^{\infty} \frac{1}{2k-1} \sin\, (2k-1)x \, (-\infty < x < +\infty; \ x \neq 0, \pm\pi, \pm 2\pi, \cdots) , \end{aligned}$$

级数的和函数的图形如图 12.1 所示.

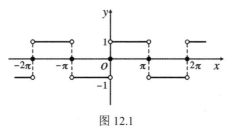

图 12.1

该例中 $f(x)$ 的傅里叶级数展开式说明：如果把 $f(x)$ 理解为矩形波的波形函数（周期 $T = 2\pi$，振幅 $E = 1$，自变量 x 表示时间），那么矩形波是由一系列不同频率的正弦波叠加而成的，这些正弦波的频率依次为基波频率的奇数倍.

例 2 设 $f(x)$ 是周期为 2π 的周期函数，它在 $[-\pi, \pi]$ 上的表达式为

$$f(x) = \begin{cases} x, & -\pi \leqslant x < 0, \\ 0, & 0 \leqslant x < \pi, \end{cases}$$

将 $f(x)$ 展开成傅里叶级数，并作出级数的和函数的图形.

解 所给函数满足收敛定理的条件，它在点 $x = (2k+1)\pi \, (k = 0, \pm 1, \pm 2, \cdots)$ 处不连续，在其他点处连续，从而由收敛定理知 $f(x)$ 的傅里叶级数收敛，并且当 $x = (2k+1)\pi$ 时，级数收敛于

$$\frac{f(\pi^-) + f(-\pi^+)}{2} = \frac{0 - \pi}{2} = -\frac{\pi}{2},$$

在连续点 $x \, (x \neq (2k+1)\pi)$ 处级数收敛于 $f(x)$.

计算傅里叶系数：

$$a_n = \frac{1}{\pi} \int_{-\pi}^{\pi} f(x) \cos nx \, \mathrm{d}x = \frac{1}{\pi} \int_{-\pi}^{0} x \cos nx \, \mathrm{d}x$$

$$= \frac{1}{\pi} \left[\frac{x \sin nx}{n} + \frac{\cos nx}{n^2} \right]\Bigg|_{-\pi}^{0} = \frac{1}{n^2 \pi} (1 - \cos n\pi)$$

$$= \begin{cases} \dfrac{2}{n^2 \pi}, & n = 1, 3, 5, \cdots, \\ 0, & n = 2, 4, 6, \cdots; \end{cases}$$

$$a_0 = \frac{1}{\pi} \int_{-\pi}^{\pi} f(x) \, \mathrm{d}x = \frac{1}{\pi} \int_{-\pi}^{0} x \, \mathrm{d}x = \frac{1}{\pi} \frac{x^2}{2}\Bigg|_{-\pi}^{0} = -\frac{\pi}{2};$$

$$b_n = \frac{1}{\pi} \int_{-\pi}^{\pi} f(x) \sin nx \, \mathrm{d}x = \frac{1}{\pi} \int_{-\pi}^{0} x \sin nx \, \mathrm{d}x = \frac{1}{\pi} \left[-\frac{x \cos nx}{n} + \frac{\sin nx}{n^2} \right]\Bigg|_{-\pi}^{0}$$

$$= -\frac{\cos n\pi}{n} = \frac{(-1)^{n+1}}{n} \quad (n = 1, 2, 3, \cdots).$$

所以，$f(x)$ 的傅里叶级数展开式为

$$f(x) = -\frac{\pi}{4} + \left(\frac{2}{\pi} \cos x + \sin x \right) - \frac{1}{2} \sin 2x + \left(\frac{2}{3^2 \pi} \cos 3x + \frac{1}{3} \sin 3x \right) -$$

$$\frac{1}{4} \sin 4x + \left(\frac{2}{5^2 \pi} \cos 5x + \frac{1}{5} \sin 5x \right) - \cdots$$

$$= -\frac{\pi}{4} + \frac{2}{\pi} \sum_{k=1}^{\infty} \frac{1}{(2k-1)^2} \cos(2k-1)x + \sum_{n=1}^{\infty} \frac{(-1)^{n-1}}{n} \sin nx$$

$$(-\infty < x < +\infty; \quad x \neq \pm\pi, \pm 3\pi, \cdots).$$

级数的和函数的图形如图 12.2 所示.

注：如果函数 $f(x)$ 只在 $[-\pi,\pi]$ 上有定义，并且满足收敛定理的条件，那么 $f(x)$ 也可以展开成傅里叶级数. 事实上，可以在 $[-\pi,\pi)$ 或 $(-\pi,\pi]$ 外补充函数 $f(x)$ 的定义，使它拓广成周期为 2π 的周期函数 $F(x)$. 按这种方式拓广函数的定义域的过程称为周期延拓. 再将 $F(x)$ 展开成傅里叶级数，最后限制 x 在 $(-\pi,\pi)$ 内，此时 $F(x) \equiv f(x)$ ，这样便得到 $f(x)$ 的傅里叶级数展开式，根据收敛定理，该级数在区间端点 $x = \pm\pi$ 处收敛于 $\dfrac{f(\pi^-) + f(-\pi^+)}{2}$.

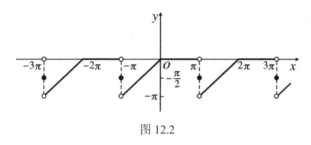

图 12.2

例 3 将函数

$$u(t) = E\left|\sin\frac{t}{2}\right| \quad (-\pi \leqslant t \leqslant \pi)$$

展开成傅里叶级数，其中 E 是正的常数.

解 所给级数在区间 $[-\pi,\pi]$ 上满足收敛定理的条件，并且拓广为周期函数时，它在每一点 x 处都连续（如图 12.3 所示），因此拓广的周期函数的傅里叶级数在 $[-\pi,\pi]$ 上收敛于 $u(t)$.

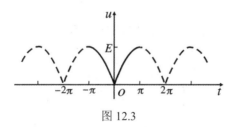

图 12.3

计算傅里叶系数

$$a_n = \frac{1}{\pi}\int_{-\pi}^{\pi} u(t)\cos nt \, \mathrm{d}t$$

$$= \frac{E}{\pi}\int_{-\pi}^{\pi}\left|\sin\frac{t}{2}\right|\cos nt \, \mathrm{d}t,$$

因为上例中积分中被积函数为偶函数，所以

$$a_n = \frac{2E}{\pi} \int_0^\pi \sin\frac{t}{2} \cos\, nt\, \mathrm{d}t$$

$$= \frac{E}{\pi} \int_0^\pi \left[\sin\left(n+\frac{1}{2}\right)t - \sin\left(n-\frac{1}{2}\right)t \right] \mathrm{d}t$$

$$= \frac{E}{\pi} \left[-\frac{\cos\left(n+\frac{1}{2}\right)t}{n+\frac{1}{2}} + \frac{\cos\left(n-\frac{1}{2}\right)t}{n-\frac{1}{2}} \right]_0^\pi$$

$$= \frac{E}{\pi} \left(\frac{1}{n+\frac{1}{2}} - \frac{1}{n-\frac{1}{2}} \right) = -\frac{4E}{(4n^2-1)\pi} \quad (n = 0,1,2,\cdots);$$

$$b_n = \frac{E}{\pi} \int_{-\pi}^\pi \left| \sin\frac{t}{2} \right| \sin\, nt\, \mathrm{d}t = 0 \quad (n = 1,2,3,\cdots).$$

上式等于零是因为被积函数是奇函数.

所以，$f(x)$ 的傅里叶级数展开式为

$$u(t) = \frac{4E}{\pi} \left(\frac{1}{2} - \sum_{n=1}^\infty \frac{1}{4n^2-1} \cos\, nt \right) (-\pi \leqslant t \leqslant \pi).$$

12.5.3　正弦级数与余弦级数

一般说来，一个函数的傅里叶级数既含有正弦项，又含有余弦项（如例 2）.

但是，也有一些函数的傅里叶级数只含有正弦项（如例 1）或者只含有常数项和余弦项（如例 3）. 级数中含有什么样的项是与所给函数 $f(x)$ 的奇偶性有密切关系的.

对于周期为 2π 的函数 $f(x)$，它的傅里叶系数计算公式为

$$a_n = \frac{1}{\pi} \int_{-\pi}^\pi f(x) \cos\, nx\, \mathrm{d}x \quad (n = 0,1,2,\cdots),$$

$$b_n = \frac{1}{\pi} \int_{-\pi}^\pi f(x) \sin\, nx\, \mathrm{d}x \quad (n = 1,2,\cdots).$$

由于奇函数在对称区间上的积分为零，偶函数在对称区间上的积分等于一半区间上积分的两倍，因此，当 $f(x)$ 为奇函数时，$f(x)\cos nx$ 是奇函数，$f(x)\sin nx$ 是偶函数，故

$$\left. \begin{array}{l} a_n = 0 \quad (n = 0,1,2,\cdots), \\[2mm] b_n = \dfrac{2}{\pi} \int_0^\pi f(x) \sin\, nx\, \mathrm{d}x \quad (n = 1,2,\cdots). \end{array} \right\} \tag{12.5.7}$$

即知奇函数的傅里叶级数是只含有正弦项的正弦级数

$$\sum_{n=1}^{\infty} b_n \sin\ nx\ . \tag{12.5.8}$$

当 $f(x)$ 为偶函数时，$f(x)\cos\ nx$ 是偶函数，$f(x)\sin\ nx$ 是奇函数，故

$$\begin{cases} a_n = \dfrac{2}{\pi}\displaystyle\int_0^\pi f(x)\cos\ nx\,\mathrm{d}x\ (n=0,1,2,\cdots),\\ b_n = 0\ (n=1,2,\cdots). \end{cases} \tag{12.5.9}$$

即知偶函数的傅里叶级数是只含有常数项和余弦项的余弦级数

$$\frac{a_0}{2} + \sum_{n=1}^{\infty} a_n \cos\ nx\ . \tag{12.5.10}$$

例 4 设 $f(x)$ 是周期为 2π 的周期函数，它在 $[-\pi,\pi)$ 上的表达式为 $f(x)=x$．将 $f(x)$ 展开成傅里叶级数，并作出级数的和函数的图形．

解 所给函数满足收敛定理的条件，它在点
$$x=(2k+1)\pi\ (k=0,\pm1,\pm2,\cdots)$$
处不连续，因此 $f(x)$ 的傅里叶级数在点 $x=(2k+1)\pi$ 处收敛于

$$\frac{f(\pi^-)+f(-\pi^+)}{2} = \frac{\pi+(-\pi)}{2} = 0\ ,$$

在连续点 $x\,(x\neq(2k+1)\pi)$ 处收敛于 $f(x)$．

若不计 $x=(2k+1)\pi\,(k=0,\pm1,\pm2,\cdots)$，则 $f(x)$ 是周期为 2π 的奇函数．显然，此时（12.5.7）式仍成立．按公式（12.5.7）有 $a_n=0\ (n=0,1,2,\cdots)$，而

$$b_n = \frac{2}{\pi}\int_0^\pi f(x)\sin\ nx\,\mathrm{d}x = \frac{2}{\pi}\int_0^\pi x\sin\ nx\,\mathrm{d}x$$

$$= \frac{2}{\pi}\left[-\frac{x\cos nx}{n} + \frac{\sin nx}{n^2}\right]\Bigg|_0^\pi$$

$$= -\frac{2}{n}\cos n\pi = \frac{2}{n}(-1)^{n+1}\ (n=1,2,3,\cdots)\ .$$

将求得的 b_n 代入正弦级数（12.5.8），得 $f(x)$ 的傅里叶级数展开式为

$$f(x) = 2\left(\sin\ x - \frac{1}{2}\sin\ 2x + \frac{1}{3}\sin\ 3x - \cdots + \frac{(-1)^{n+1}}{n}\sin\ nx + \cdots\right)$$

$$= 2\sum_{n=1}^{\infty} \frac{(-1)^{n+1}}{n}\sin\ nx\ (-\infty < x < +\infty;\ x\neq\pm\pi,\pm3\pi,\cdots)\ ,$$

级数的和函数的图形如图 12.4 所示．

例 5 设 $f(x)$ 是周期为 2π 的周期函数，它在 $[-\pi,\pi)$ 上的表达式为 $f(x)=|x|$．将 $f(x)$ 展开成傅里叶级数．

解 所给函数满足收敛定理的条件，它在整个数轴上连续，因此 $f(x)$ 的傅里叶级数处处收敛于 $f(x)$．

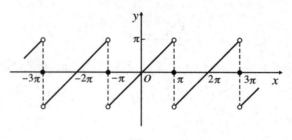

图 12.4

因为 $f(x)$ 是偶函数，所以按公式（12.5.9），有 $b_n = 0$（$n = 1, 2, \cdots$），而

$$a_n = \frac{2}{\pi} \int_0^\pi f(x) \cos nx \, dx = \frac{2}{\pi} \int_0^\pi x \cos nx \, dx$$

$$= \frac{2}{\pi} \left[\frac{x \sin nx}{n} + \frac{\cos nx}{n^2} \right]_0^\pi = \frac{2}{\pi n^2} (\cos n\pi - 1)$$

$$= \begin{cases} -\dfrac{4}{\pi n^2}, & n = 1, 3, 5, \cdots, \\ 0, & n = 2, 4, 6, \cdots; \end{cases}$$

$$a_0 = \frac{2}{\pi} \int_0^\pi f(x) \, dx = \frac{2}{\pi} \int_0^\pi x \, dx = \pi.$$

将求得的系数 a_n 代入余弦级数（12.5.10），得 $f(x)$ 的傅里叶级数展开式为

$$f(x) = \frac{\pi}{2} - \frac{4}{\pi} \left(\cos x + \frac{1}{3^2} \cos 3x + \frac{1}{5^2} \cos 5x - \cdots + \frac{1}{(2k-1)^2} \cos(2k-1)x + \cdots \right)$$

$$= \frac{\pi}{2} - \frac{4}{\pi} \sum_{k=1}^\infty \frac{1}{(2k-1)^2} \cos(2k-1)x \, (-\infty < x < +\infty).$$

在实际应用（如研究某种波动问题，热的传导、扩散问题）中，有时还需要将定义在区间 $[0, \pi]$ 上的函数 $f(x)$ 展开成正弦级数或余弦级数.

根据以上讨论的结果，这类展开问题可以按如下方法进行：设函数 $f(x)$ 定义在区间 $[0, \pi]$ 上且满足收敛定理的条件，在开区间 $(-\pi, 0)$ 内补充函数 $f(x)$ 的定义，得到定义在 $(-\pi, \pi]$ 上的函数 $F(x)$，使它在 $(-\pi, \pi)$ 上成为奇函数[①]（偶函数），按这种方式拓广函数定义域的过程称为奇延拓（偶延拓）. 然后将奇延拓（偶延拓）后的函数展开成傅里叶级数，这个级数必定是正弦级数（余弦级数）展开式.

例如将函数 $\varphi(x) = x$（$0 \leqslant x \leqslant \pi$）作奇延拓，再作周期延拓，便成例 4 中的函数，按例 4 的结果，有

$$x = 2 \sum_{n=1}^\infty \frac{(-1)^{n+1}}{n} \sin nx \, (0 \leqslant x < \pi);$$

---

① 补充 $f(x)$ 的定义，使它在 $(-\pi, \pi)$ 上成为奇函数时，若 $f(0) \neq 0$，则规定 $F(0) = 0$.

将 $\varphi(x)$ 作偶延拓，再作周期延拓，便成例 5 中的函数，按例 5 的结果，有

$$x = \frac{\pi}{2} - \frac{4}{\pi}\sum_{k=1}^{\infty}\frac{1}{(2k-1)^2}\cos(2k-1)x \quad (0 \leqslant x \leqslant \pi).$$

例 6 将函数

$$f(x) = \begin{cases} \cos x, & 0 \leqslant x < \dfrac{\pi}{2}, \\[2mm] 0, & \dfrac{\pi}{2} \leqslant x \leqslant \pi \end{cases}$$

分别展开成正弦级数和余弦级数.

解 先展开成正弦级数. 为此对函数 $f(x)$ 作奇延拓（如图 12.5 所示）.

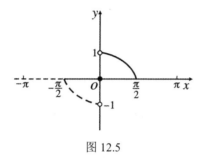

图 12.5

按公式（12.5.7）有

$$b_n = \frac{2}{\pi}\int_0^\pi f(x)\sin nx\,\mathrm{d}x = \frac{2}{\pi}\int_0^{\frac{\pi}{2}}\cos x\sin nx\,\mathrm{d}x$$

$$= \frac{1}{\pi}\int_0^{\frac{\pi}{2}}[\sin(n-1)x + \sin(n+1)x]\mathrm{d}x$$

$$= \frac{1}{\pi}\left[-\frac{1}{n-1}\cos(n-1)x - \frac{1}{n+1}\cos(n+1)x\right]\Bigg|_0^{\frac{\pi}{2}}$$

$$= \frac{1}{\pi}\left(\frac{1}{n-1} + \frac{1}{n+1} - \frac{1}{n-1}\cos\frac{n-1}{2}\pi - \frac{1}{n+1}\cos\frac{n+1}{2}\pi\right)$$

$$= \frac{1}{\pi}\left(\frac{2n}{n^2-1} - \frac{1}{n-1}\sin\frac{n\pi}{2} + \frac{1}{n+1}\sin\frac{n\pi}{2}\right)$$

$$= \frac{2}{\pi(n^2-1)}\left(n - \sin\frac{n\pi}{2}\right).$$

以上计算对 $n=1$ 不适合，b_1 需要另行计算：

$$b_1 = \frac{2}{\pi}\int_0^\pi f(x)\sin x\,\mathrm{d}x = \frac{2}{\pi}\int_0^{\frac{\pi}{2}}\cos x\sin x\,\mathrm{d}x = \frac{1}{\pi}.$$

将求得的 b_n 代入（12.5.8），得 $f(x)$ 的正弦级数展开式为

$$f(x) = \frac{1}{\pi}\left[\sin x + 2\sum_{n=2}^{\infty}\frac{1}{n^2-1}\left(n - \sin\frac{n\pi}{2}\right)\sin nx\right]\ (0 < x \leqslant \pi).$$

在端点 $x = 0$ 处级数收敛到零，它不等于 $f(0)$.

再展开成余弦级数，为此对函数 $f(x)$ 作偶延拓（如图 12.6 所示）.

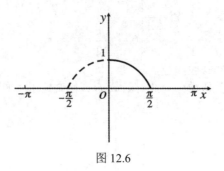

图 12.6

按公式（12.5.9）有

$$a_n = \frac{2}{\pi}\int_0^{\pi}f(x)\cos nx\,\mathrm{d}x = \frac{2}{\pi}\int_0^{\frac{\pi}{2}}\cos x\cos nx\,\mathrm{d}x$$

$$= \frac{1}{\pi}\int_0^{\frac{\pi}{2}}[\cos(n-1)x + \cos(n+1)x]\mathrm{d}x$$

$$= \frac{1}{\pi}\left[\frac{1}{n-1}\sin\frac{n-1}{2}\pi + \frac{1}{n+1}\sin\frac{n+1}{2}\pi\right]$$

$$= \frac{2}{\pi(n^2-1)}\sin\frac{n-1}{2}\pi = \begin{cases} 0, & n = 2k-1, \\ \dfrac{2(-1)^{k-1}}{\pi(4k^2-1)}, & n = 2k. \end{cases}$$

以上计算对 $n = 1$ 不适合，a_1 需要另行计算：

$$a_1 = \frac{2}{\pi}\int_0^{\frac{\pi}{2}}\cos^2 x\,\mathrm{d}x = \frac{1}{\pi}\int_0^{\frac{\pi}{2}}(1 + \cos 2x)\,\mathrm{d}x = \frac{1}{2}.$$

将求得的 a_n 代入（12.5.10）式，得 $f(x)$ 的傅里叶级数展开式为

$$f(x) = \frac{1}{\pi} + \frac{1}{2}\cos x + \frac{2}{\pi}\sum_{k=1}^{\infty}\frac{(-1)^{k-1}}{4k^2-1}\cos 2kx\ (0 \leqslant x \leqslant \pi).$$

利用函数的傅里叶级数展开式，有时可得一些特殊级数的和，例如按例 5 的结果，有

$$|x| = \frac{\pi}{2} - \frac{4}{\pi}\sum_{k=1}^{\infty}\frac{1}{(2k-1)^2}\cos(2k-1)x\ (-\pi \leqslant x \leqslant \pi),$$

在上式中令 $x = 0$，便得

$$\sum_{k=1}^{\infty} \frac{1}{(2k-1)^2} = \frac{\pi^2}{8} .$$

设

$$\sigma = 1 + \frac{1}{2^2} + \frac{1}{3^2} + \frac{1}{4^2} + \cdots + \frac{1}{n^2} + \cdots,$$

$$\sigma_1 = 1 + \frac{1}{3^2} + \frac{1}{5^2} + \cdots + \frac{1}{(2n-1)^2} + \cdots \left(= \frac{\pi^2}{8} \right),$$

$$\sigma_2 = \frac{1}{2^2} + \frac{1}{4^2} + \frac{1}{6^2} + \cdots + \frac{1}{(2n)^2} + \cdots,$$

$$\sigma_3 = 1 - \frac{1}{2^2} + \frac{1}{3^2} - \frac{1}{4^2} + \cdots + (-1)^{n-1} \frac{1}{n^2} + \cdots.$$

因为

$$\sigma_2 = \frac{\sigma}{4} = \frac{\sigma_1 + \sigma_2}{4} ,$$

所以

$$\sigma_2 = \frac{\sigma_1}{3} = \frac{\pi^2}{24} , \quad \sigma = \sigma_1 + \sigma_2 = \frac{\pi^2}{8} + \frac{\pi^2}{24} = \frac{\pi^2}{6} ,$$

又

$$\sigma_3 = 2\sigma_1 - \sigma = \frac{\pi^2}{4} - \frac{\pi^2}{6} = \frac{\pi^2}{12} .$$

12.5.4　周期为 $2l$ 的周期函数展开成傅里叶级数

上面讨论的周期函数都是以 2π 为周期的,但是实际问题中所遇到的周期函数,它的周期不一定是 2π. 下面讨论以 $2l$ 为周期的函数的傅里叶级数. 根据上面讨论的结果, 经过自变量的变量代换, 可得下面的定理.

定理 4　设周期为 $2l$ 的周期函数 $f(x)$ 在 $[-l, l]$ 上满足收敛定理的条件, 则它的傅里叶级数展开式为

$$f(x) = \frac{a_0}{2} + \sum_{n=1}^{\infty} \left(a_n \cos \frac{n\pi x}{l} + b_n \sin \frac{n\pi x}{l} \right) (x \in C) , \tag{12.5.11}$$

其中

$$\begin{cases} a_n = \dfrac{1}{l} \displaystyle\int_{-l}^{l} f(x) \cos \dfrac{n\pi x}{l} \mathrm{d}x \,(n = 0, 1, 2, \cdots), \\[3mm] b_n = \dfrac{1}{l} \displaystyle\int_{-l}^{l} f(x) \sin \dfrac{n\pi x}{l} \mathrm{d}x \,(n = 1, 2, 3, \cdots), \end{cases} \tag{12.5.12}$$

$$C = \left\{ x \mid f(x) = \frac{1}{2}[f(x^-) + f(x^+)] \right\}.$$

当 $f(x)$ 为奇函数时，

$$f(x) = \sum_{n=1}^{\infty} b_n \sin \frac{n\pi x}{l} \quad (x \in C) , \qquad (12.5.13)$$

其中

$$b_n = \frac{2}{l} \int_0^l f(x) \sin \frac{n\pi x}{l} \, dx \, (n = 1, 2, 3, \cdots). \qquad (12.5.14)$$

当 $f(x)$ 为偶函数时，

$$f(x) = \frac{a_0}{2} + \sum_{n=1}^{\infty} a_n \cos \frac{n\pi x}{l} \quad (x \in C) , \qquad (12.5.15)$$

其中

$$a_n = \frac{2}{l} \int_0^l f(x) \cos \frac{n\pi x}{l} \, dx \, (n = 0, 1, 2, \cdots). \qquad (12.5.16)$$

证 作变量代换 $z = \dfrac{\pi x}{l}$，于是区间 $-l \leqslant x \leqslant l$ 就变换成 $-\pi \leqslant z \leqslant \pi$，设函数 $f(x) = f\left(\dfrac{lz}{\pi}\right) = F(z)$，从而 $F(z)$ 是以 2π 为周期的函数，并且它满足收敛定理的条件，将 $F(z)$ 展开成傅里叶级数

$$F(z) = \frac{a_0}{2} + \sum_{n=1}^{\infty} (a_n \cos nz + b_n \sin nz) ,$$

其中

$$a_n = \frac{1}{\pi} \int_{-\pi}^{\pi} F(z) \cos nz \, dz, \quad b_n = \frac{1}{\pi} \int_{-\pi}^{\pi} F(z) \sin nz \, dz.$$

在以上式子中，令 $z = \dfrac{\pi x}{l}$，并注意到 $F(z) = f(x)$，于是有

$$f(x) = \frac{a_0}{2} + \sum_{n=1}^{\infty} \left(a_n \cos \frac{n\pi x}{l} + b_n \sin \frac{n\pi x}{l} \right) ,$$

而且

$$a_n = \frac{1}{l} \int_{-l}^{l} f(x) \cos \frac{n\pi x}{l} \, dx ,$$

$$b_n = \frac{1}{l} \int_{-l}^{l} f(x) \sin \frac{n\pi x}{l} \, dx .$$

类似地，可以证明定理的其余部分.

例 7 设 $f(x)$ 是周期为 4 的周期函数，它在 $[-2, 2]$ 上的表达式为

$$f(x) = \begin{cases} 0, & -2 \leqslant x < 0, \\ h, & 0 \leqslant x < 2 \end{cases} \quad （常数 h \neq 0）.$$

将 $f(x)$ 展开成傅里叶级数，并作出级数的和函数的图形.

解 所给函数的 $l = 2$，按公式（12.5.12）有

$$a_n = \frac{1}{2}\int_0^2 h\cos\frac{n\pi x}{2}\mathrm{d}x = \left[\frac{h}{n\pi}\sin\frac{n\pi x}{2}\right]\Bigg|_0^2 = 0 \ (n \neq 0);$$

$$a_0 = \frac{1}{2}\int_{-2}^0 0\,\mathrm{d}x + \frac{1}{2}\int_0^2 h\,\mathrm{d}x = h;$$

$$b_n = \frac{1}{2}\int_0^2 h\sin\frac{n\pi x}{2}\mathrm{d}x = \left[-\frac{h}{n\pi}\cos\frac{n\pi x}{2}\right]\Bigg|_0^2$$

$$= \frac{h}{n\pi}(1-\cos n\pi) = \begin{cases} \dfrac{h}{n\pi}, & n = 1,3,5,\cdots, \\ 0, & n = 2,4,6,\cdots, \end{cases}$$

将求得的系数 a_n, b_n 代入（12.5.11）式，得

$$f(x) = \frac{h}{2} + \frac{2h}{\pi}\left(\sin\frac{\pi x}{2} + \frac{1}{3}\sin\frac{3\pi x}{2} + \frac{1}{5}\sin\frac{5\pi x}{2} + \cdots + \frac{1}{2n-1}\sin\frac{(2n-1)\pi x}{2} + \cdots\right),$$

级数的和函数的图形如图 12.7 所示.

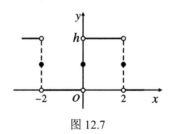

图 12.7

习题 12.5

1. 下列周期函数 $f(x)$ 的周期为 2π，试将 $f(x)$ 展开成傅里叶级数，如果 $f(x)$ 在 $[-\pi, \pi)$ 上的表达式为：

（1）$f(x) = 3x^2 + 1 \ (-\pi \leqslant x < \pi)$；　　　（2）$f(x) = \mathrm{e}^{2x} \ (-\pi \leqslant x < \pi)$；

（3）$f(x) = \begin{cases} bx, & -\pi \leqslant x < 0, \\ ax, & 0 \leqslant x < \pi, \end{cases}$ 其中 a, b 为常数，且 $a > b > 0$.

2. 将下列函数 $f(x)$ 展开成傅里叶级数.

（1）$f(x) = 2\sin\dfrac{x}{3} \ (-\pi \leqslant x \leqslant \pi)$；　　　（2）$f(x) = \begin{cases} \mathrm{e}^x, & -\pi \leqslant x < 0, \\ 1, & 0 \leqslant x \leqslant \pi. \end{cases}$

3. 将函数 $f(x) = \cos\dfrac{x}{2}$ $(-\pi \leqslant x \leqslant \pi)$ 展开成傅里叶级数.

4. 将函数 $f(x) = \dfrac{\pi - x}{2}$ $(0 \leqslant x \leqslant \pi)$ 展开成正弦级数.

5. 将函数 $f(x) = 2x^2$ $(0 \leqslant x \leqslant \pi)$ 分别展开成正弦级数和余弦级数.

6. 将下列各周期函数展开成傅里叶级数（下面给出函数在一个周期内的表达式）.

（1）$f(x) = 1 - x^2 \left(-\dfrac{1}{2} \leqslant x < \dfrac{1}{2}\right)$；

（2）$f(x) = \begin{cases} x, & -1 \leqslant x < 0, \\ 1, & 0 \leqslant x < \dfrac{1}{2}, \\ -1, & -\dfrac{1}{2} \leqslant x < 1; \end{cases}$

（3）$f(x) = \begin{cases} 2x + 1, & -3 \leqslant x < 0, \\ 1, & 0 \leqslant x < 3. \end{cases}$

7. 将下列函数分别展开成正弦级数和余弦级数.

（1）$f(x) = \begin{cases} x, & 0 \leqslant x < \dfrac{l}{2}, \\ 1 - x, & \dfrac{l}{2} \leqslant x \leqslant l; \end{cases}$　　（2）$f(x) = x^2 \ (0 \leqslant x \leqslant 2)$.

本章小结

研究无穷级数重点就是研究它的收敛性. 因此，在学习本章时，在正确理解和掌握一些基本概念及性质的基础上，关键是要弄清级数类型的识别和相应收敛性的判别方法. 本章的主要内容：数项级数、幂级数、函数展开成幂级数、三角函数系的正交性、傅里叶级数. 重点是数项级数收敛性的判别法、幂级数的收敛半径和收敛域、函数展开成幂级数、傅立叶级数.

如下几个方面的问题需要特别注意：

1. 无穷级数的概念与数列的概念是密切相关的. 给定一个常数项级数 $\displaystyle\sum_{n=1}^{\infty} u_n$，对应有一个部分和数列 $\{s_n\}$，其中 $s_n = u_1 + u_2 + \cdots + u_n$；反之，给定一个数列 $\{s_n\}$，令 $u_1 = s_1$，$u_2 = s_2 - s_1$，$\cdots$，$u_n = s_n - s_{n-1}$，$\cdots$，也可得到一个常数项级数 $\displaystyle\sum_{n=1}^{\infty} u_n$，它以 s_n 为部分和数列. 更重要的是，所谓无穷级数的和实质上是部分和数列的极

限. 如果当 $n \to \infty$ 时, s_n 的极限不存在, 那么级数 $\sum\limits_{n=1}^{\infty} u_n$ 发散, 这时级数 $\sum\limits_{n=1}^{\infty} u_n$ 仅仅是一个符号, 不具有任何意义. 因此, 无穷级数的和与有限个数的和有本质的区别.

2. 由于许多级数的部分和并不容易计算, 因此除了用定义判别级数是否收敛外, 本章还介绍了常数项级数的各种审敛法.

讨论常数项级数的收敛问题, 首先看它的一般项是否趋于零 ($\lim\limits_{n\to\infty} u_n = 0$), 若不满足, 则级数发散; 若满足, 则进一步判断. 其次看它是否为正项级数, 如果是正项级数, 可用比较审敛法和比值审敛法. 一般地用比较审敛法的极限形式比用比较审敛法更方便一些, 它省去缩放不等式的麻烦. 在用比较审敛法时, 等比级数和 p 数常作为比较的标准, 因此必须记住它们的收敛性. 对于任意项级数, 如果是交错级数, 应检验是否满足莱布尼兹定理的条件. 对于一般的任意项级数, 由于其绝对值级数是正项级数, 可用正项级数审敛法判别它的绝对收敛性 (如果 $\sum\limits_{n=1}^{\infty} |u_n|$ 收敛, 则 $\sum\limits_{n=1}^{\infty} u_n$ 收敛, 且为绝对收敛; 如果 $\sum\limits_{n=1}^{\infty} |u_n|$ 发散, 而 $\sum\limits_{n=1}^{\infty} u_n$ 收敛, 则 $\sum\limits_{n=1}^{\infty} u_n$ 为条件收敛). 正项级数审敛法绝不能随便用于任意项级数, 否则会导出错误的结论.

3. 求幂级数的收敛域须先计算收敛半径. 如果幂级数是缺项的 $\sum\limits_{n=0}^{\infty} a_n x^{2n}$ (级数中仅含有 x 的偶次幂项) 或 $\sum\limits_{n=0}^{\infty} a_n x^{2n+1}$ (级数中仅含有 x 的奇次幂项), 也就是相邻两项 x 的指数相差不是 1, 那么不能用公式计算收敛半径, 而应做变量代换或直接用比值审敛法, 即若 $\lim\limits_{n\to\infty} \left| \dfrac{u_{n+1}(x)}{u_n(x)} \right| = \rho(x)$, 则当 $\rho(x) < 1$ 时, 原级数收敛; 当 $\rho(x) > 1$ 时原级数发散.

4. 熟记 e^x, $\sin x$, $\dfrac{1}{1-x}$, $\dfrac{1}{1+x}$, $\ln(1+x)$ 等一些初等函数的幂级数展开式, 结合利用幂级数的运算性质和解析性质 (注意对幂级数逐项求导或逐项积分时, 级数收敛半径不变, 但区间端点的敛散性可能改变. 一般地, 逐项求导可能会破坏端点的收敛性, 逐项积分可能会改善端点的收敛性), 可以将一个函数展开为幂级数 (即间接展开法), 而且还可以求一些幂级数的和函数. 特别是等比级数的和公式在这类问题中最为常用, 切记熟练掌握.

5. 函数 $f(x)$ 可以展开成幂级数, 这就意味着 $f(x)$ 能用多项式来逼近, 且可以达到任意精度, 从而在数值计算中有着重要的应用 (此部分内容本章略). 此外,

一些初等函数如 e^{-x^2}，$\dfrac{\sin x}{x}$，$\cos x^2$ 等，它们的原函数不能用初等函数表示，所以它们的积分都是"不可积的"．如果将这些函数展开成幂级数，然后在其收敛域内逐项积分，便得到其原函数的级数表示式（"不可积"的也就变成可积的了）．例如，由于

$$\mathrm{e}^{-x^2} = 1 - x^2 + \frac{x^4}{2!} - \frac{x^6}{3!} + \cdots + (-1)^n \frac{x^{2n}}{n!} + \cdots,$$

所以

$$\int_0^x \mathrm{e}^{-t^2}\,\mathrm{d}t = x - \frac{x^3}{3 \cdot 1!} + \frac{x^5}{5 \cdot 2!} - \frac{x^7}{6 \cdot 3!} + \cdots + (-1)^n \frac{x^{2n+1}}{(2n+1) \cdot n!} + \cdots.$$

6. 傅里叶（Fourier）级数

设 $f(x)$ 是以 2π 为周期的周期函数，则 $f(x)$ 的傅里叶系数为

$$a_n = \frac{1}{\pi}\int_{-\pi}^{\pi} f(x)\cos nx\,\mathrm{d}x,\quad b_n = \frac{1}{\pi}\int_{-\pi}^{\pi} f(x)\sin nx\,\mathrm{d}x\ (n = 1, 2, \cdots).$$

由 $f(x)$ 的傅里叶系数所确定的三角级数

$$\frac{a_0}{2} + \sum_{n=1}^{\infty}(a_n\cos nx + b_n\sin nx),$$

称为 $f(x)$ 的傅里叶级数，记为

$$f(x) = \frac{a_0}{2} + \sum_{n=1}^{\infty}(a_n\cos nx + b_n\sin nx).$$

应当牢记傅里叶系数的公式以及 $f(x)$ 的傅里叶级数展开公式．

将函数展成傅里叶级数表达式时，根据收敛定理，等式仅对 $x \in S = \left\{x \,\middle|\, f(x) = \dfrac{1}{2}[f(x^-) + f(x^+)]\right\}$ 成立．

复习题 12

1. 填空题.

（1）部分和数列 $\{s_n\}$ 有界是正项级数 $\displaystyle\sum_{n=1}^{\infty} u_n$ 收敛的 _____ 条件；

（2）若级数 $\displaystyle\sum_{n=1}^{\infty} u_n$ 绝对收敛，则级数 $\displaystyle\sum_{n=1}^{\infty} u_n$ 必定 _____；若级数 $\displaystyle\sum_{n=1}^{\infty} u_n$ 条件收敛，则级数 $\displaystyle\sum_{n=1}^{\infty} |u_n|$ 必定 _____；

（3）若幂级数 $\displaystyle\sum_{n=0}^{\infty} a_n x^n$ 的收敛半径为 R ，则幂级数 $\displaystyle\sum_{n=0}^{\infty} na_n x^{n-1}$ 的收敛半径为

_____ ；幂级数 $\displaystyle\sum_{n=0}^{\infty} \frac{a_n x^{n+1}}{n+1}$ 的收敛半径为 _____ .

2．判断下列结论是否正确.

（1）若 $\displaystyle\lim_{n\to\infty} u_n = 0$ ，则级数 $\displaystyle\sum_{n=1}^{\infty} u_n$ 收敛；（ ）

（2）若级数 $\displaystyle\sum_{n=1}^{\infty} u_n$ 发散，则 $\displaystyle\lim_{n\to\infty} u_n \neq 0$ ；（ ）

（3）若级数 $\displaystyle\sum_{n=1}^{\infty} u_n$ 发散，则级数 $\displaystyle\sum_{n=1}^{\infty} |u_n|$ 发散；（ ）

（4）设 $\displaystyle\sum_{n=1}^{\infty} u_n$ 是正项级数，且 $u_n > u_{n+1}$（$n=1,2,\cdots$），则 $\displaystyle\sum_{n=1}^{\infty} u_n$ 收敛；（ ）

（5）级数 $\displaystyle\sum_{n=1}^{\infty} u_n$ 收敛的充分必要条件是 $\displaystyle\sum_{n=1}^{\infty} cu_n$ 收敛（其中 c 为非零常数）；（ ）

（6）设 s_n 是 $\displaystyle\sum_{n=1}^{\infty} u_n$ 的部分和，若 $\displaystyle\sum_{n=1}^{\infty} u_n$ 收敛，则 $\displaystyle\lim_{n\to\infty} s_n = 0$ ；（ ）

（7）若 $\displaystyle\lim_{n\to\infty} \left| \frac{a_{n+1}}{a_n} \right| = +\infty$ ，$x_0 \neq 0$ ，则级数 $\displaystyle\sum_{n=0}^{\infty} a_n x_0^n$ 发散；（ ）

（8）若 $\displaystyle\lim_{n\to\infty} \left| \frac{a_{n+1}}{a_n} \right| = 0$ ，则对任意常数 x_0 ，级数 $\displaystyle\sum_{n=0}^{\infty} a_n x_0^n$ 收敛.（ ）

3．判别下列级数的收敛性.

（1）$\displaystyle\sum_{n=1}^{\infty} \frac{1}{n\sqrt[n]{n}}$ ；　（2）$\displaystyle\sum_{n=1}^{\infty} \frac{(n!)^2}{2^{n^2}}$ ；　（3）$\displaystyle\sum_{n=1}^{\infty} \frac{n\cos^2 \frac{n\pi}{3}}{2^n}$ ；

（4）$\displaystyle\sum_{n=1}^{\infty} \frac{1}{\ln^{10} n}$ ；　（5）$\displaystyle\sum_{n=1}^{\infty} \frac{a^n}{n^s}$ 　（$a>0$，$s>0$）.

4．设正项级数 $\displaystyle\sum_{n=1}^{\infty} u_n$ 和 $\displaystyle\sum_{n=1}^{\infty} v_n$ 都收敛，证明级数 $\displaystyle\sum_{n=1}^{\infty} (u_n+v_n)^2$ 也收敛.

5．讨论下列级数的绝对收敛性与条件收敛性.

（1）$\displaystyle\sum_{n=1}^{\infty} (-1)^n \frac{1}{n^p}$ ；　　　　　　　（2）$\displaystyle\sum_{n=1}^{\infty} (-1)^{n+1} \frac{\sin \frac{\pi}{n+1}}{\pi^{n+1}}$ ；

（3）$\displaystyle\sum_{n=1}^{\infty} (-1)^n \ln \frac{n+1}{n}$ ；　　　　　（4）$\displaystyle\sum_{n=1}^{\infty} (-1)^n \frac{(n+1)!}{n^{n+1}}$.

6. 求下列幂级数的收敛区间.

（1）$\sum_{n=1}^{\infty} \dfrac{3^n + 5^n}{n} x^n$ ；

（2）$\sum_{n=1}^{\infty} (1 + \dfrac{1}{n})^{n^2} x^n$ ；

（3）$\sum_{n=1}^{\infty} n(x+1)^n$ ；

（4）$\sum_{n=1}^{\infty} \dfrac{n}{2^n} x^{2n}$.

7. 求下列幂级数的和函数.

（1）$\sum_{n=1}^{\infty} \dfrac{2n-1}{2^n} x^{2(n-1)}$ ；

（2）$\sum_{n=1}^{\infty} n(x-1)^n$.

8. 将下列函数展开成 x 的幂级数.

（1）$\ln \left(x + \sqrt{x^2 + 1} \right)$；

（2）$\dfrac{1}{(2-x)^2}$.

9. 设 $f(x)$ 是周期为 2π 的函数，它在 $[-\pi, \pi)$ 上的表达式为

$$f(x) = \begin{cases} 0, & x \in [-\pi, 0), \\ \mathrm{e}^x, & x \in [0, \pi). \end{cases}$$

将 $f(x)$ 展开成傅里叶级数.

10. 将函数

$$f(x) = \begin{cases} 1, & 0 \leqslant x \leqslant h, \\ 0, & h < x \leqslant \pi \end{cases}$$

分别展开成正弦级数和余弦级数.

自测题 12

1. 单选题.

（1）已知级数 $\sum_{n=1}^{\infty} u_n$ 收敛，s_n 是部分和，则它的和是（　　）；

    A. u_n B. s_n C. $\lim\limits_{n \to \infty} s_n$ D. $\lim\limits_{n \to \infty} u_n$

（2）$\lim\limits_{n \to \infty} u_n = 0$ 是级数 $\sum_{n=1}^{\infty} u_n$ 收敛的（　　）；

    A. 充要条件   B. 必要条件

    C. 充分条件   D. 非充分非必要条件

（3）正项级数 $\sum_{n=1}^{\infty} u_n \, (u_n > 0)$ 收敛的充分必要条件是（　　）；

    A. $\lim\limits_{n \to \infty} u_n = 0$ B. $\lim\limits_{n \to \infty} u_n = 0$ 且 $u_n \geqslant u_{n+1} \, (n = 1, 2, \cdots)$

    C. $\lim\limits_{n \to \infty} s_n \neq +\infty$ D. $\lim\limits_{n \to \infty} \dfrac{u_{n+1}}{u_n} = \rho < 1$

（4）若级数 $\sum\limits_{n=1}^{\infty} u_n$ 收敛于 s ，则级数 $\sum\limits_{n=1}^{\infty} (u_n + u_{n+1})$ 收敛于（　　）；

　　A．$2s - u_1$　　　B．$2s + u_1$　　　C．$2s$　　　D．u_1

（5）若级数 $\sum\limits_{n=1}^{\infty} u_n$ 收敛 $(u_n > 0)$，则以下级数收敛的是（　　）；

　　A．$\sum\limits_{n=1}^{\infty} (u_n + 1)$　　B．$\sum\limits_{n=1}^{\infty} (u_n - 1)$　　C．$\sum\limits_{n=1}^{\infty} \sqrt{u_n}$　　D．$\sum\limits_{n=1}^{\infty} (-1)^n u_n$

（6）下列级数收敛的是（　　）；

　　A．$\sum\limits_{n=1}^{\infty} \dfrac{1}{2n-1}$　　B．$\sum\limits_{n=1}^{\infty} \dfrac{1}{\sqrt[3]{n^4}}$　　C．$\sum\limits_{n=1}^{\infty} \dfrac{1}{\ln n}$　　D．$\sum\limits_{n=1}^{\infty} \dfrac{1-n}{n^2}$

（7）幂级数 $\sum\limits_{n=1}^{\infty} (-1)^n \dfrac{1}{\sqrt{n}} x^n$ 的收敛半径为（　　）；

　　A．± 1　　　B．0　　　C．$+\infty$　　　D．1

（8）幂级数 $\sum\limits_{n=1}^{\infty} \dfrac{n!}{2} x^n$ 的收敛区间是（　　）；

　　A．只在 $x = 0$ 点收敛　　　　　B．$(-2,2)$

　　C．$[-1,1]$　　　　　　　　　　D．$(-\infty, +\infty)$

（9）幂级数 $\sum\limits_{n=1}^{\infty} \dfrac{x^n}{n!}$ 在收敛区间 $(-\infty, +\infty)$ 内的和函数为（　　）；

　　A．e^x　　　B．$e^x + 1$　　　C．$e^x - 1$　　　D．e^{x+1}

（10）已知 $\dfrac{1}{1-x} = 1 + x + x^2 + \cdots + x^n + \cdots$ ，则 $\dfrac{1}{1-x^2}$ 展开成 x 的幂级数为（　　）．

　　A．$1 - x^2 + x^4 - \cdots$　　　　　　B．$-1 + x^2 - x^4 + \cdots$

　　C．$-1 - x^2 - x^4 - \cdots$　　　　　　D．$1 + x^2 + x^4 + \cdots$

2．填空题．

（1）级数 $\sum\limits_{n=1}^{\infty} 3\left(\dfrac{1}{2}\right)^n$ 的和为 _____ ；

（2）级数 $\dfrac{1}{1\times 4} + \dfrac{1}{4\times 7} + \dfrac{1}{7\times 10} + \cdots$ 的一般项 $u_n =$ _____ ，部分和 $s_n =$ _____ ，

和 $s =$ _____ ；

（3）当 a _____ 时，级数 $\sum\limits_{n=1}^{\infty} \dfrac{n}{a^n} (a > 0)$ 收敛；

（4）级数 $\sum\limits_{n=1}^{\infty} \dfrac{9^n}{8^n}$ 是 _____ ，级数 $\sum\limits_{n=1}^{\infty} \dfrac{1^n}{4^n}$ 是 _____ （填收敛或发散）；

（5）级数 $\sum\limits_{n=1}^{\infty} \dfrac{1}{n^3}$ 是 _____ ，级数 $\sum\limits_{n=1}^{\infty} \dfrac{3}{n}$ 是 _____ （填收敛或发散）；

（6）幂级数 $\sum\limits_{n=1}^{\infty} \dfrac{x^n}{3^n}$ 的收敛半径 $R=$ _____ .

3．判别下列级数的收敛性.

（1）$\sum\limits_{n=1}^{\infty} \dfrac{2n-1}{(\sqrt{2})^n}$ ；

（2）$\sum\limits_{n=1}^{\infty} \dfrac{1}{\sqrt{4^n+3}}$ ；

（3）$\sum\limits_{n=1}^{\infty} (-1)^n \dfrac{5^n}{n}$ ；

（4）$\sum\limits_{n=1}^{\infty} \dfrac{3^n}{n^2 2^n}$.

4．判别下列级数的收敛性，如果收敛，是绝对收敛还是条件收敛？

（1）$\sum\limits_{n=1}^{\infty} (-1)^{n-1} \dfrac{n}{2^n}$ ；

（2）$\sum\limits_{n=1}^{\infty} (-1)^{n-1} \dfrac{1}{\sqrt[3]{n}}$.

5．求下列幂级数的收敛半径和收敛区间.

（1）$\sum\limits_{n=1}^{\infty} \dfrac{1}{2n+2} x^n$ ；

（2）$\sum\limits_{n=1}^{\infty} \dfrac{2^n}{n(n+1)} x^n$.

6．将下列函数按指定要求展开成 x 的幂级数.

（1）$f(x)=\dfrac{1}{3+x}$ ；

（2）$f(x)=\ln(1+2x)$ ；

（3）$f(x)=\sin^2 x$ ；

（4）$f(x)=\arcsin x$.

附录 1 积分表

说明：公式中的 $\alpha, a, b, \cdots$ 均为实数，n 为正整数.

（一）含有 $a+bx$ 的积分

1. $\displaystyle\int (a+bx)^{\alpha}\,\mathrm{d}x = \begin{cases} \dfrac{(a+bx)^{\alpha+1}}{b(\alpha+1)}+C, & \text{当 } \alpha \neq -1, \\[3mm] \dfrac{1}{b}\ln|a+bx|+C, & \text{当 } \alpha = -1. \end{cases}$

2. $\displaystyle\int \frac{x}{a+bx}\,\mathrm{d}x = \frac{x}{b} - \frac{a}{b^2}\ln|a+bx| + C.$

3. $\displaystyle\int \frac{x^2}{a+bx}\,\mathrm{d}x = \frac{1}{b^3}\left[\frac{1}{2}(a+bx)^2 - 2a(a+bx) + a^2\ln|a+bx|\right] + C.$

4. $\displaystyle\int \frac{x}{(a+bx)^2}\,\mathrm{d}x = \frac{1}{b^2}\left(\frac{a}{a+bx} + \ln|a+bx|\right) + C.$

5. $\displaystyle\int \frac{x^2}{(a+bx)^2}\,\mathrm{d}x = \frac{x}{b^2} - \frac{a^2}{b^3(a+bx)} - \frac{2a}{b^3}\ln|a+bx| + C.$

6. $\displaystyle\int \frac{\mathrm{d}x}{x(a+bx)} = \frac{1}{a}\ln\left|\frac{x}{a+bx}\right| + C.$

7. $\displaystyle\int \frac{\mathrm{d}x}{x^2(a+bx)} = -\frac{1}{ax} + \frac{b}{a^2}\ln\left|\frac{a+bx}{x}\right| + C.$

8. $\displaystyle\int \frac{\mathrm{d}x}{x(a+bx)^2} = \frac{1}{a(a+bx)} - \frac{1}{a^2}\ln\left|\frac{a+bx}{x}\right| + C.$

（二）含有 $\sqrt{a+bx}$ 的积分

9. $\displaystyle\int x\sqrt{a+bx}\,\mathrm{d}x = \frac{2(3bx-2a)(a+bx)^{\frac{3}{2}}}{15b^2} + C.$

10. $\displaystyle\int x^2\sqrt{a+bx}\,\mathrm{d}x = \frac{2(15b^2x^2 - 12abx + 8a^2)(a+bx)^{\frac{3}{2}}}{105b^3} + C.$

11. $\int \dfrac{x}{\sqrt{a+bx}}\mathrm{d}x = \dfrac{2(bx-2a)\sqrt{a+bx}}{3b^2} + C$.

12. $\int \dfrac{x^2}{\sqrt{a+bx}}\mathrm{d}x = \dfrac{2(3b^2x^2-4abx+8a^2)\sqrt{a+bx}}{15b^3} + C$.

13. $\int \dfrac{\mathrm{d}x}{x\sqrt{a+bx}} = \begin{cases} \dfrac{1}{\sqrt{a}}\ln\left|\dfrac{\sqrt{a+bx}-\sqrt{a}}{\sqrt{a+bx}+\sqrt{a}}\right| + C, & \text{当 } a > 0, \\[4mm] \dfrac{2}{\sqrt{-a}}\arctan\sqrt{\dfrac{a+bx}{-a}} + C, & \text{当 } a < 0. \end{cases}$

14. $\int \dfrac{\mathrm{d}x}{x^2\sqrt{a+bx}} = \dfrac{-\sqrt{a+bx}}{ax} - \dfrac{b}{2a}\int \dfrac{\mathrm{d}x}{x\sqrt{a+bx}} + C$.

15. $\int \dfrac{\sqrt{a+bx}}{x}\mathrm{d}x = 2\sqrt{a+bx} + a\int \dfrac{\mathrm{d}x}{x\sqrt{a+bx}} + C$.

16. $\int \dfrac{\sqrt{a+bx}}{x^2}\mathrm{d}x = \dfrac{-\sqrt{a+bx}}{x} + \dfrac{b}{2}\int \dfrac{\mathrm{d}x}{x\sqrt{a+bx}} + C$.

（三）含有 $a^2 \pm x^2$ 的积分

17. $\int \dfrac{\mathrm{d}x}{(a^2+x^2)^n} = \begin{cases} \dfrac{1}{a}\arctan x + C, & \text{当 } n=1, \\[4mm] \dfrac{x}{2(n-1)a^2(a^2+x^2)^{n-1}} + \dfrac{2n-3}{2(n-1)a^2}\int \dfrac{\mathrm{d}x}{(a^2+x^2)^{n-1}} + C, & \text{当 } n>1. \end{cases}$

18. $\int \dfrac{x\,\mathrm{d}x}{(a^2+x^2)^n} = \begin{cases} \dfrac{1}{2}\ln(a^2+x^2) + C, & \text{当 } n=1, \\[4mm] -\dfrac{1}{2(n-1)(a^2+x^2)^{n-1}} + C, & \text{当 } n>1. \end{cases}$

19. $\int \dfrac{\mathrm{d}x}{a^2-x^2} = \dfrac{1}{2a}\ln\left|\dfrac{a+x}{a-x}\right| + C$.

（四）含有 $\sqrt{a^2-x^2}$（$a > 0$）的积分

20. $\int \sqrt{a^2-x^2}\,\mathrm{d}x = \dfrac{x}{2}\sqrt{a^2-x^2} + \dfrac{a^2}{2}\arcsin\dfrac{x}{a} + C$.

21. $\int x\sqrt{a^2-x^2}\,\mathrm{d}x = -\dfrac{1}{3}(a^2-x^2)^{\frac{3}{2}} + C$.

22. $\int x^2\sqrt{a^2-x^2}\,\mathrm{d}x = \dfrac{x}{8}(2x^2-a^2)\sqrt{a^2-x^2} + \dfrac{a^4}{8}\arcsin\dfrac{x}{a} + C$.

23. $\int \dfrac{\mathrm{d}x}{\sqrt{a^2-x^2}} = \arcsin \dfrac{x}{a} + C$.

24. $\int \dfrac{x\,\mathrm{d}x}{\sqrt{a^2-x^2}} = -\sqrt{a^2-x^2} + C$.

25. $\int \dfrac{x^2\,\mathrm{d}x}{\sqrt{a^2-x^2}} = -\dfrac{x}{2}\sqrt{a^2-x^2} + \dfrac{a^2}{2}\arcsin \dfrac{x}{a} + C$.

26. $\int \left(a^2-x^2\right)^{\frac{3}{2}}\,\mathrm{d}x = \dfrac{x}{8}(5a^2-2x^2)\sqrt{a^2-x^2} + \dfrac{3a^4}{8}\arcsin \dfrac{x}{a} + C$.

27. $\int \dfrac{\mathrm{d}x}{\left(a^2-x^2\right)^{\frac{3}{2}}} = \dfrac{x}{a^2\sqrt{a^2-x^2}} + C$.

28. $\int \dfrac{x\,\mathrm{d}x}{\left(a^2-x^2\right)^{\frac{3}{2}}} = \dfrac{1}{\sqrt{a^2-x^2}} + C$.

29. $\int \dfrac{x^2\,\mathrm{d}x}{\left(a^2-x^2\right)^{\frac{3}{2}}} = \dfrac{x}{\sqrt{a^2-x^2}} - \arcsin \dfrac{x}{a} + C$.

30. $\int \dfrac{\mathrm{d}x}{x\sqrt{a^2-x^2}} = \dfrac{1}{a}\ln\left|\dfrac{a-\sqrt{a^2-x^2}}{x}\right| + C$.

31. $\int \dfrac{\mathrm{d}x}{x^2\sqrt{a^2-x^2}} = -\dfrac{\sqrt{a^2-x^2}}{a^2 x} + C$.

32. $\int \dfrac{\mathrm{d}x}{x^3\sqrt{a^2-x^2}} = -\dfrac{\sqrt{a^2-x^2}}{2a^2 x^2} - \dfrac{1}{2a^3}\ln\left|\dfrac{a+\sqrt{a^2-x^2}}{x}\right| + C$.

33. $\int \dfrac{\sqrt{a^2-x^2}}{x}\,\mathrm{d}x = \sqrt{a^2-x^2} - a\ln\left|\dfrac{a+\sqrt{a^2-x^2}}{x}\right| + C$.

34. $\int \dfrac{\sqrt{a^2-x^2}}{x^2}\,\mathrm{d}x = -\dfrac{\sqrt{a^2-x^2}}{x} - \arcsin \dfrac{x}{a} + C$.

（五）含有 $\sqrt{x^2 \pm a^2}$ （$a>0$）的积分

35. $\int \sqrt{x^2 \pm a^2}\,\mathrm{d}x = \dfrac{x}{2}\sqrt{x^2 \pm a^2} \pm \dfrac{a^2}{2}\ln\left|x + \sqrt{x^2 \pm a^2}\right| + C$.

36. $\int x\sqrt{x^2 \pm a^2}\,\mathrm{d}x = \dfrac{1}{3}\left(x^2 \pm a^2\right)^{\frac{3}{2}} + C$.

37. $\int x^2\sqrt{x^2 \pm a^2}\,\mathrm{d}x = \dfrac{x}{8}(2x^2 \pm a^2)\sqrt{x^2 \pm a^2} - \dfrac{a^4}{8}\ln\left|x + \sqrt{x^2 \pm a^2}\right| + C$.

38. $\displaystyle\int\frac{\mathrm{d}x}{\sqrt{x^2\pm a^2}}=\ln\left|x+\sqrt{x^2\pm a^2}\right|+C$.

39. $\displaystyle\int\frac{x\,\mathrm{d}x}{\sqrt{x^2\pm a^2}}=\sqrt{x^2\pm a^2}+C$.

40. $\displaystyle\int\frac{x^2\,\mathrm{d}x}{\sqrt{x^2\pm a^2}}=\frac{x}{2}\sqrt{x^2\pm a^2}\mp\frac{a^2}{2}\ln\left|x+\sqrt{x^2\pm a^2}\right|+C$.

41. $\displaystyle\int\left(x^2\pm a^2\right)^{\frac{3}{2}}\mathrm{d}x=\frac{x}{8}(2x^2\pm 5a^2)\sqrt{x^2\pm a^2}+\frac{3a^4}{8}\ln\left|x+\sqrt{x^2\pm a^2}\right|+C$.

42. $\displaystyle\int\frac{\mathrm{d}x}{\left(x^2\pm a^2\right)^{\frac{3}{2}}}=\pm\frac{x}{a^2\sqrt{x^2\pm a^2}}+C$.

43. $\displaystyle\int\frac{x\,\mathrm{d}x}{\left(x^2\pm a^2\right)^{\frac{3}{2}}}=-\frac{1}{\sqrt{x^2\pm a^2}}+C$.

44. $\displaystyle\int\frac{x^2\,\mathrm{d}x}{\left(x^2\pm a^2\right)^{\frac{3}{2}}}=-\frac{x}{\sqrt{x^2\pm a^2}}+\ln\left|x+\sqrt{x^2\pm a^2}\right|+C$.

45. $\displaystyle\int\frac{\mathrm{d}x}{x^2\sqrt{x^2\pm a^2}}=\mp\frac{\sqrt{x^2\pm a^2}}{a^2 x}+C$.

46. $\displaystyle\int\frac{\mathrm{d}x}{x^3\sqrt{x^2+a^2}}=-\frac{\sqrt{x^2+a^2}}{2a^2x^2}+\frac{1}{2a^3}\ln\frac{x+\sqrt{x^2+a^2}}{|x|}+C$.

47. $\displaystyle\int\frac{\mathrm{d}x}{x^3\sqrt{x^2-a^2}}=\frac{\sqrt{x^2-a^2}}{2a^2x^2}+\frac{1}{2a^3}\arccos\frac{a}{|x|}+C$.

48. $\displaystyle\int\frac{\sqrt{x^2+a^2}}{x}\mathrm{d}x=\sqrt{x^2+a^2}+a\ln\frac{\sqrt{x^2+a^2}-a}{|x|}+C$.

49. $\displaystyle\int\frac{\sqrt{x^2-a^2}}{x}\mathrm{d}x=\sqrt{x^2-a^2}-a\arccos\frac{a}{|x|}+C$.

50. $\displaystyle\int\frac{\sqrt{x^2\pm a^2}}{x^2}\mathrm{d}x=-\frac{\sqrt{x^2\pm a^2}}{x}+\ln\left|x+\sqrt{x^2\pm a^2}\right|+C$.

51. $\displaystyle\int\frac{\mathrm{d}x}{x\sqrt{x^2+a^2}}=\frac{1}{a}\ln\frac{\sqrt{x^2+a^2}-a}{|x|}+C$.

52. $\displaystyle\int\frac{\mathrm{d}x}{x\sqrt{x^2-a^2}}=\begin{cases}\dfrac{1}{a}\arccos\dfrac{a}{x}+C, & \text{当 } x>a,\\[3mm]-\dfrac{1}{a}\arccos\dfrac{a}{x}+C, & \text{当 } x<-a.\end{cases}$

（六）含有 $a + bx + cx^2 \ (c > 0)$ 的积分

53. $\displaystyle\int \frac{\mathrm{d}x}{a + bx + cx^2} = \begin{cases} \dfrac{2}{\sqrt{4ac - b^2}} \arctan \dfrac{2cx + b}{\sqrt{4ac - b^2}} + C, & \text{当 } b^2 < 4ac, \\[4mm] \dfrac{1}{\sqrt{b^2 - 4ac}} \ln \left| \dfrac{\sqrt{b^2 - 4ac} - b - 2cx}{\sqrt{b^2 - 4ac} + b + 2cx} \right| + C, & \text{当 } b^2 > 4ac. \end{cases}$

（七）含有 $\sqrt{a + bx + cx^2}$ 的积分

54. $\displaystyle\int \frac{\mathrm{d}x}{\sqrt{a + bx + cx^2}} = \begin{cases} \dfrac{1}{\sqrt{c}} \ln \left| 2cx + b + 2\sqrt{c(a + bx + cx^2)} \right| + C, & \text{当 } c > 0, \\[4mm] -\dfrac{1}{\sqrt{-c}} \arcsin \dfrac{2cx + b}{\sqrt{b^2 - 4ac}} + C, & \text{当 } b^2 > 4ac, \ c < 0. \end{cases}$

55. $\displaystyle\int \sqrt{a + bx + cx^2} \, \mathrm{d}x = \frac{2cx + b}{4c} \sqrt{a + bx + cx^2} + \frac{4ac - b^2}{8c} \int \frac{\mathrm{d}x}{\sqrt{a + bx + cx^2}} \, .$

56. $\displaystyle\int \frac{x \, \mathrm{d}x}{\sqrt{a + bx + cx^2}} = \frac{1}{c} \sqrt{a + bx + cx^2} - \frac{b}{2c} \int \frac{\mathrm{d}x}{\sqrt{a + bx + cx^2}} \, .$

（八）含有三角函数的积分

57. $\displaystyle\int \sin ax \, \mathrm{d}x = -\frac{1}{a} \cos ax + C \, .$

58. $\displaystyle\int \cos ax \, \mathrm{d}x = \frac{1}{a} \sin ax + C \, .$

59. $\displaystyle\int \tan ax \, \mathrm{d}x = -\frac{1}{a} \ln \left| \cos ax \right| + C \, .$

60. $\displaystyle\int \cot ax \, \mathrm{d}x = \frac{1}{a} \ln \left| \sin ax \right| + C \, .$

61. $\displaystyle\int \sin^2 ax \, \mathrm{d}x = \frac{1}{2a} (ax - \sin ax \cos ax) + C \, .$

62. $\displaystyle\int \cos^2 ax \, \mathrm{d}x = \frac{1}{2a} (ax + \sin ax \cos ax) + C \, .$

63. $\displaystyle\int \sec ax \, \mathrm{d}x = \frac{1}{a} \ln \left| \sec ax + \tan ax \right| + C \, .$

64. $\displaystyle\int \csc ax \, \mathrm{d}x = -\frac{1}{a} \ln \left| \csc ax + \cot ax \right| + C \, .$

65. $\displaystyle\int \sec x \tan x \, \mathrm{d}x = \sec x + C$.

66. $\displaystyle\int \csc x \cot x \, \mathrm{d}x = -\csc x + C$.

67. $\displaystyle\int \sin ax \sin bx \, \mathrm{d}x = -\frac{\sin (a+b)x}{2(a+b)} + \frac{\sin (a-b)x}{2(a-b)} + C, \ a \neq b$.

68. $\displaystyle\int \sin ax \cos bx \, \mathrm{d}x = -\frac{\cos (a+b)x}{2(a+b)} - \frac{\cos (a-b)x}{2(a-b)} + C, \ a \neq b$.

69. $\displaystyle\int \cos ax \cos bx \, \mathrm{d}x = \frac{\sin (a+b)x}{2(a+b)} + \frac{\sin (a-b)x}{2(a-b)} + C, \ a \neq b$.

70. $\displaystyle\int \sin^n x \, \mathrm{d}x = -\frac{1}{n} \sin^{n-1} x \cos x + \frac{n-1}{n} \int \sin^{n-2} x \, \mathrm{d}x$.

71. $\displaystyle\int \cos^n x \, \mathrm{d}x = \frac{1}{n} \cos^{n-1} x \sin x + \frac{n-1}{n} \int \cos^{n-2} x \, \mathrm{d}x$.

72. $\displaystyle\int \tan^n x \, \mathrm{d}x = \frac{1}{n-1} \tan^{n-1} x - \int \tan^{n-2} x \, \mathrm{d}x, \ n > 1$.

73. $\displaystyle\int \cot^n x \, \mathrm{d}x = -\frac{1}{n-1} \cot^{n-1} x - \int \cot^{n-2} x \, \mathrm{d}x, \ n > 1$.

74. $\displaystyle\int \sec^n x \, \mathrm{d}x = \frac{1}{n-1} \tan x \sec^{n-2} x + \frac{n-2}{n-1} \int \sec^{n-2} x \, \mathrm{d}x, \ n > 1$.

75. $\displaystyle\int \csc^n x \, \mathrm{d}x = -\frac{1}{n-1} \cot x \csc^{n-2} x + \frac{n-2}{n-1} \int \csc^{n-2} x \, \mathrm{d}x, \ n > 1$.

76. $\displaystyle\int \sin^m x \cos^n x \, \mathrm{d}x = \frac{\sin^{m+1} x \cos^{n-1} x}{m+n} + \frac{n-1}{m+n} \int \sin^m x \cos^{n-2} x \, \mathrm{d}x$

$$= -\frac{\sin^{m-1} x \cos^{n+1} x}{m+n} + \frac{m-1}{m+n} \int \sin^{m-2} x \cos^n x \, \mathrm{d}x.$$

77. $\displaystyle\int \frac{\mathrm{d}x}{a + b\cos x} = \begin{cases} \dfrac{2}{\sqrt{a^2 - b^2}} \arctan\left(\sqrt{\dfrac{a-b}{a+b}} \tan \dfrac{x}{2} \right) + C, & \text{当 } a^2 > b^2, \\[3mm] \dfrac{1}{\sqrt{b^2 - a^2}} \ln\left| \dfrac{b + a\cos x + \sqrt{b^2 - a^2} \sin x}{a + b\cos x} \right| + C, & \text{当 } a^2 < b^2. \end{cases}$

（九）其他形式的积分

78. $\displaystyle\int x^n \mathrm{e}^{ax} \, \mathrm{d}x = \frac{1}{a} x^n \mathrm{e}^{ax} - \frac{n}{a} \int x^{n-1} \mathrm{e}^{ax} \, \mathrm{d}x$.

79. $\displaystyle\int x^a \ln x \, dx = \dfrac{x^{a+1}}{(a+1)^2}[(a+1)\ln x - 1] + C, \quad a \neq -1$.

80. $\displaystyle\int x^n \sin x \, dx = -x^n \cos x + n\int x^{n-1} \cos x \, dx$.

81. $\displaystyle\int x^n \cos x \, dx = x^n \sin x - n\int x^{n-1} \sin x \, dx$.

82. $\displaystyle\int e^{ax} \sin bx \, dx = \dfrac{e^{ax}(a\sin bx - b\cos bx)}{a^2 + b^2} + C$.

83. $\displaystyle\int e^{ax} \cos bx \, dx = \dfrac{e^{ax}(a\cos bx + b\sin bx)}{a^2 + b^2} + C$.

84. $\displaystyle\int \arcsin \dfrac{x}{a} \, dx = x\arcsin \dfrac{x}{a} + \sqrt{a^2 - x^2} + C, \quad a > 0$.

85. $\displaystyle\int \arccos \dfrac{x}{a} \, dx = x\arccos \dfrac{x}{a} - \sqrt{a^2 - x^2} + C, \quad a > 0$.

86. $\displaystyle\int \arctan \dfrac{x}{a} \, dx = x\arctan \dfrac{x}{a} - \dfrac{a}{2}\ln(a^2 + x^2) + C$.

87. $\displaystyle\int x^n \arcsin x \, dx = \dfrac{1}{n+1}\left(x^{n+1}\arcsin x - \int \dfrac{x^{n+1}}{\sqrt{1-x^2}} \, dx \right)$.

88. $\displaystyle\int x^n \arctan x \, dx = \dfrac{1}{n+1}\left(x^{n+1}\arctan x - \int \dfrac{x^{n+1}}{\sqrt{1+x^2}} \, dx \right)$.

（十）几个常用的定积分

89. $\displaystyle\int_{-\pi}^{\pi} \cos nx \, dx = \int_{-\pi}^{\pi} \sin nx \, dx = 0$.

90. $\displaystyle\int_{-\pi}^{\pi} \cos mx \sin nx \, dx = 0$.

91. $\displaystyle\int_{-\pi}^{\pi} \cos mx \cos nx \, dx = \begin{cases} 0, & m \neq n, \\ \pi, & m = n. \end{cases}$

92. $\displaystyle\int_{-\pi}^{\pi} \sin mx \sin nx \, dx = \begin{cases} 0, & m \neq n, \\ \pi, & m = n. \end{cases}$

93. $\displaystyle\int_{0}^{\pi} \sin mx \sin nx \, dx = \int_{0}^{\pi} \cos mx \cos nx \, dx = \begin{cases} 0, & m \neq n, \\ \dfrac{\pi}{2}, & m = n. \end{cases}$

94. $\displaystyle\int_0^{\frac{\pi}{2}} \sin^n x \, \mathrm{d}x = \int_0^{\frac{\pi}{2}} \cos^n x \, \mathrm{d}x = \begin{cases} \dfrac{n-1}{n} \cdot \dfrac{n-3}{n-2} \cdots \dfrac{4}{5} \cdot \dfrac{2}{3} & （n \text{ 为大于 } 1 \text{ 的正奇数}）, \\[3mm] \dfrac{n-1}{n} \cdot \dfrac{n-3}{n-2} \cdots \dfrac{3}{4} \cdot \dfrac{1}{2} \cdot \dfrac{\pi}{2} & （n \text{ 为正偶数}）. \end{cases}$

95. $\displaystyle\int_0^{\frac{\pi}{2}} \sin^{2m+1} x \cos^n x \, \mathrm{d}x = \frac{2 \cdot 4 \cdot 6 \cdots 2m}{(n+1)(n+3) \cdots (n+2m+1)}.$

96. $\displaystyle\int_0^{\frac{\pi}{2}} \sin^{2m} x \cos^{2n} x \, \mathrm{d}x = \frac{1 \cdot 3 \cdot 5 \cdots (2n-1) \cdot 1 \cdot 3 \cdot 5 \cdots (2m-1)}{2 \cdot 4 \cdot 6 \cdots (2m+2n)} \cdot \frac{\pi}{2}.$

附录 2　习题参考答案

第 8 章

习题 8.1

1. $(0,0,0)$.

2. 到 xOy 面为 3，到 yOz 面为 1，到 zOx 面为 2；到 x 轴为 $\sqrt{13}$，到 y 轴为 $\sqrt{10}$，到 z 轴为 $\sqrt{5}$.

3. $\{2,-1,2\}$ 或 $\{2,-1,-2\}$.

4.（1）$\{-6,9,0\}$；（2）模 $3\sqrt{3}$，方向余弦 $\dfrac{1}{3\sqrt{3}}$，$\dfrac{1}{3\sqrt{3}}$，$\dfrac{5}{3\sqrt{3}}$，单位向量 $\left\{\dfrac{1}{3\sqrt{3}},\dfrac{1}{3\sqrt{3}},\dfrac{5}{3\sqrt{3}}\right\}$.

5. $\alpha=\beta=\dfrac{\pi}{4}$，$\gamma=\dfrac{\pi}{2}$ 或 $\alpha=\beta=\dfrac{\pi}{2}$，$\gamma=\pi$.

习题 8.2

1.（1）38；（2）$\{8,16,0\}$；（3）-113；（4）9；（5）$\dfrac{19}{21}$.

2.（1）平行；（2）垂直；（3）平行.

3. $-\dfrac{3}{2}$.

4. $\pm\dfrac{1}{\sqrt{17}}\{3\boldsymbol{i}-2\boldsymbol{j}-2\boldsymbol{k}\}$.

5. $\sqrt{57}$.

6. 4.

习题 8.3

1.（1）yOz 面；（2）平行于 xOz 面的平面；（3）平行于 z 轴的平面；
（4）通过 z 轴的平面；（5）通过原点的平面.

2. $3x-7y+5z-4=0$.

3. $x-3y-2z=0$.

4. $x+y-3z-4=0$.

5. 1.

6. $x-y=0$.

7. $x - y - 4 = 0$.

8. $\dfrac{\pi}{3}$.

习题 8.4

1. $\dfrac{x-1}{3} = \dfrac{y-1}{-1} = \dfrac{z-1}{1}$.

2. $\dfrac{x+1}{2} = \dfrac{y-2}{3} = \dfrac{z-3}{-1}$.

3. $\dfrac{x-2}{3} = \dfrac{y+3}{-1} = \dfrac{z-4}{2}$.

4. $\theta = \arccos \dfrac{14}{39}$.

5. 0.

6. （1）平行；（2）垂直；（3）直线在平面内.

习题 8.5

1. $x^2 + y^2 + z^2 - 2x - 6y + 4z = 0$.

2. （1）$\dfrac{x^2}{3} + \dfrac{y^2}{4} + \dfrac{z^2}{4} = 1$, $\dfrac{x^2}{3} + \dfrac{y^2}{3} + \dfrac{z^2}{4} = 1$ ；（2）$x^2 - y^2 - z^2 = 1$, $x^2 - y^2 + z^2 = 1$.

3. （1）椭球面；（2）单叶双曲面；（3）双叶双曲面；（4）椭圆抛物面；
（5）双曲抛物面

习题 8.6

1. 母线平行于 x 轴的柱面方程为：$3y^2 - z^2 = 16$ ；
母线平行于 y 轴的柱面方程为：$3x^2 + 2z^2 = 16$.

2. $\begin{cases} 2x^2 - 2x + y^2 = 8, \\ z = 0. \end{cases}$

3. $\begin{cases} 2y^2 + 5z^2 = 1, \\ x = 0. \end{cases}$

4. $\begin{cases} x^2 + 2z^2 - 2z = 0, \\ y = 0. \end{cases}$

复习题 8

1. $\boldsymbol{a}^\circ = \pm \left(\dfrac{6}{11}\boldsymbol{i} + \dfrac{7}{11}\boldsymbol{j} - \dfrac{6}{11}\boldsymbol{k} \right)$.

2. $\pm\left(-\dfrac{1}{\sqrt{35}}\boldsymbol{i}+\dfrac{3}{\sqrt{35}}\boldsymbol{j}+\dfrac{5}{\sqrt{35}}\boldsymbol{k}\right)$.

3. $5x-8y+z-24=0$.

4. $x+y+z=3$.

5. $\dfrac{\pi}{3}$.

6. $\dfrac{x-1}{2}=\dfrac{y-1}{4}=\dfrac{z-2}{-2}$.

7. $\dfrac{x-2}{5}=\dfrac{y}{7}=\dfrac{z-1}{11}$, $\begin{cases} x=2+5t, \\ y=7t, \\ z=1+11t. \end{cases}$

8. $\dfrac{\pi}{6}$.

11. （1） $(2,-3,6)$；（2） $(-2,1,3)$.

12. （1）平行；（2）垂直；（3）直线在平面内.

13. （1） $x^2+2y^2=16$， $z=0$；（2） $x^2+y^2-x-1=0$， $z=0$；

    （3） $2x^2+y^2-2x=0$， $z=0$；（4） $x^2+(y-1)^2=1$， $z=0$.

14. （1）双曲线 $\dfrac{z^2}{4}-\dfrac{y^2}{25}=\dfrac{5}{9}$， $x=2$；（2）椭圆 $\dfrac{x^2}{9}+\dfrac{z^2}{4}=1$， $y=0$；

    （3）椭圆 $\dfrac{x^2}{9}+\dfrac{z^2}{4}=2$， $y=5$；（4）两条直线 $\dfrac{x}{3}\pm\dfrac{y}{5}=0$， $z=2$；

    （5）双曲线 $\dfrac{x^2}{9}-\dfrac{y^2}{25}=\dfrac{3}{4}$， $z=1$.

自测题 8

1. （1） -6；（2） $\pm\left(\dfrac{6}{7}\boldsymbol{i}+\dfrac{2}{7}\boldsymbol{j}-\dfrac{3}{7}\boldsymbol{k}\right)$；（3） $\left\{1,\dfrac{1}{2},-\dfrac{1}{2}\right\}$；

    （4） $-(x-1)+(y-2)-(z-1)=0$；（5） $\dfrac{x}{-2}=\dfrac{y-2}{3}=\dfrac{z-4}{1}$.

2. （1）C；（2）A；（3）D；（4）A；（5）C.

3. （1） $\dfrac{x-1}{4}=\dfrac{y-1}{5}=\dfrac{z+2}{6}$；（2） $\dfrac{x}{4}=\dfrac{y+\frac{5}{4}}{5}=\dfrac{z-\frac{1}{2}}{6}$ 或写成参数形式 $\begin{cases} x=4t, \\ y=5t-\dfrac{5}{4}, \\ z=6t+\dfrac{1}{2}; \end{cases}$

    （3） $y^4=x^2+z^2$ 或 $x^2+y^2=z$；

    （4） $x+\sqrt{26}y+3z-3=0$ 或 $x-\sqrt{26}y+3z-3=0$；

(5) $x + 2y + 1 = 0$.

第 9 章

习题 9.1

1. (1) $D = \left\{ (x,y) \mid x \geqslant 0, y \geqslant 0, x^2 \geqslant y \right\}$;

(2) $D = \left\{ (x,y) \mid x > 0 且 y > 0 或 x < 0 且 y < 0 \right\}$;

(3) $D = \left\{ (x,y,z) \mid r^2 < x^2 + y^2 + z^2 \leqslant R^2 \right\}$;

(4) $D = \left\{ (x,y) \mid -1 \leqslant x + y \leqslant 1 \right\}$.

2. $f(x,y) = \dfrac{x^2(1 - y^2)}{(1 + y)^2}$.

3. (1) $-\dfrac{1}{4}$; (2) 1.

4. (1) $y^2 = 2x$ 上所有点；(2) x 轴和 y 轴.

习题 9.2

1. (1) $\dfrac{\partial z}{\partial x} = y\mathrm{e}^{xy}$, $\dfrac{\partial z}{\partial y} = x\mathrm{e}^{xy}$; (2) $\dfrac{\partial z}{\partial x} = y + \dfrac{1}{y}$, $\dfrac{\partial z}{\partial y} = x - \dfrac{x}{y^2}$;

(3) $\dfrac{\partial u}{\partial x} = \dfrac{2xz^2}{x^2 + y^2}$, $\dfrac{\partial u}{\partial y} = \dfrac{2yz^2}{x^2 + y^2}$, $\dfrac{\partial u}{\partial z} = 2z\ln(x^2 + y^2)$;

(4) $\dfrac{\partial z}{\partial x} = y^2(1 + xy)^{y-1}$, $\dfrac{\partial z}{\partial y} = (1 + xy)^y \left[\ln(1 + xy) + \dfrac{xy}{1 + xy} \right]$;

(5) $\dfrac{\partial z}{\partial x} = -\dfrac{2x\sin x^2}{y}$, $\dfrac{\partial z}{\partial y} = -\dfrac{\cos x^2}{y^2}$;

(6) $\dfrac{\partial z}{\partial x} = \dfrac{y}{2\sqrt{x(1 - xy^2)}}$, $\dfrac{\partial z}{\partial y} = \sqrt{\dfrac{x}{1 - xy^2}}$;

(7) $\dfrac{\partial u}{\partial x} = 2x\cos(x^2 + y^2 + z^2)$, $\dfrac{\partial u}{\partial y} = 2y\cos(x^2 + y^2 + z^2)$, $\dfrac{\partial u}{\partial z} = 2z\cos(x^2 + y^2 + z^2)$;

(8) $\dfrac{\partial z}{\partial x} = -\dfrac{y}{x^2}\left(\dfrac{1}{3} \right)^{-\frac{y}{x}}$, $\dfrac{\partial z}{\partial y} = \dfrac{1}{x}\left(\dfrac{1}{3} \right)^{-\frac{y}{x}} \ln 3$.

2. (1) $\dfrac{\partial^2 z}{\partial x^2} = 12x^2 - 8y^2$, $\dfrac{\partial^2 z}{\partial y^2} = 12y^2 - 8x^2$, $\dfrac{\partial^2 z}{\partial x \partial y} = -16xy$;

(2) $\dfrac{\partial^2 z}{\partial x^2} = \dfrac{2(y^2 - x^2)}{(x^2 + y^2)^2}$, $\dfrac{\partial^2 z}{\partial y^2} = \dfrac{2(x^2 - y^2)}{(x^2 + y^2)^2}$, $\dfrac{\partial^2 z}{\partial x \partial y} = \dfrac{-4xy}{(x^2 + y^2)^2}$;

(3) $\dfrac{\partial^2 z}{\partial x^2} = y^x(\ln y)^2$, $\dfrac{\partial^2 z}{\partial y^2} = x(x-1)y^{x-2}$, $\dfrac{\partial^2 z}{\partial x \partial y} = y^{x-1}(1 + x\ln y)$;

(4) $\dfrac{\partial^2 z}{\partial x^2} = -\dfrac{3xy^2}{(x^2+y^2)^{\frac{5}{2}}}$, $\dfrac{\partial^2 z}{\partial y^2} = \dfrac{x(2y^2-x^2)}{(x^2+y^2)^{\frac{5}{2}}}$, $\dfrac{\partial^2 z}{\partial x \partial y} = \dfrac{y(2x^2-y^2)}{(x^2+y^2)^{\frac{5}{2}}}$.

习题 9.3

1. 0.16 .

2. （1） $\mathrm{d}z = xy^2(2y\mathrm{d}x + 3x\mathrm{d}y)$ ； （2） $\mathrm{d}z = \dfrac{x}{\sqrt{x^2+y^2}}\mathrm{d}x + \dfrac{y}{\sqrt{x^2+y^2}}\mathrm{d}y$ ；

（3） $\mathrm{d}z = \dfrac{y}{\sqrt{1-x^2y^2}}\mathrm{d}x + \dfrac{x}{\sqrt{1-x^2y^2}}\mathrm{d}y$ ；

（4） $\mathrm{d}z = \mathrm{e}^{x+y}[\sin y(\cos x - \sin x)\mathrm{d}x + \cos x(\cos y + \sin y)\mathrm{d}y]$ ；

（5） $\mathrm{d}u = yzx^{yz-1}\mathrm{d}x + zx^{yz}\ln x\mathrm{d}y + yx^{yz}\ln x\mathrm{d}z$ ；

（6） $\mathrm{d}u = \dfrac{1}{(x^2+y^2)^2}\Big[-2xz\mathrm{d}x - 2yz\mathrm{d}y + (x^2+y^2)\mathrm{d}z\Big]$.

习题 9.4

1. $\dfrac{\partial z}{\partial x} = 4x$, $\dfrac{\partial z}{\partial y} = 4y$.

2. $\dfrac{\partial z}{\partial x} = \dfrac{2x}{y^2}\ln(3x-2y) + \dfrac{3x^2}{(3x-2y)y^2}$, $\dfrac{\partial z}{\partial y} = -\dfrac{2x^2}{y^3}\ln(3x-2y) - \dfrac{2x^2}{(3x-2y)y^2}$.

3. $\mathrm{e}^{\sin t - 2t^3}(\cos t - 6t^2)$.

4. $\dfrac{3(1-4t^2)}{\sqrt{1-(3t-4t^3)^2}}$.

5. $\dfrac{\mathrm{e}^x(1+x)}{1+x^2\mathrm{e}^{2x}}$.

6. $\dfrac{\partial z}{\partial x} = 2xf_1' + y\mathrm{e}^{xy}f_2'$, $\dfrac{\partial z}{\partial y} = -2yf_1' + x\mathrm{e}^{xy}f_2'$.

7. $\dfrac{\partial u}{\partial x} = f_1' + yf_2' + yzf_3'$, $\dfrac{\partial u}{\partial y} = xf_2' + xzf_3'$, $\dfrac{\partial u}{\partial z} = xyf_3'$.

习题 9.5

1. $\dfrac{y^2 - \mathrm{e}^x}{\cos y - 2xy}$.

2. $\dfrac{x+y}{x-y}$.

3. $\dfrac{\partial z}{\partial x} = \dfrac{yz - \sqrt{xyz}}{\sqrt{xyz} - xy}$, $\dfrac{\partial z}{\partial y} = \dfrac{xz - 2\sqrt{xyz}}{\sqrt{xyz} - xy}$.

4. $\dfrac{\partial z}{\partial x} = \dfrac{z}{x+z}$, $\dfrac{\partial z}{\partial y} = \dfrac{z^2}{y(x+z)}$.

5. $\dfrac{\mathrm{d}y}{\mathrm{d}x} = -\dfrac{\sin y + y\mathrm{e}^x}{x\cos y + \mathrm{e}^x}$

6. $\dfrac{\partial z}{\partial x} = -\tan x$, $\dfrac{\partial z}{\partial y} = -\tan y$.

习题 9.6

1. 切线方程为 $\dfrac{x - \dfrac{1}{2}}{1} = \dfrac{y-2}{-4} = \dfrac{z-1}{8}$ ，法平面方程为 $2x - 8y + 16z - 1 = 0$.

2. 切线方程为 $\dfrac{x-1}{16} = \dfrac{y-1}{9} = \dfrac{z-1}{-1}$ ，法平面方程为 $16x + 9y - z - 24 = 0$.

3. $(-1,1,-1)$ 和 $\left(-\dfrac{1}{3}, \dfrac{1}{9}, -\dfrac{1}{27}\right)$.

4. 切平面方程为 $x + 2y - 4 = 0$ ，法线方程为 $\begin{cases} \dfrac{x-2}{1} = \dfrac{y-1}{2}, \\ z = 0. \end{cases}$

5. 切平面方程为 $x - y + 2z = \pm\sqrt{\dfrac{11}{2}}$.

习题 9.7

1. 极大值 $f(2,-2) = 8$.

2. 极小值 $f\left(\dfrac{1}{2}, -1\right) = -\dfrac{\mathrm{e}}{2}$.

3. 极小值 $f(1,0) = -5$ ，极大值 $f(-3,2) = 31$.

4. 极大值 $f(3,2) = 36$.

5. 当长宽高分别为 2，2 和 1 时所用材料最省.

6. 当长宽高均为 $\dfrac{2}{3}\sqrt{3}a$ 时，内接长方体体积最大.

7. 极大值为 $f\left(\dfrac{1}{2}, \dfrac{1}{2}\right) = \dfrac{1}{4}$.

8. 极小值为 $f(3a,3a,3a) = 27a^3$.

复习题 9

1. （1） $D = \left\{(x,y) \big| x \geqslant 0, y \geqslant 0, y \leqslant x^2\right\}$;

（2） $D = \left\{ (x,y) \middle| 0 \leqslant x^2 + y^2 \leqslant \dfrac{\pi}{2}\ \text{或}\ \dfrac{3}{2}\pi \leqslant x^2 + y^2 \leqslant \dfrac{5}{2}\pi \right\}$.

2．e ．

3．$f_x(0,0)$ 不存在， $f_y(0,0) = 0$ ．

4．$\mathrm{d}z = \dfrac{x}{x^2 + y^2}\mathrm{d}x + \dfrac{y}{x^2 + y^2}\mathrm{d}y$ ．

5．$\dfrac{\partial z}{\partial x} = 4x$ ， $\dfrac{\partial z}{\partial y} = 4y$ ．

6．$\dfrac{\mathrm{d}z}{\mathrm{d}t} = 4t^3 + 2t^2 + 3t$ ， $\dfrac{\mathrm{d}^2 z}{\mathrm{d}t^2} = 12t^2 + 4t + 3$ ．

7．$\dfrac{\partial u}{\partial x} = 2xf'(w)$ ，其中 $w = x^2 + y^2 + z^2$ ， $\dfrac{\partial^2 u}{\partial x^2} = 2f'(w) + 4x^2 f''(w)$ ，

$\dfrac{\partial u}{\partial y} = 2yf'(w)$ ， $\dfrac{\partial^2 u}{\partial x \partial y} = 4xyf''(w)$ ．

8．（1） $\dfrac{\mathrm{d}y}{\mathrm{d}x} = -\dfrac{\mathrm{e}^x - y^2}{\cos y - 2xy}$ ；（2） $\dfrac{\mathrm{d}y}{\mathrm{d}x} = -\dfrac{y}{x}$ ．

（3） $\dfrac{\partial z}{\partial x} = \dfrac{yz - \sqrt{xyz}}{2\sqrt{xyz} - xy}$ ， $\dfrac{\partial z}{\partial y} = \dfrac{xz - 2\sqrt{xyz}}{2\sqrt{xyz} - xy}$ ；（4） $\dfrac{\partial z}{\partial x} = \dfrac{yz}{3z^2 - xy}$ ， $\dfrac{\partial z}{\partial y} = \dfrac{xz}{3z^2 - xy}$ ．

9．极小值为 $f(0,3) = -9$ ，极大值为 $f(-4,-2) = 8\mathrm{e}^{-2}$ ．

10．切线方程为 $\dfrac{x - \dfrac{1}{4}}{1} = \dfrac{y - \dfrac{1}{3}}{1} = \dfrac{z - \dfrac{1}{2}}{1}$ ，法平面方程为 $x + y + z = \dfrac{13}{12}$ ．

自测题 9

1．（1） $D = \left\{ (x,y) \middle| -1 < x < 1, y \geqslant x^2 \right\}$ ；（2） $(0,0)$ ；（3） $\dfrac{1}{2}$ ；

（4） $\mathrm{d}z = y\mathrm{e}^{xy}(1 + \sin \mathrm{e}^{xy})\mathrm{d}x + x\mathrm{e}^{xy}(1 + \sin \mathrm{e}^{xy})\mathrm{d}y$ ；

（5） $\dfrac{\partial^2 z}{\partial x \partial y} = b\cos(ax + by) - abx\sin(ax + by)$ ．

2．（1） $\dfrac{\partial z}{\partial u} = 2u\left[\mathrm{e}^{u^2 - v^2}(1 + u^2 + v^2) + \mathrm{e}^{u^2 + v^2}(1 + u^2 - v^2) \right]$ ，

$\dfrac{\partial z}{\partial v} = 2v\left[\mathrm{e}^{u^2 - v^2}(1 - u^2 - v^2) + \mathrm{e}^{u^2 + v^2}(u^2 - v^2 - 1) \right]$ ；

（2） $\dfrac{\mathrm{d}z}{\mathrm{d}x} = 1 + \dfrac{x^2 \mathrm{e}^y}{\mathrm{e}^x + \mathrm{e}^y}$ 或 $\dfrac{\mathrm{d}z}{\mathrm{d}x} = 1 + \dfrac{x^2 \mathrm{e}^{\frac{x^3}{3} + x}}{1 + \mathrm{e}^{\frac{x^3}{3} + x}}$ ；

（3） $\dfrac{\partial^2 z}{\partial x^2} = \dfrac{(2 - z)^2 + x^2}{(2 - z)^3}$ ；

（4）极小值为 $f(1,1) = -1$ ；

（5）切平面方程为 $9(x-3)+(y-1)-(z-1)=0$.

第 10 章

习题 10.1

1. （1）$\iint\limits_{D} \mu(x,y)\,\mathrm{d}\sigma$ ；（2）σ ；（3）$\dfrac{1}{\sigma}\iint\limits_{D} f(x,y)\,\mathrm{d}\sigma$.

2. （1）√；（2）×；（3）×.

3. （1）$\iint\limits_{D} x^2 y\,\mathrm{d}\sigma$ ；（2）$\iint\limits_{D} \sin(xy)\,\mathrm{d}\sigma$.

4. （1）等于 0；（2）小于 0；（3）大于 0.

5. （1）$2 \leqslant I \leqslant 8$ ；（2）$0 \leqslant I \leqslant \pi^2$.

6. （1）$I_1 \geqslant I_2$ ；（2）$I_1 \leqslant I_2$ ；（3）$I_1 \geqslant I_2$.

习题 10.2

1. （1）$\displaystyle\int_0^4 \mathrm{d}y \int_{\frac{y^2}{4}}^{y} f(x,y)\,\mathrm{d}x$ ；（2）$\displaystyle\int_1^2 \mathrm{d}x \int_{\frac{1}{x}}^{x} f(x,y)\,\mathrm{d}y$ ；

   （3）$\iint\limits_{D} |f(x,y)|\,\mathrm{d}\sigma$ ；（4）$\dfrac{\pi r^2}{2}$ ；（5）$\displaystyle\int_0^{2\pi} \mathrm{d}\theta \int_1^2 r\,\mathrm{d}r$.

2. （1）B；（2）A .

3. （1）$\dfrac{76}{3}$ ；（2）$\dfrac{9}{4}$ ；（3）$\dfrac{35}{8}$ ；（4）$\dfrac{9}{4}$.

4. （1）$\dfrac{\pi}{2}$ ；（2）$\dfrac{1}{3}a^3$ ；（3）$2\pi \ln\dfrac{5}{3}$ ；（4）$\dfrac{4\pi}{3}$.

习题 10.3

1. $\dfrac{3}{2}$. 2. $\dfrac{1}{364}$. 3. $\dfrac{1}{2}\left(\ln 2 - \dfrac{5}{8}\right)$. 4. $\dfrac{1}{48}$. 5. 0.

6. $\dfrac{\pi}{4}$. 7. $\dfrac{16\pi}{3}$. 8. $\dfrac{4\pi}{5}$. 9. $\dfrac{7\pi}{12}$. 10. （1）$\dfrac{32\pi}{3}$ ；（2）π .

习题 10.4

1. π . 2. $\dfrac{1}{6}$. 3. 21.

4. $2a^2(\pi-2)$. 5. $\bar{x}=\dfrac{35}{48}$ ；$\bar{y}=\dfrac{35}{54}$. 6. $I_x=\dfrac{72}{5}$ ；$I_y=\dfrac{96}{7}$

复习题 10

1. $8\pi(5-\sqrt{2}) \leqslant I \leqslant 8\pi(5+\sqrt{2})$. 2. $I_1 \leqslant I_2$.

3. $I = \int_0^1 dx \int_0^x f(x,y)dy = \int_0^1 dy \int_y^1 f(x,y)dx$.

4. $I = \int_1^2 dy \int_1^y f(x,y)dx + \int_2^4 dy \int_{\frac{y}{2}}^2 f(x,y)dx$.

5. （1）$\dfrac{7}{2}$ ；（2）$(e-1)^2$ ；（3）$\dfrac{33}{144}$ ；（4）0；（5）$\dfrac{\pi}{4}(1-e^{-1})$ ；（6）$\left(\dfrac{4}{9}+\dfrac{\pi}{3}\right)R^3$.

自测题 10

1. （1）$\iint\limits_{D} f(x,y)d\sigma$ ；（2）πr^2 ；（3）$\int_0^{2\pi} d\theta \int_1^2 \rho d\rho$.

2. （1）√；（2）×；（3）√.

3. （1）B；（2）C；（3）C.

4. （1）-2 ；（2）$\dfrac{32}{3}a^4$ ；（3）$\dfrac{3}{64}\pi^2$.

第 11 章

习题 11.1

（1）$2\pi a^{2n+1}$ ；（2）$\sqrt{2}$ ；（3）$\dfrac{1}{12}(5\sqrt{5}+6\sqrt{2}-1)$ ；（4）$e^a\left(2+\dfrac{\pi}{4}a\right)-2$ ；

（5）$\dfrac{\sqrt{3}}{2}(1-e^{-2})$ ；（6）9；（7）$\dfrac{256}{15}a^3$ ；（8）$2\pi^2 a^3(1+2\pi^2)$.

习题 11.2

1. （1）$-\dfrac{56}{15}$ ；（2）$-\dfrac{\pi}{2}a^3$ ；（3）0；（4）-2π ；（5）$\dfrac{k^3\pi^3}{3}-a^2\pi$ ；（6）13；（7）$-\dfrac{14}{15}$.

2. （1）$\dfrac{34}{3}$ ；（2）11；（3）14；（4）$\dfrac{32}{3}$.

3. $-|F|R$.

4. $mg(z_2-z_1)$.

习题 11.3

1. （1）$\dfrac{1}{30}$ ；（2）8.

2. （1）12π；（2）πa^2．

3. $-\pi$．

4. C 为椭圆 $2x^2+y^2=1$，沿逆时针方向．

5. （1）$\dfrac{5}{2}$；（2）236；（3）5．

6. （1）12；（2）0；（3）$\dfrac{\pi^2}{4}$；（4）$\dfrac{\sin 2}{4}-\dfrac{7}{6}$．

7. （1）$\dfrac{1}{2}x^2+2xy+\dfrac{1}{2}y^2$；（2）$x^2y$；（3）$-\cos 2x\cdot\sin 3y$；

   （4）$x^3y+4x^2y^2-12\mathrm{e}^y+12y\mathrm{e}^y$；（5）$y^2\sin x+x^2\cos y$．

8. 略．

9. （1）$x^3+3x^2y^2+\dfrac{4}{3}y^3=C$；（2）$a^2x-x^2y-xy^2-\dfrac{1}{3}y^3=C$；

   （3）$x\mathrm{e}^y-y^2=C$；（4）$x\sin y+y\cos x=C$；

   （5）$xy-\dfrac{1}{3}x^3=C$；（6）不是全微分方程；

   （7）$x(1+\mathrm{e}^{2y})=C$；（8）不是全微分方程．

习题 11.4

1. （1）$\dfrac{13}{3}\pi$；（2）$\dfrac{149}{30}\pi$；（3）$\dfrac{111}{10}\pi$．

2. （1）$\dfrac{1+\sqrt{2}}{2}\pi$；（2）9π．

3. （1）$4\sqrt{61}$；（2）$-\dfrac{27}{4}$；（3）$\pi a(a^2-h^2)$；（4）$\dfrac{64}{15}\sqrt{2}a^4$．

4. $\dfrac{2\pi}{15}(6\sqrt{3}+1)$．

习题 11.5

1. （1）$\dfrac{2}{105}\pi R^7$；（2）$\dfrac{3}{2}\pi$；（3）$\dfrac{1}{2}$；（4）$\dfrac{1}{8}$．

2. （1）$\displaystyle\iint_{\Sigma}\left(\dfrac{3}{5}P+\dfrac{2}{5}Q+\dfrac{2\sqrt{3}}{5}R\right)\mathrm{d}S$；（2）$\displaystyle\iint_{\Sigma}\dfrac{2xP+2yQ+R}{\sqrt{1+4x^2+4y^2}}\mathrm{d}S$．

习题 11.6

（1）$3a^4$；（2）$\dfrac{12}{5}\pi a^5$；（3）$\dfrac{2}{5}\pi a^5$；（4）81π；（5）$\dfrac{3}{2}$．

习题 11.7

1. $-\dfrac{2\sqrt{3}}{3}\pi$．　2. $-2\pi a(a+b)$．　3. -20π．　4. $\dfrac{1}{3}h^3$．

5. $2\pi a^3$. 6. -2 . 7. e^{-2} . 8. $x^2yz + xy^2z + xyz^2 + C$.

复习题 11

1. （1）$\int_{\Gamma}(P\cos\alpha + Q\cos\beta + R\cos\gamma)\mathrm{d}S$ ，切向量；

   （2）$\iint_{\Sigma}(P\cos\alpha + Q\cos\beta + R\cos\gamma)\mathrm{d}S$ ，法向量．

2. C.

3. （1）$2a^2$ ；（2）$\dfrac{(2+t_0^2)^{\frac{3}{2}} - 2\sqrt{2}}{3}$ ；（3）$-2\pi a^2$ ；（4）$\dfrac{1}{35}$ ；（5）πa^2 ；（6）$\dfrac{\sqrt{2}}{16}\pi$.

4. （1）$2\pi\arctan\dfrac{H}{R}$ ；（2）$-\dfrac{\pi}{4}h^4$ ；（3）$2\pi R^3$ ；（4）$\dfrac{2}{15}$.

5. $\dfrac{1}{2}\ln(x^2 + y^2)$.

6. 略.

7. （1）略；（2）$\dfrac{c}{d} - \dfrac{a}{b}$.

8. $\dfrac{3}{2}$.

自测题 11

1. $1 + \sqrt{2}$.

2. $\dfrac{\pi}{4}\mathrm{e}^a a + 2(\mathrm{e}^a - 1)$.

3. $3\dfrac{8}{15}$.

4. （1）$25\dfrac{3}{5}$ ；（2）$11\dfrac{1}{5}$ ；（3）$18\dfrac{2}{3}$.

5. （1）2；（2）2；（3）2.

6. $2 + a\mathrm{sh}2$.

7. （1）$\dfrac{1}{2}$ ；（2）$-2\pi ab$ ；（3）$-\dfrac{1}{5}(\mathrm{e}^{\pi} - 1)$.

8. $3\pi a^2$.

9. $-\dfrac{79}{5}$.

10. $\pi + 1$.

11. $\dfrac{1}{3}x^3 + x^2y - xy^2 - \dfrac{1}{3}y^3 + C$.

12. $\dfrac{7}{\sqrt{2}}\pi a^3$.

13. $\dfrac{a^3}{3}h^2$.

第 12 章

习题 12.1

1.（1）发散；（2）收敛；（3）发散. 提示：先乘 $2\sin\dfrac{\pi}{12}$，再将一般项分解为两个余弦函数之差；（4）发散.

2.（1）收敛；（2）发散；（3）发散；（4）发散；（5）收敛.

习题 12.2

1.（1）发散；（2）发散；（3）收敛.

2.（1）发散；（2）收敛；（3）收敛；（4）收敛.

*3.（1）收敛；（2）收敛；（3）收敛.

4.（1）收敛；（2）收敛；（3）发散；（4）收敛；（5）发散.

5.（1）条件收敛；（2）绝对收敛；（3）绝对收敛；（4）条件收敛；（5）发散.

习题 12.3

1.（1）$(-1,1)$；（2）$(-1,1)$；（3）$(-\infty,+\infty)$；（4）$(-3,3)$；

（5）$\left(-\dfrac{1}{2},\dfrac{1}{2}\right)$；（6）$(-1,1)$；（7）$(-\sqrt{2},\sqrt{2})$；（8）$(4,6)$.

2.（1）$\dfrac{1}{(1-x)^2}$ $(-1<x<1)$；

（2）$\dfrac{1}{4}\ln\dfrac{1+x}{1-x}+\dfrac{1}{2}\arctan x-x$ $(-1<x<1)$；

（3）$\dfrac{1}{2}\ln\dfrac{1+x}{1-x}$ $(-1<x<1)$；

（4）$\dfrac{x^2}{(1-x)^2}-x^2-2x^3$ $(-1<x<1)$.

习题 12.4

1.（1）$\dfrac{e^x-e^{-x}}{2}=\displaystyle\sum_{n=1}^{\infty}\dfrac{1}{(2n-1)!}x^{2n-1}$ $(-\infty<x<+\infty)$；

（2）$\ln(a+x)=\ln a+\displaystyle\sum_{n=1}^{\infty}(-1)^{n-1}\dfrac{1}{n}\left(\dfrac{x}{a}\right)^n$, $(-a,a]$；

（3） $(1+x)\ln(1+x) = x + \sum_{n=2}^{\infty} \frac{(-1)^n x^n}{n(n-1)}$, $(-1,1]$；

（4） $\sin\frac{x}{2} = \frac{x}{2} - \frac{x^3}{3!2^3} + \frac{x^5}{5!2^5} - \cdots + (-1)^n \frac{x^{2n+1}}{(2n+1)!2^{2n+1}} + \cdots$ $(-\infty < x < +\infty)$．

2. $\cos x = \frac{1}{2}\sum_{n=0}^{\infty}(-1)^n \left[\frac{\left(x+\frac{\pi}{3}\right)^{2n}}{(2n)!} + \sqrt{3}\frac{\left(x+\frac{\pi}{3}\right)^{2n+1}}{(2n+1)!} \right]$ $(-\infty < x < +\infty)$．

3. $\frac{1}{x} = \frac{1}{3}\sum_{n=0}^{\infty}(-1)^n \frac{(x-3)^n}{3^n}$ $(0 < x < 6)$．

4. $\frac{1}{x^2+3x+2} = \sum_{n=0}^{\infty}\left(\frac{1}{2^{n+1}} - \frac{1}{3^{n+1}}\right)(x+4)^n$ $(-6 < x < -2)$．

习题 12.5

1. （1） $f(x) = \pi^2 + 1 + 12\sum_{n=1}^{\infty}\frac{(-1)^n}{n^2}\cos nx$，$(-\infty,+\infty)$；

（2） $f(x) = \frac{e^{2\pi} - e^{-2\pi}}{\pi}\left[\frac{1}{4} + \sum_{n=1}^{\infty}\frac{(-1)^n}{n^2+4}(2\cos nx - n\sin nx)\right]$

$(x \neq (2n+1)\pi,\ n = 0, \pm 1, \pm 2, \cdots)$；

（3） $f(x) = \frac{a-b}{4}\pi + \sum_{n=1}^{\infty}\left\{\frac{[1-(-1)^n](b-a)}{n^2\pi}\cos nx + \frac{(-1)^{n-1}(a+b)}{n}\sin nx\right\}$,

$(x \neq (2n+1)\pi,\ n = 0, \pm 1, \pm 2, \cdots)$．

2. （1） $2\sin\frac{x}{3} = \frac{18\sqrt{3}}{\pi}\sum_{n=1}^{\infty}(-1)^{n-1}\frac{n\sin nx}{9n^2-1}$，$(-\pi,\pi)$；

（2） $f(x) = \frac{1+\pi-e^{-\pi}}{2\pi} + \frac{1}{\pi}\sum_{n=1}^{\infty}\left\{\frac{1-(-1)^n e^{-\pi}}{1+n^2}\cos nx + \right.$

$\left.\left[\frac{-n+(-1)^n n e^{-\pi}}{1+n^2} + \frac{1}{n}(1-(-1)^n)\right]\sin nx\right\}$，$(-\pi,\pi)$．

3. $\cos\frac{x}{2} = \frac{2}{\pi} + \frac{4}{\pi}\sum_{n=1}^{\infty}\frac{(-1)^{n-1}}{4n^2-1}\cos nx$，$[-\pi,\pi]$．

4. $\frac{\pi-x}{2} = \sum_{n=1}^{\infty}\frac{1}{n}\sin nx$，$(0,\pi]$．

5. $2x^2 = \frac{4}{\pi}\sum_{n=1}^{\infty}\left[-\frac{2}{n^3} + (-1)^n\left(\frac{2}{n^3} - \frac{\pi^2}{n}\right)\right]\sin nx$，$[0,\pi)$；

$$2x^2 = \frac{2}{3}\pi^2 + 8\sum_{n=1}^{\infty}\frac{(-1)^n}{n^2}\cos nx，[0,\pi]．$$

6．（1）$f(x) = \frac{11}{12} + \frac{1}{\pi^2}\sum_{n=1}^{\infty}\frac{(-1)^{n+1}}{n^2}\cos 2n\pi x，(-\infty,+\infty)；$

（2）$f(x) = -\frac{1}{4} + \sum_{n=1}^{\infty}\left\{\left[\frac{1-(-1)^n}{n^2\pi^2} + \frac{2\sin\frac{n\pi}{2}}{n\pi}\right]\cos n\pi x + \frac{1-2\cos\frac{n\pi}{2}}{n\pi}\sin n\pi x\right\}，$

$\left(x \neq 2k, 2k+\frac{1}{2}，k = 0,\pm1,\pm2,\cdots\right)；$

（3）$f(x) = -\frac{1}{2} + \sum_{n=1}^{\infty}\left\{\frac{6}{n^2\pi^2}[1-(-1)^n]\cos\frac{n\pi x}{3} + \frac{6}{n\pi}(-1)^{n+1}2\sin\frac{n\pi x}{3}\right\}，$

$(x \neq 3(2k+1)，k = 0,\pm1,\pm2,\cdots)．$

7．（1）$f(x) = \frac{4l}{\pi^2}\sum_{k=1}^{\infty}\frac{(-1)^{k+1}}{(2k-1)^2}\sin\frac{(2k-1)\pi x}{l}，[0,l]，$

$f(x) = \frac{l}{4} - \frac{2l}{\pi^2}\sum_{k=1}^{\infty}\frac{1}{(2k-1)^2}\cos\frac{2(2k-1)\pi x}{l}，[0,l]；$

（2）$f(x) = \frac{8}{\pi}\sum_{n=1}^{\infty}\left\{\frac{(-1)^{n+1}}{n} + \frac{2}{n^3\pi^2}[(-1)^n - 1]\right\}\sin\frac{n\pi x}{2}，[0,2)，$

$f(x) = \frac{4}{3} + \frac{16}{\pi^2}\sum_{n=1}^{\infty}\frac{(-1)^n}{n^2}\cos\frac{n\pi x}{2}，[0,2]．$

复习题 12

1．（1）充分必要；（2）收敛，发散；（3）R，R．

2．（1）错；（2）错；（3）对；（4）错；（5）对；（6）错；（7）对；（8）对．

3．（1）发散；（2）发散；（3）收敛；（4）发散；

（5）$a < 1$ 时收敛，$a > 1$ 时发散，$a = 1$ 时，$s > 1$ 收敛，$s \leqslant 1$ 发散．

4．略．

5．（1）$p > 1$ 时绝对收敛，$0 < p \leqslant 1$ 时条件收敛，$p \leqslant 0$ 时发散；

（2）绝对收敛；（3）条件收敛；（4）绝对收敛．

6．（1）$\left(-\frac{1}{5}, \frac{1}{5}\right)$；（2）$\left(-\frac{1}{e}, \frac{1}{e}\right)$；（3）$(-2,0)$；（4）$(-\sqrt{2}, \sqrt{2})$．

7．（1）$s(x) = \frac{2+x^2}{(2-x^2)^2}$，$(-\sqrt{2}, \sqrt{2})$；（2）$s(x) = \frac{x-1}{(2-x)^2}$，$(0,2)$．

8．（1）$\ln(x + \sqrt{x^2+1}) = x + \sum_{n=1}^{\infty}(-1)^n\frac{(2n-1)!!}{(2n)!!(2n+1)}x^{2n+1}，x \in [-1,1]，$

提示：利用积分 $\int_0^x \dfrac{\mathrm{d}t}{\sqrt{t^2+1}}$ ；

（2） $\dfrac{1}{(2-x)^2} = \displaystyle\sum_{n=1}^{\infty} \dfrac{n}{2^{n+1}} x^{n-1}$, $x \in (-2,2)$.

9. $f(x) = \dfrac{\mathrm{e}^{\pi}-1}{2\pi} + \dfrac{1}{\pi} \displaystyle\sum_{n=1}^{\infty} [\dfrac{(-1)^n \mathrm{e}^{\pi}-1}{n^2+1} \cos nx + \dfrac{n((-1)^{n+1} \mathrm{e}^{\pi}+1)}{n^2+1} \sin nx]$,

$-\infty < x < +\infty$, $x \neq n\pi$, $n = 0, \pm 1, \pm 2, \cdots$

10. $f(x) = \dfrac{2}{\pi} \displaystyle\sum_{n=1}^{\infty} \dfrac{1-\cos nh}{n} \sin nx$, $x \in (0,h) \cup (h,\pi]$ ；

$f(x) = \dfrac{h}{\pi} + \dfrac{2}{\pi} \displaystyle\sum_{n=1}^{\infty} \dfrac{\sin nh}{n} \cos nx$, $x \in [0,h) \cup (h,\pi]$.

自测题 12

1. （1）C；（2）B；（3）C；（4）A；（5）D；（6）B；（7）D；
   （8）A；（9）C；（10）D.

2. （1）3；（2） $\dfrac{1}{(3n-2)(3n+1)}$, $\dfrac{1}{3}\left(1-\dfrac{1}{3n+1}\right)$, $\dfrac{1}{3}$ ；（3） $a>1$ ；（4）发散，收敛；
   （5）收敛，发散；（6）3.

3. （1）收敛；（2）收敛；（3）发散；（4）发散.

4. （1）绝对收敛；（2）条件收敛.

5. （1） $R=1$, $[-1,1)$ ；　（2） $R=\dfrac{1}{2}$, $\left[-\dfrac{1}{2},\dfrac{1}{2}\right]$.

6. （1） $\displaystyle\sum_{n=0}^{\infty} \dfrac{(-1)^n}{3^{n+1}} x^n$, $x \in (-3,3)$ ；（2） $\displaystyle\sum_{n=0}^{\infty} (-1)^n \dfrac{2^{n+1}}{n+1} x^{n+1}$, $x \in \left(-\dfrac{1}{2},\dfrac{1}{2}\right]$ ；

   （3） $\sin^2 x = \displaystyle\sum_{n=1}^{\infty} (-1)^{n-1} \dfrac{(2x)^{2n}}{2(2n)!} x^n$, $x \in (-\infty,+\infty)$ ；

   （4） $\arcsin x = x + \displaystyle\sum_{n=1}^{\infty} \dfrac{2(2n)!}{(n!)^2(2n+1)} \left(\dfrac{x}{2}\right) x^{2n+1}$, $x \in [-1,1]$.

参考文献

[1] 同济大学数学系. 高等数学[M]. 7 版. 北京：高等教育出版社，2014.

[2] 同济大学数学系. 高等数学[M]. 6 版. 北京：高等教育出版社，2007.

[3] 同济大学数学系. 高等数学[M]. 5 版. 北京：高等教育出版社，2002.

[4] 陈庆华. 高等数学[M]. 北京：高等教育出版社，1999.

[5] 顾静相. 经济数学基础[M]. 北京：高等教育出版社，2004.

[6] 徐建豪，刘克宁. 经济应用数学——微积分[M]. 北京：高等教育出版社，2003.

[7] 喻德生，郑华盛. 高等数学学习引导[M]. 北京：化学工业出版社，2000.

[8] 同济大学. 高等数学[M]. 北京：高等教育出版社，2001.

[9] 张国楚，徐本顺，李祎. 大学文科数学[M]. 北京：高等教育出版社，2002.

[10] 李铮，周放. 高等数学[M]. 北京：科学出版社，2001.

[11] 周建莹，李正元. 高等数学解题指南[M]. 北京：北京大学出版社，2002.

[12] 上海财经大学应用数学系. 高等数学[M]. 上海：上海财经大学出版社，2003.

[13] 同济大学应用数学系. 微积分[M]. 北京：高等教育出版社，2003.

[14] 蒋兴国，吴延东. 高等数学[M]. 北京：机械工业出版社，2002.

[15] 赵树嫄. 微积分[M]. 北京. 中国人民大学出版社，2002.

[16] 盛祥耀. 高等数学[M]. 2 版. 北京：高等教育出版社，2002.

[17] 童裕孙，於崇华. 高等数学[M]. 北京：高等教育出版社，2001.

[18] 何春江. 高等数学[M]. 北京：中国水利水电出版社，2004.

[19] 何春江. 经济数学[M]. 北京：中国水利水电出版社，2004.

[20] 张翠莲. 高等数学（经管、文科类）[M]. 北京：中国水利水电出版社，2015.

[21] 何春江. 高等数学[M]. 3 版. 北京：中国水利水电出版社，2015.

[22] 何春江. 经济数学[M]. 3 版. 北京：中国水利水电出版社，2015.

[23] 何春江. 计算机数学基础[M]. 2 版. 北京：中国水利水电出版社，2015.